世界技能大赛 3D 数字游戏艺术项目创新教材

Premiere Pro 2020 影视动画非线性编辑案例教程

伍福军　张巧玲　钟　敏　编　著

陈公凡　主　审

电子工业出版社
Publishing House of Electronics Industry
北京·BEIJING

内 容 简 介

本书是编著者对非线性编辑与合成课程教学经验和制作经验的总结。本书的特色之一是将非线性编辑领域的基本技能融合到精心设计的 39 个案例和 1 个专题片训练项目中，使读者在对各种类型视频和音频作品进行剪辑的过程中，轻松掌握非线性编辑的基本剪辑流程、制作思路和技巧，以及 Premiere Pro 2020 软件的各种操作技能。这种案例式的教学旨在培养读者分析问题和解决问题的能力，同时激发读者的学习兴趣、创作潜能，进而做到学以致用。

本书内容丰富、全面，教学方式科学，每章的基础知识与案例环环相扣，案例引人入胜。读者可以按照本书中安排的教学顺序从易到难、逐步深入掌握非线性编辑的基础知识和技巧。

本书可作为影视、动画、数字艺术、多媒体等相关专业的教材，也可供影视从业人员参考阅读。

未经许可，不得以任何方式复制或抄袭本书之部分或全部内容。
版权所有，侵权必究。

图书在版编目（CIP）数据

Premiere Pro 2020 影视动画非线性编辑案例教程 / 伍福军，张巧玲，钟敏编著．—北京：电子工业出版社，2022.1
世界技能大赛 3D 数字游戏艺术项目创新教材
ISBN 978-7-121-42318-5

Ⅰ．①P… Ⅱ．①伍… ②张… ③钟… Ⅲ．①视频编辑软件－高等学校－教材 Ⅳ．①TN94

中国版本图书馆 CIP 数据核字（2021）第 226212 号

责任编辑：郭穗娟
印　　刷：天津嘉恒印务有限公司
装　　订：天津嘉恒印务有限公司
出版发行：电子工业出版社
　　　　　北京市海淀区万寿路 173 信箱　　邮编　100036
开　　本：787×1092　1/16　印张：25.75　字数：656 字
版　　次：2022 年 1 月第 1 版
印　　次：2022 年 1 月第 1 次印刷
定　　价：79.80 元

凡所购买电子工业出版社图书有缺损问题，请向购买书店调换。若书店售缺，请与本社发行部联系，联系及邮购电话：（010）88254888，88258888。
质量投诉请发邮件至 zlts@phei.com.cn，盗版侵权举报请发邮件至 dbqq@phei.com.cn。
本书咨询联系方式：（010）88254502，guosj@phei.com.cn。

前　言

　　Premiere Pro 2020 提供处理视频和音频的专业编辑功能，以及丰富的视频效果和过渡效果，可用于视频采集、剪辑、调色，音频与字幕处理，影片输出的整套流程，被广泛应用于电视节目制作、影视剪辑、自媒体视频制作、广告制作、视觉创意、MG 动画、微电影制作、抖音短视频和个人影像编辑等领域。Premiere Pro 2020 功能强大，可以与 Adobe 公司的其他软件（如 After Effects、Photoshop 和 Illustrator 等）互补使用，创建出令人耳目一新的视觉效果，特别是与 After Effects 结合使用，可以制作出所能想到的几乎任何效果。

　　Premiere Pro 2020 因其友好的工作界面和强大的功能，也被广大视频剪辑爱好者用来制作动感电子相册、家庭影音文件、多媒体课件和个人短片作品等。

　　本书编著者长期从事影视非线性编辑一线教学和职业技能培训工作，积累了丰富的教学案例。本书通过精心设计的教学案例介绍非线性编辑的基本剪辑流程、制作思路和技巧，以及 Premiere Pro 2020 软件的各种操作技能。这种案例式的教学旨在培养读者分析问题和解决问题的能力，同时能够大大激发读者的学习兴趣、创作潜能，使之做到学以致用。

　　本书共 8 章，第 1～6 章按照"案例内容简介→案例效果欣赏→案例制作（步骤）流程→制作目的→制作过程中需要解决的问题→详细操作步骤→拓展训练"这一思路编排，从而达到以下效果。

　　（1）通过案例内容简介，在制作前了解整个案例需要掌握的大致内容，做到心中有数。

　　（2）通过案例效果欣赏，增加读者的积极性和主动性。

　　（3）通过案例制作（步骤）流程的介绍，使读者了解案例制作流程、案例用到的知识点和制作步骤。

　　（4）通过介绍制作目的，使读者了解制作本案例需要掌握的重点和难点。

　　（5）通过列出制作过程中需要解决的问题，使读者做到胸有成竹。

　　（6）通过详细操作步骤的介绍，使读者了解整个案例制作的详细操作流程、技巧和需要注意的细节。

　　（7）通过拓展训练，使读者所学的知识进一步巩固、加强，并提高读者对知识的应用能力。

　　本书的具体知识结构如下：

　　第 1 章　后期剪辑基础知识，主要通过 6 个案例介绍 Premiere Pro 2020 的相关基础知识。

　　第 2 章　视频过渡效果应用，主要通过 6 个案例介绍视频过渡效果的创建、参数设置和转场效果的作用。

　　第 3 章　视频效果综合应用，主要通过 10 个案例介绍视频效果的创建及参数设置。

　　第 4 章　音频效果应用，主要通过 6 个案例介绍音频素材的剪辑、音频过渡效果的添加和参数设置、音频效果的创建与参数设置，以及 5.1 声道音频文件的创建等相关知识点。

第 5 章 字幕应用，主要通过 5 个案例介绍简单字幕的创建、路径文字的制作、滚动字幕的创建和各种图形的绘制方法与技巧。

第 6 章 综合应用案例制作，主要通过 6 个综合应用案例巩固读者所学知识。

第 7 章 专题片《美在桂林》，通过对专题片《美在桂林》的讲解，全面介绍使用 Premiere Pro 2020 制作专题片的创作思路、流程、操作技巧和节目的最终输出等知识。

第 8 章 非线性编辑及镜头语言运用，主要通过实例介绍线性编辑与非线性编辑的相关知识、镜头的运用技巧及组接方法、电影蒙太奇。

本书编写分工如下：第 1～3 章由广东省岭南工商第一技师学院影视动画专业教师张巧玲编写，第 5 章和第 6 章由广东省岭南工商第一技师学院专业教师钟敏编写，第 4 章、第 7 章和第 8 章由广东省岭南工商第一技师学院影视动画专业教师伍福军编写。广东省岭南工商第一技师学院陈公凡院长对本书进行了全面审阅和指导，在此表示衷心的感谢！

本书提供案例的原始素材、案例源文件、案例最终效果、电子课件、多媒体教学视频等内容。

由于编著者水平有限，本书难免存在疏漏之处，敬请广大读者批评指正。编著者联系邮箱：763787922@qq.com。

编著者

2021 年 10 月

目　　录

第1章　后期剪辑基础知识 … 1
案例1　后期剪辑的基本操作流程 … 2
案例2　素材编辑的基本操作 … 14
案例3　运动视频的制作 … 40
案例4　嵌套序列的使用方法 … 47
案例5　各种素材文件的导入 … 53
案例6　声画合成、输出与打包 … 62

第2章　视频过渡效果应用 … 75
案例1　制作《梦幻阳朔》 … 76
案例2　制作《校运会开幕式》 … 82
案例3　制作《印象刘三姐》 … 89
案例4　制作《展开的卷轴画》 … 95
案例5　沉浸式视频过渡效果——《北京建筑》 … 102
案例6　其他视频过渡效果 … 107

第3章　视频效果综合应用 … 117
案例1　视频效果应用基础 … 118
案例2　制作变色的卷轴画效果 … 125
案例3　制作画面变形效果 … 130
案例4　制作幻影效果 … 137
案例5　制作水中倒影效果 … 144
案例6　制作重复的多屏幕画面效果 … 155
案例7　制作水墨山水画效果 … 171
案例8　制作滚动视频效果 … 177
案例9　制作局部马赛克效果 … 180
案例10　制作其他视频效果 … 184

第4章　音频效果应用 … 212
案例1　音频的基本操作 … 213

　　案例 2　各种声道之间的转换……………………………………………………221
　　案例 3　音频效果的使用…………………………………………………………233
　　案例 4　音调与音速的改变………………………………………………………243
　　案例 5　音轨混合器………………………………………………………………248
　　案例 6　创建 5.1 声道音频………………………………………………………259

第 5 章　字幕应用……………………………………………………………………266

　　案例 1　【字幕】窗口……………………………………………………………267
　　案例 2　制作滚动字幕……………………………………………………………287
　　案例 3　字幕排版技术……………………………………………………………294
　　案例 4　应用模板创建图形………………………………………………………303
　　案例 5　绘制字幕图形……………………………………………………………310

第 6 章　综合应用案例制作…………………………………………………………317

　　案例 1　电子相册制作……………………………………………………………318
　　案例 2　电影倒计时片头制作……………………………………………………331
　　案例 3　画面擦除效果制作………………………………………………………338
　　案例 4　多视频画面效果…………………………………………………………344
　　案例 5　画中画效果………………………………………………………………348
　　案例 6　透视画面效果……………………………………………………………359

第 7 章　专题片《美在桂林》………………………………………………………373

　　实训一　专题片《美在桂林》制作前的准备……………………………………374
　　实训二　专题片《美在桂林》制作………………………………………………375

第 8 章　非线性编辑及镜头语言运用………………………………………………391

　　技巧 1　线性编辑与非线性编辑…………………………………………………392
　　技巧 2　非线性编辑与 DV…………………………………………………………393
　　技巧 3　镜头技巧及组接方法……………………………………………………394
　　技巧 4　电影蒙太奇………………………………………………………………400
　　课后练习……………………………………………………………………………401

参考文献…………………………………………………………………………………404

第 1 章　后期剪辑基础知识

知识点：

案例 1　后期剪辑的基本操作流程
案例 2　素材编辑的基本操作
案例 3　运动视频的制作
案例 4　嵌套序列的使用方法
案例 5　各种素材文件的导入
案例 6　声画合成、输出与打包

说明：

　　本章主要通过 6 个案例介绍影视后期剪辑的基本操作流程、素材编辑的基本操作、运动视频的制作、嵌套序列的使用方法、各种素材文件的导入，以及声画合成、输出和打包。读者熟练掌握本章内容是深入学习后续章节的基础。

教学建议课时数：

　　一般情况下需要 8 课时，其中理论 3 课时，实际操作 5 课时（特殊情况下可做相应调整）。

随着计算机技术的发展，特别是计算机多媒体技术的应用，非线性编辑软件在今天的影视行业、电视台、广告公司、自媒体和家庭娱乐等领域被广泛应用。因此，相关从业人员和大量的影视编辑爱好者都可以利用计算机制作自己喜欢的影视节目。

案例 1　后期剪辑的基本操作流程

一、案例内容简介

本案例主要使用《太湖美》专题片与《太湖美》这首歌曲进行后期合成，制作一部《太湖美》的 MTV。通过该案例的学习，使学生了解影视编辑的基本流程和 MTV 制作的基本方法。

二、案例效果欣赏

三、案例制作（步骤）流程

任务一：创建新项目 ➡ 任务二：创建序列 ➡ 任务三：导入素材 ➡ 任务四：配音乐

任务六：输出影片 ⬅ 任务五：剪辑画面

四、制作目的

（1）掌握素材收集方法。
（2）掌握项目文件的创建方法。
（3）掌握创建项目文件的相关参数设置。
（4）了解影视后期剪辑的操作流程。

五、制作过程中需要解决的问题

（1）如何收集素材？
（2）如何创建项目文件？

（3）如何设置【新建项目】对话框中的相关参数？
（4）熟悉影视后期剪辑的操作流程。

六、详细操作步骤

任务一：创建新项目

在创建新项目之前要了解"项目"的概念。项目是指包括编辑素材所需要的媒体单元的一个组织单元，即通过这个项目实现原始素材的组合连接、视频效果、转场效果和运动效果等一系列处理对象与方法的集中管理。

步骤 01：双击桌面上的"Adobe Premiere Pro 2020"快捷图标，弹出【主页】对话框，如图 1.1 所示。

图 1.1 【主页】对话框

步骤 02：单击【新建项目…】选项，弹出【新建项目】对话框。在该对话框中设置项目的名称和项目保存的路径，具体参数设置如图 1.2 所示。

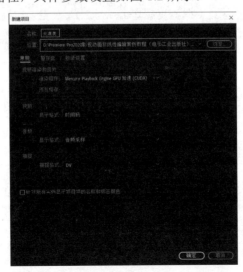

图 1.2 【新建项目】对话框参数设置

步骤03：参数设置完毕，单击【确定】按钮，完成项目的创建。

视频播放：关于具体介绍，请观看配套视频"任务一：创建新项目.MP4"。

任务二：创建序列

对素材进行剪辑、素材画面调节、添加素材之间的转场效果、添加视频效果，都需要通过【序列】窗口来完成。创建序列的具体操作方法如下。

1. 创建序列

步骤01：在菜单栏中单击【文件（F）】→【新建（N）】→【序列（S）…】命令，或者按键盘上的"Ctrl+N"组合键，弹出【新建序列】对话框。

步骤02：设置【新建序列】对话框参数，具体参数设置如图1.3所示。

图1.3 【新建序列】对话框参数设置

步骤03：参数设置完毕，单击【确定】按钮，完成序列的创建，Premiere Pro 2020工作界面如图1.4所示。

2.【新建序列】对话框参数简介

在【新建序列】对话框中，主要有【序列预设】、【设置】、【轨道】和【VR 视频】4个参数选项。

1）【序列预设】参数选项

用户可以根据自己的需要选择配置方案，也可以自定义配置方案，下面对其中的选项进行简单介绍。

第 1 章　后期剪辑基础知识

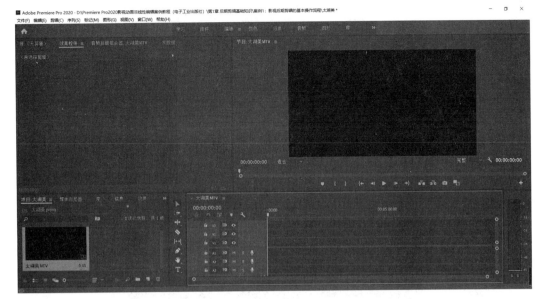

图 1.4　Premiere Pro 2020 工作界面

（1）【DV-24P】：这种预设用于 24P DV 摄像机，如松下 AG-DVX100 和佳能 XL2249，有时也用于电影制作。

（2）【DV-NTSC】：这是北美地区和日本的电视显示标准，这些国家和地区的大多数 Premiere Pro 2020 用户使用此选项。

（3）【DV_PAL】：这是大多数西欧国家、澳洲和中国的电视显示标准，这些国家和地区的大多数 Premiere Pro 2020 用户使用此选项。

（4）【DVCPRO50】：用于编辑以 Panasonic P2 摄像机录制的 4∶3 或 16∶9MXF 素材，隔行或逐行扫描渲染。

（5）【HDV】：用于编辑高清摄像机录制的 16∶9 素材。

2）【设置】参数选项

【设置】参数选项如图 1.5 所示。

（1）【编辑模式】：Premiere Pro 2020 为用户提供了目前所有的视频编辑模式，用户可以根据项目要求选择视频编辑模式。如果没有提供用户需要的编辑模式，那么可以选择"自定义"选项，根据项目要求自行定义编辑模式。

（2）【视频】：主要用来设置帧的大小、像素长宽比和显示格式等。

（3）【音频】：主要用来设置采样率和显示格式。

（4）【视频预览】：主要用来设置预览文件格式、编解码器、帧画面的宽度/高度、最大位深度、最高渲染质量和是否以线性颜色合成等参数。

（5）【保存预设…】：主要用来保存用户自定义设置。

提示：在以上参数选项中呈灰色显示的，表示该参数选项不能编辑，只有在自定义模式下才能进行编辑。

图 1.5 【设置】参数选项

3)【轨道】参数选项

【轨道】参数选项主要用来给序列添加视频和音频轨道,【轨道】参数选项如图 1.6 所示。

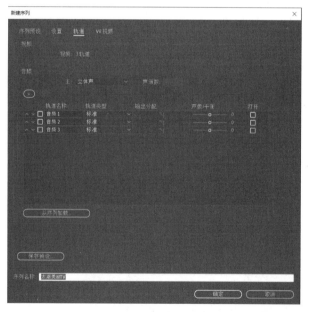

图 1.6 【轨道】参数选项

4)【VR 视频】参数选项

【VR 视频】参数选项主要用来设置 VR 视频的投影模式、布局方式、水平捕捉的视频角度和垂直的角度。【VR 视频】参数选项如图 1.7 所示。

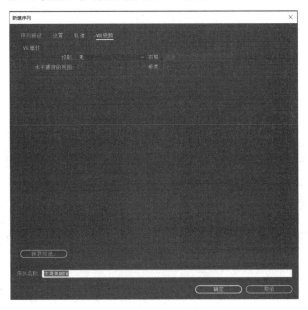

图 1.7 【VR 视频】参数选项

视频播放：关于具体介绍，请观看配套视频"任务二：创建序列.MP4"。

任务三：导入素材

在对素材进行编辑之前，需要将素材导入【项目】窗口中，使用 Premiere Pro 2020 软件可以导入视频、图片和音频素材。

步骤 01：在菜单栏中单击【文件（F）】→【导入（I）…】命令或按键盘上的"Ctrl+I"组合键，弹出【导入】对话框。

步骤 02：在【导入】对话框中选择需要导入的素材，如图 1.8 所示。然后，单击【打开（O）】按钮，完成素材的导入。

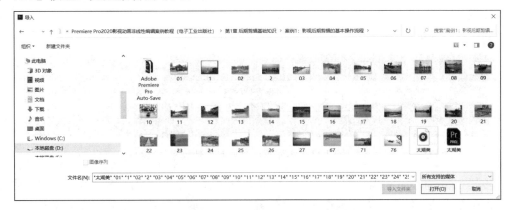

图 1.8 在【导入】对话框中选择需要导入的素材

视频播放：关于具体介绍，请观看配套视频"任务三：导入素材.MP4"。

任务四：配音乐

步骤 01：将"太湖美.MP3"音频文件拖到"太湖美 MTV"【序列】窗口的"A1"轨道上，如图 1.9 所示。

步骤 02：单击"A1"轨道左侧的"切换轨道锁定"按钮，音频轨道上出现灰色右斜杠，表示"A1"轨道中的音频被锁定，如图 1.10 所示。

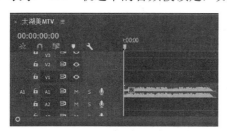 

图 1.9　添加音频素材后的序列效果　　　　图 1.10　被锁定的音频素材

提示：在制作影视节目的时候，有时需要根据音频搭配视频画面，有时需要根据视频来配音乐。例如，在制作 MTV 或一些专题片时通常根据音频搭配视频画面，在电影或动画片后期剪辑时，通常根据视频画面来配音乐、动效或对白。当然，采用哪一种剪辑方法不一定完全遵循某一规则，要根据具体情况而定。

视频播放：关于具体介绍，请观看配套视频"任务四：配音乐.MP4"。

任务五：剪辑画面

将图片素材拖到视频轨道中，根据音频节奏设置图片的运动参数，以制作图片运动效果，在两张图片之间添加视频过渡效果，制作颜色遮罩，添加文字。

1. 将素材拖到视频轨道中和制作图片运动效果

步骤 01：根据音频，将【项目：太湖美】窗口的图片拖到"V1"轨道中，添加图片之后的序列效果如图 1.11 所示。

图 1.11　添加图片之后的序列效果

步骤 02：将"时间指示器"移到第 0 秒 0 帧位置，单选"V1"轨道中的第 1 个图片素材，在【效果控件】功能面板中设置"位置"和"缩放"参数。然后，依次单击"位置"和"缩放"参数左侧的"切换动画"按钮，给所设置的参数添加关键帧。设置参数和添加关键帧的【效果控件】功能面板如图 1.12 所示。

步骤 03：再将"时间指示器"移到第 3 秒 0 帧位置，继续设置"位置"和"缩放"参数，系统自动添加关键帧，具体参数设置如图 1.13 所示。

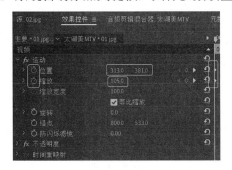

图 1.12　设置参数和添加关键帧的
【效果控件】功能面板

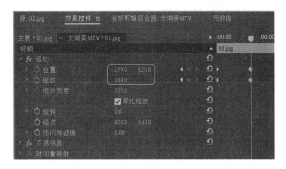

图 1.13　第 3 秒 0 帧位置的具体参数设置

步骤 04：设置参数后，在【节目：太湖美 MTV】监视器窗口中的效果如图 1.14 所示。

图 1.14　设置参数后，在【节目：太湖美 MTV】监视器窗口中的效果

步骤 05：方法同上，继续设置"V1"轨道中其他图片的"位置"和"缩放"参数。

2. 在相邻两张图片之间添加视频过渡效果

步骤 01：单击【效果】标签，切换到【效果】功能面板。将光标移到"溶解"类过渡效果中的"交叉溶解"视频过渡效果选项上，如图 1.15 所示。

步骤 02：按住鼠标左键不放的同时，将光标移到需要添加"交叉溶解"视频过渡效果的两张图片的连接处，如图 1.16 所示。此时，光标右下角出现图标。

图 1.15　将光标移到所需的过渡效果选项上

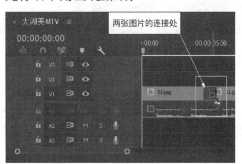

图 1.16　两张图片的连接处

步骤 03：松开鼠标左键，完成"交叉溶解"视频过渡效果的添加。在【节目：太湖美MTV】监视器窗口中的效果如图 1.17 所示。

图 1.17　在【节目：太湖美 MTV】监视器窗口中的效果

步骤 04：方法同上，读者可以根据自己的审美标准，继续在其他相邻图片之间添加视频过渡效果。

3．制作颜色遮罩和添加文字

1）制作颜色遮罩

步骤 01：单击【项目：太湖美 MTV】窗口中右下方的"新建项"按钮，弹出快捷菜单。在弹出的快捷菜单中单击"颜色遮罩…"命令，弹出【新建颜色遮罩】对话框。

步骤 02：设置【新建颜色遮罩】对话框的具体参数，如图 1.18 所示。

步骤 03：单击【确定】按钮，弹出【拾色器】对话框，具体参数设置如图 1.19 所示。

步骤 04：颜色设置完毕，单击【确定】按钮，弹出【选择名称】对话框。在该对话框中输入颜色遮罩的名称，如图 1.20 所示。单击【确定】按钮，完成颜色遮罩的制作。

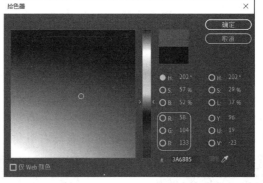

图 1.18　设置【新建颜色遮罩】　　图 1.19　设置【拾色器】对话框参数　　图 1.20　设置
　　　对话框参数　　　　　　　　　　　　　　　　　　　　　　　　　　　　　【选择名称】对话框
　　　　　　　　　　　　　　　　　　　　　　　　　　　　　　　　　　　　　　　选项

步骤 05：将制作的"遮罩颜色条"，拖到"V2"轨道中，并把它拉长，使之与"V1"轨道中最后一个素材的出点对齐，效果如图 1.21 所示。

步骤 06：单选"V2"轨道中的素材，在【效果控件】功能面板中设置参数，具体参数设置如图 1.22 所示。设置参数之后，在【节目：太湖美 MTV】监视器窗口中的效果如图 1.23 所示。

第 1 章 后期剪辑基础知识

图 1.21　拉长的"遮罩颜色条"效果　　图 1.22　在【效果控件】功能面板中设置参数

步骤 07：方法同上。将"遮罩颜色条"拖到"V3"轨道中并拉长，使之与"V2"轨道中素材的出点对齐，添加的"遮罩颜色条"效果如图 1.24 所示。

图 1.23　在【节目：太湖美 MTV】监视器窗口中的效果

图 1.24　添加的"遮罩颜色条"效果

步骤 08：单选"V3"轨道中的素材，在【效果控件】功能面板中设置参数，具体参数设置如图 1.25 所示，在【节目：太湖美 MTV】监视器窗口中的效果如图 1.26 所示。

图 1.25　在【效果控件】功能面板中设置参数　　图 1.26　在【节目：太湖美 MTV】监视器窗口中的效果

2）添加文字

主要通过文字工具来实现文字的添加。

步骤 01：单击工具栏中的"文字工具（T）"图标，在【节目：太湖美 MTV】监视器窗口中单击并输入"太湖美 MTV"文字，在【效果控件】功能面板中设置文字的文本属性，具体参数设置如图 1.27 所示。设置完参数之后，在【节目：太湖美 MTV】监视器窗口中的效果如图 1.28 所示。

11

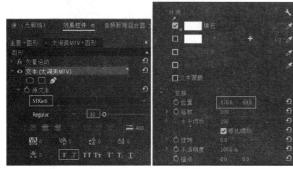

图 1.27　在【效果控件】功能面板中设置文字的文本属性

图 1.28　在【节目：太湖美 MTV】监视器窗口中的效果

步骤 02：将"V4"轨道中的"太湖美 MTV"文字素材拉长，使之与"V3"轨道中的素材出点对齐，效果如图 1.29 所示。

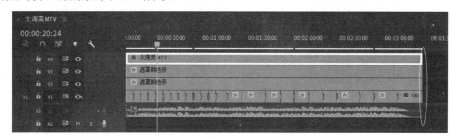

图 1.29　"太湖美 MTV"文字素材的对齐效果

视频播放：关于具体介绍，请观看配套视频"任务五：剪辑画面.MP4"。

任务六：输出影片

步骤 01：对剪辑完毕的影片进行预览，看是否符合要求。如果不符合要求，就进行修改和检查预览。

步骤 02：若符合要求，则可在菜单栏中单击【文件（F）】→【导出（E）】→【媒体（M）…】命令或按键盘上的"Ctrl+M"组合键，弹出【导出设置】对话框，具体参数设置如图 1.30 所示。

提示：关于【导出设置】对话框参数的具体介绍，将在后面章节中详细介绍。

步骤 03：单击【导出】按钮，即可完成影片的输出。最终效果请观看配套教学资源中的"太湖美 MTV.MP4"输出文件。

视频播放：关于具体介绍，请观看配套视频"任务六：输出影片.MP4"。

七、拓展训练

利用所学知识，使用本书配套教学资源提供的素材制作一个 MTV 并输出为"*.MP4"格式的视频文件。

第 1 章　后期剪辑基础知识

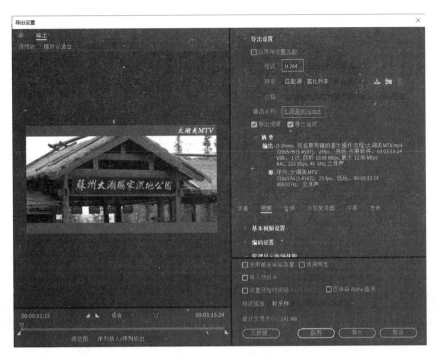

图 1.30　【导出设置】对话框参数设置

学习笔记：

案例 2 素材编辑的基本操作

一、案例内容简介

本案例主要介绍某学校运动会开幕式宣传片的编辑。在宣传片里，不同班级的同学们穿着不同颜色的运动服装，高举队旗，整齐有序地从组委会成员身边经过。

通过本案例的学习，使学生了解 Premiere Pro 2020 工作界面的布局，掌握 Premiere Pro 2020 工作界面的定制、快捷键的定制、三点编辑和四点编辑的使用方法与技巧。

二、案例效果欣赏

三、案例制作（步骤）流程

任务一：创建新项目 ➡ 任务二：Premiere Pro 2020工作界面 ➡ 任务三：定制工作界面和快捷键

⬇

任务四：四点编辑和三点编辑

四、制作目的

（1）了解 Premiere Pro 2020 工作界面的布局。
（2）掌握 Premiere Pro 2020 工作界面的定制方法。
（3）掌握快捷键的定制方法。
（4）理解四点编辑和三点编辑的概念。
（5）熟练掌握四点编辑和三点编辑的方法与技巧。
（6）熟练掌握制作宣传片《校运会开幕式》的操作流程和步骤。

五、制作过程中需要解决的问题

（1）Premiere Pro 2020 的工作界面由哪些元素组成？
（2）如何使用工具栏中的各个工具？
（3）【项目】预览窗口的主要作用是什么？
（4）【源】监视器窗口和【节目】监视器窗口主要用来做什么？
（5）【历史记录】、【信息】和【效果】功能面板有什么作用？

第 1 章 后期剪辑基础知识

（6）如何定制工作界面和快捷键？

（7）什么是入点和出点？

（8）什么是三点编辑和四点编辑？

六、详细操作步骤

任务一：创建新项目

启动 Premiere Pro 2020，创建一个名为"素材编辑的基本方法.prproj"的项目文件。

视频播放： 关于具体介绍，请观看配套视频"任务一：创建新项目.MP4"。

任务二：Premiere Pro 2020 工作界面

新建项目文件之后，进入 Premiere Pro 2020 工作界面，如图 1.31 所示。

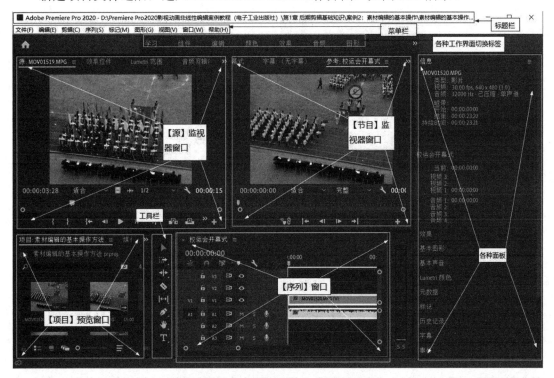

图 1.31　Premiere Pro 2020 工作界面

Premiere Pro 2020 工作界面主要由标题栏、菜单栏、工具栏、【项目】预览窗口、【源】监视器窗口（图 1.31 中未打开该窗口）、【节目】监视器窗口、【序列】窗口和各种功能面板组成。

1. 标题栏

标题栏主要显示软件的名称、项目文件保存的路径以及项目文件的名称。

2. 菜单栏

菜单栏主要由文件（F）、编辑（E）、剪辑（C）、序列（S）、标记（M）、图形（G）、视图（V）、窗口（W）和帮助（H）9 个菜单组成。通过这些菜单命令，可以完成所有后期剪辑操作。

3. 工具栏

工具栏由选择工具（V）、（未在图 1.31 中做引注）、向前选择轨道工具（A）、向后选择轨道工具（Shift+A）、波纹编辑工具（B）、滚动编辑工具（N）、比率拉伸工具（R）、剃刀工具（C）（未在图 1.31 中做引注）、外滑工具（Y）、内滑工具（U）、钢笔工具（P）、矩形工具、椭圆工具、手形工具（H）、缩放工具（Z）、文字工具（T）和垂直文字工具共 16 个工具组成，如图 1.32 所示。

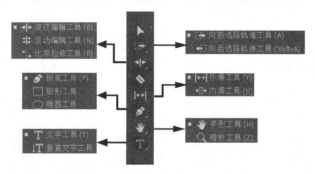

图 1.32　Premiere Pro 2020　工具栏

各个工具的作用如下：

1）选择工具（V）

该工具的快捷键为"V"，其主要用来选择对象，读者可以通过单击鼠标左键选择对象，或者按住鼠标左键不放的同时拖动对象。

提示：在 Premiere Pro 2020 中素材、图形、文字、字幕等统称为对象。

【实践操作】：将【项目】中的素材放到序列轨道中。

步骤 01：将光标移到【项目】窗口中的"MOV01519.MPG"视频素材上。

步骤 02：按住鼠标左键不放的同时，把步骤 01 选中的素材拖到"校运会开幕式"【序列】窗口的"V1"轨道中，使之与第 0 秒 0 帧的位置对齐。此时，在光标右下角出现一个图标，光标的形态如图 1.33 所示。

步骤 03：松开鼠标左键，完成素材的放置，如图 1.34 所示。

提示：如果将选择工具（V）移到素材的出点或入点，光标就变成"拉伸图标"（或）。按住鼠标左键不放的同时进行左右移动，可以改变素材的出点和入点位置。

2）向前选择轨道工具（A）

该工具的快捷键为"A"键，其主要用来选择目标素材右侧轨道上的所有素材。

第1章 后期剪辑基础知识

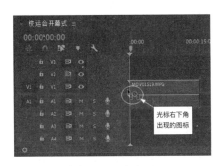

图1.33 光标形态　　　　　　　　　　　图1.34 放到相应轨道中的素材

3）向后选择轨道工具（Shift+A）

该工具的快捷键为"Shift+A"，其主要用来选择目标素材左侧轨道上的所有素材。

【实践操作】：在"校运会开幕式"【序列】窗口练习选择轨道中的素材。

步骤01：在工具栏中单击"向前选择轨道工具（A）"，将光标移到轨道中的目标素材上。此时光标变成图标，光标的形态如图1.35所示。

步骤02：单击鼠标左键，即可选择目标素材右侧轨道中的所有素材，如图1.35所示。

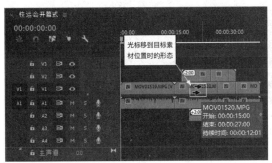
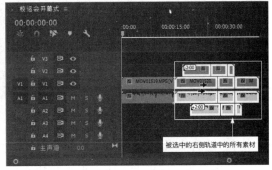

图1.35 光标移到目标素材位置时的形态　　　图1.36 被选中的右侧轨道中的所有素材

步骤03：在工具栏中单击"向后选择轨道工具（Shift+A）"，将光标移到轨道中的目标素材上，光标变成图标，其形态如图1.37所示。

步骤04：单击鼠标左键，即可选择目标素材左侧轨道中的所有素材，如图1.38所示。

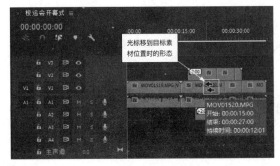
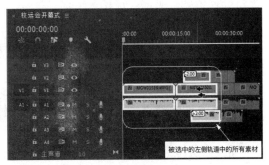

图1.37 光标形态　　　　　　　　　　　图1.38 被选中的左侧轨道中的所有素材

提示：如果需要选择目标素材轨道中左侧或右侧轨道中的所有素材，只须单选"向前选择轨道工具（A）"/"向后选择轨道工具"图标，将光标移到轨道中的目标素材上，按住键盘上的"Shift"键的同时单击鼠标左键，即可选择目标素材所在轨道左侧或右侧的所有素材。

4）波纹编辑工具（B）

该工具的快捷键为"B"，其主要用来调整选择素材的持续时间。在调整素材位置时，素材的前方或后方可能会出现空位。此时，相邻的素材会自动向前移动进行空位填补，但相邻素材的持续时间（素材剪辑的入点和出点，即总长度）不会发生改变，只是整段素材的位置发生改变。

【实践操作】：调整中间素材的长度（持续时间）。

步骤01：将光标移到需要调整持续时间的素材出点位置，此时，光标变成形态，按住鼠标左键不放的同时向右移动一段距离，其效果如图1.39所示。

步骤02：松开鼠标左键，完成目标素材持续时间的调整，持续时间被调长，其效果如图1.40所示。

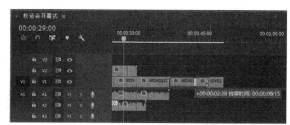 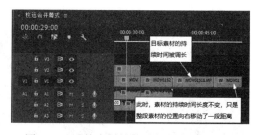

图1.39　向右移动一段距离后的效果　　　　图1.40　调整素材持续时间长度后的效果

5）滚动编辑工具（N）

该工具的快捷键为"N"，其主要用来调整两个相邻素材的持续时间长度。两个被调整的素材持续时间长度变化是一种此消彼长的关系，在固定持续时间长度范围内，一个素材增加的帧数等于相邻素材减少的帧数。

【实践操作】：调整两段相邻素材的持续时间。

步骤01：在工具栏中单选"滚动编辑工具"，将光标移到需要调节持续时间的相邻素材的连接处，光标变成形态。

步骤02：按住鼠标左键不放的同时把目标素材向右移动到如图1.41所示位置。

步骤03：松开鼠标左键完成两个相邻素材长度的调节，调整之后的效果如图1.42所示。

6）比率拉伸工具（R）

该工具的快捷键为"R"，其主要用来调节素材的播放速度。缩短素材，则其播放速度加快；拉长素材，则其播放速度减慢。

【实践操作】：调整素材的播放速度。

第 1 章　后期剪辑基础知识

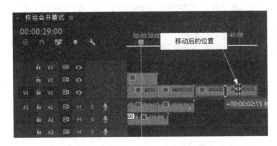

图 1.41　目标素材被移动后的位置

图 1.42　调整之后的效果

步骤 01：在工具栏中单选"比率拉伸工具"，将光标移到需要调节播放速度的素材入点或出点位置。此时，光标变成图标。

步骤 02：按住鼠标左键不放的同时，向左或向右把目标素材移动到需要位置，松开鼠标左键，完成素材的缩短或拉长，从而改变素材的播放速度。

7）剃刀工具（C）

该工具的快捷键为"C"，其主要作用是将一段素材分割成多个素材片段。按住"Shift"键不放的同时单击选中的素材，可以同时将多个轨道中的素材在单击处进行分割。

【实践操作】：对素材进行分割。

在工具栏中单选"剃刀工具（C）"，将光标移到需要分割的位置（见图 1.43），并按住鼠标左键。此时，光标变成形态。将 3 个轨道中的素材同时进行分割之后的效果如图 1.44 所示。

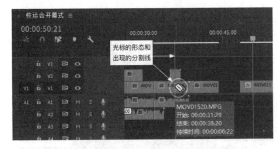

图 1.43　将光标移到需要分割的位置

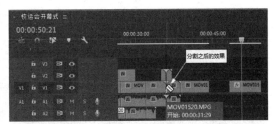

图 1.44　将 3 个轨道中的素材同时进行分割之后的效果

8）外滑工具（Y）

该工具的快捷键为"Y"，其主要用来调节一段素材的出点和入点。调节后，素材持续时间长度不变，也不影响相邻素材的入点和出点。

【实践操作】：设置素材的出点和入点位置。

步骤 01：在工具栏中单选"外滑工具（Y）"，将光标移到轨道中需要调节出点和入点位置的素材上。此时，光标变成形态，如图 1.45 所示。

步骤 02：按住鼠标左键不放的同时向左或向右移动素材，此时在【节目：校运会开幕式】监视器窗口中显示正在设置素材的出点和入点的画面，以及出点和入点位置时间，其效果如图 1.46 所示。

19

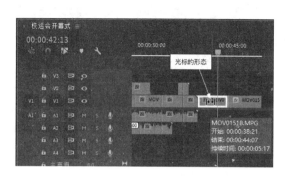

图 1.45 光标形态

图 1.46 在【节目：校运会开幕式】监视器窗口中的效果

9）内滑工具（U）

该工具的快捷键为"U"，其主要作用是保持被剪辑素材的入点和出点不变，通过改变前一段素材的出点和后一段素材的入点来调节素材。

【实践操作】：调节被剪辑素材的前一段素材的出点和后一段素材的入点位置。

步骤 01：单击工具栏中的"内滑工具"，将光标移到被剪辑素材上。此时，光标变成形态。光标所在位置和光标形态如图 1.47 所示。

步骤 02：按住鼠标左键不放的同时左右移动素材，在【节目：校运会开幕式】监视器窗口中显示被剪辑素材的前一段素材的出点和后一段素材的入点视频画面和时间，其效果如图 1.48 所示。

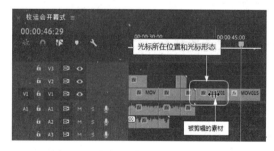

图 1.47 光标所在位置和光标形态

图 1.48 在【节目：校运会开幕式】监视器窗口中的效果

10）钢笔工具（P）

该工具的快捷键为"P"，其主要作用是绘制路径和不规则图形，给素材添加关键帧、删除关键帧和调节关键帧。

使用"钢笔工具"在【序列】窗口给视频和音频轨道上的素材添加关键帧，可以调节视频的不透明度和音频的音量。

【实践操作】：使用"钢笔工具"绘制马的剪影。

第 1 章　后期剪辑基础知识

步骤 01：在工具栏中单选"钢笔工具"，将光标移到【节目】监视器窗口中。

步骤 02：在【节目】监视器窗口中，通过单击和拖动来确定图形的顶点，绘制马的剪影，如图 1.49 所示。

步骤 03：在【效果控件】功能面板中设置图形的参数，具体参数设置如图 1.50 所示。设置参数后的效果如图 1.51 所示。

 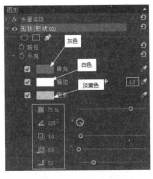 

图 1.49　绘制马的剪影　　　图 1.50　设置图形的参数　　　图 1.51　设置参数后的效果

11）矩形工具■和椭圆工具●

这两个工具分别用来绘制矩形和椭圆图形。

【实践操作】：分别使用矩形工具■和椭圆工具●绘制矩形和椭圆图形。

步骤 01：在工具栏中单选"矩形工具"■，在【节目：校运会开幕式】监视器窗口中按住鼠标左键不放的同时拖动光标，当所绘矩形大小达到要求后，松开鼠标左键，完成矩形的绘制，在视频轨道中自动生成一个图形文件入点，并与"时间指示器"对齐，如图 1.52 所示。

步骤 02：单选所绘制的矩形，在【效果控件】功能面板中设置其参数，具体参数设置如图 1.53 所示。

步骤 03：设置参数后，在【节目：校运会开幕式】监视器窗口中的效果如图 1.54 所示。

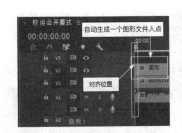  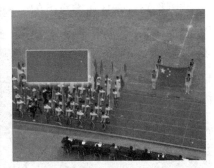

图 1.52　自动生成一个图形　　图 1.53　矩形的具体　　图 1.54　在【节目：校运会开幕式】
　　　　　文件入点　　　　　　　　　参数设置　　　　　　　　监视器窗口中的效果

步骤 04：使用"椭圆工具"绘制椭圆的方法同上。

12) 手形工具（H）

该工具的快捷键为"H"，其主要用来改变【序列】窗口的可视区域大小，在编辑时间长度较长的素材时方便观察。

提示：在 Premiere Pro 2020 中，手形工具（H）几乎不使用，将光标移到【序列】窗口的滑块上，按住鼠标左键不放的同时，左右移动即可改变可视区域大小，时间滑块如图 1.55 所示。如果将光标移到【序列】窗口滑块中的图标上，按住鼠标左键不放的同时，左右移动光标即可对可视区域进行缩放。

【实践操作】：使用手形工具（H）改变【序列】窗口中素材的可视区域大小。

步骤 01：在工具栏中单选"手形工具"，将光标移到【序列】窗口轨道上的任一位置。此时，光标变成形态。

步骤 02：按住鼠标左键不放的同时，左右移动即可改变素材的可视区域大小。

13) 缩放工具（Z）

该工具的快捷键为"Z"，其主要用来调节【序列】窗口中显示的时间单位。

【实践操作】：使用缩放工具（Z）调节【序列】窗口的时间单位显示。

步骤 01：在工具栏中单选"缩放工具"工具，将光标移到【序列】窗口中。此时，光标变成形态。光标形态和时间单位显示效果如图 1.56 所示。

图 1.55　时间滑块

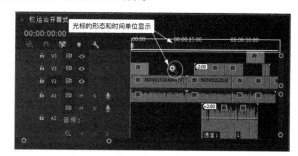
图 1.56　光标形态和时间单位显示效果

步骤 02：连续单击鼠标左键，即可对时间单位进行放大，效果如图 1.57 所示。

步骤 03：在按住键盘上的"Alt"键不放的同时，连续单击鼠标左键，即可对时间单位进行缩小，效果如图 1.58 所示。

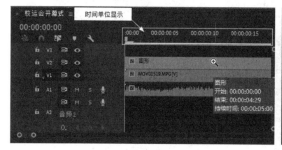
图 1.57　时间单位放大后的效果

图 1.58　时间单位缩小之后的效果

14）文字工具（T）

该工具的快捷键为"T"，其主要用来创建横排文字图形。

【实践操作】：使用文字工具（T）创建"校运会开幕式"文字图形。

步骤01：在工具栏中单击文字工具（T），将光标移到【节目：校运会开幕式】监视器窗口中。此时，光标变成图标，单击鼠标左键。

步骤02：输入"校运会开幕式"6个文字，此时，在视频轨道中自动生成一个文字图形文件，并且文字图形文件的入点与"时间标尺"对齐，如图1.59所示。

步骤03：在【节目：校运会开幕式】监视器窗口中单选文字图形，在【效果控件】功能面板中设置文字图形的参数，具体参数设置如图1.60所示。

步骤04：设置参数后，在【节目：校运会开幕式】监视器窗口中的效果如图1.61所示。

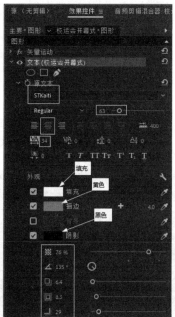

图1.59　自动生成的文字图形文件及其对齐位置

图1.60　在【效果控件】功能面板中设置文字图形参数

图1.61　设置参数后的效果

15）垂直文字工具

该工具主要用来创建竖排文字图形。

【实践操作】：使用"垂直文字工具"创建"校运会开幕式"文字图形。

步骤01：在工具栏中单击文字工具（T），将光标移到【节目：校运会开幕式】监视器窗口中。此时，光标变成图标，单击鼠标左键。

步骤02：输入"校运会开幕式"6个文字，此时，在视频轨道中自动生成一个文字图形文件，并且文字图形文件的入点与"时间标尺"对齐，如图1.62所示。

步骤03：在【节目：校运会开幕式】监视器窗口中单选文字图形，在【效果控件】功能面板中设置文字图形的参数，具体参数设置如图1.63所示。

步骤 04：设置参数之后，在【节目：校运会开幕式】监视器窗口中的效果如图 1.64 所示。

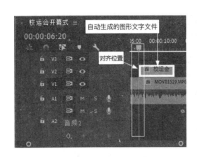
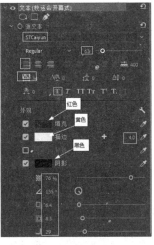

图 1.62　自动生成的文字图形　　　　图 1.63　【效果控件】功能　　　　图 1.64　设置参数后的效果
　　　　文件及其对齐位置　　　　　　　　　　面板参数设置

4.【项目】窗口

【项目】窗口主要由项目名称、项目素材搜索窗口、素材目录栏和【项目】窗口工具栏四大部分组成，其主要用来导入和管理素材。通过【项目】窗口还可以了解导入素材的名称、标签、出/入点、帧速率和素材长度等 18 项信息。在【项目】窗口中可进行素材的显示方式、分类方式、分类管理的改变，以及查找素材等操作，【项目】窗口如图 1.65 所示。

图 1.65　【项目】窗口

（1）"列表视图"按钮：主要作用是将当前视频切换到列表视图显示方式。单击该按钮即可完成切换，如图 1.66 所示。

（2）"图标视图"按钮：主要作用是将当前视频切换到图标视图显示方式。单击该按钮即可完成切换，如图 1.67 所示。

（3）"自由变换视图"按钮：主要作用是将当前视图切换到自由变换视图显示方式，单击该按钮即可完成切换，如图 1.68 所示。

第 1 章　后期剪辑基础知识

图 1.66　列表视图显示方式　　图 1.67　图标视图显示方式　　图 1.68　自由变换视图显示方式

（4）"缩放滑块" ：主要用来调整图标和缩览图的大小。将光标移到滑块上的图标上，按住鼠标左键不放的同时把它进行左右移动，即可对【项目】窗口中的图标进行放大和缩小操作。

（5）"自动匹配序列（A）…"按钮 ：主要作用是将选定素材自动匹配到序列中。

【实践操作】：对选定素材进行自动匹配操作。

步骤 01：在【项目】窗口中单选需要自动匹配到序列的素材文件。

步骤 02：单击"自动匹配序列（A）…"按钮 ，弹出【序列自动化】对话框，根据要求设置该对话框参数。

步骤 03：具体参数设置如图 1.69 所示，单击【确定】按钮，完成自动匹配序列。

（6）"查找（F）" ：其功能是根据名称、标签备注或出/入点，在【项目】窗口中定位素材。

【实践操作】：在【项目】窗口中定位素材。

步骤 01：在【项目】窗口中单击"查找（F）"按钮 ，弹出【查找】对话框，如图 1.70 所示。

步骤 02：根据需要查找的内容进行设置，设置完毕，单击【查找】按钮，即可进行查找。

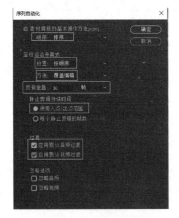

图 1.69　【序列自动化】　　　　　　　　　图 1.70　【查找】对话框
　　　　对话框参数设置

步骤 03：查找完毕之后，单击【完成】按钮，完成查找操作。

（7）"新建素材箱"按钮■：主要用来创建文件夹（素材箱），方便对素材进行分类管理。

【**实践操作**】：创建文件夹并将导入的视频素材放入新建文件夹中。

步骤 01：在【项目：素材编辑的基本操作方法】窗口中单击"新建素材箱"按钮■，在【项目：素材编辑的基本操作方法】窗口中自动创建一个名为"素材箱"的文件夹，如图 1.71 所示。

步骤 02：输入文件夹的名称。此处输入"视频文件夹"5 个字，按键盘上的"Enter"键，完成"视频文件夹"的创建，如图 1.72 所示。

步骤 03：选择需要导入的视频素材。将光标移到所选视频素材上，按住鼠标左键不放的同时将其移到"视频文件夹"，松开鼠标左键，如图 1.73 所示。

图 1.71　自动创建一个"素材箱"文件夹　　图 1.72　"视频文件夹"的创建　　图 1.73　移动所选视频素材到指定的"视频文件夹"

（8）"新建项"按钮■：单击"新建项"按钮■，弹出【新建项】快捷菜单。通过单击快捷菜单中的相应命令，可以创建多种类型的素材。对这些素材与被导入的视频和音频素材进行综合编辑，可以制作出更加丰富的画面效果。

（9）"清除（删除）"按钮■：单击该按钮，即可将【项目】窗口中选定的素材或文件夹删除。

提示：在【项目】窗口中显示的素材名称，只是指向素材所在磁盘中的位置的指针图标。在这里使用"清除（删除）"按钮■删除的只是指针图标，在磁盘中的素材没有真正被删除。

5．监视器窗口

1）监视器窗口简介

主要包括【源】监视器窗口和【节目】监视器窗口两个，如图 1.74 所示。监视器窗口继承了旧版本 Premiere Pro 的强大功能，不仅可以播放素材和监视节目内容，还可以进行一些基本的编辑处理。

第 1 章 后期剪辑基础知识

图 1.74 【源】监视器窗口和【节目】监视器窗口

【实践操作】：将【源】监视器窗口中的素材添加到【序列】窗口的轨道中。

将【源】监视器窗口中的素材添加到【序列】窗口中的方法主要有以下 3 种。

【方法 1】：通过拖动的方式将素材添加到【序列】窗口中。

步骤 01：在【项目：素材编辑的基本操作方法】窗口中双击"MOV01518.MPG"素材，此时，在【源：MOV01518.MPG】监视器窗口中显示该素材。

步骤 02：按键盘上的"空格键"进行播放，当播放到需要确定为素材的入点位置时，再按键盘上的"空格键"停止播放，单击"标记入点（I）"按钮 ，确定素材的入点，如图 1.75 所示。

步骤 03：按键盘上的"空格键"继续播放，当播放到需要确定为素材的出点位置时，再按键盘上的"空格键"停止播放，单击"标记出点（O）" ，确定素材的出点，如图 1.76 所示。

步骤 04：将"时间指示器"移到第 52 秒 0 帧位置，将光标移到【源：MOV01518.MPG】监视器窗口中，按住鼠标左键不放的同时，把要添加的素材拖到"校运会开幕式"【序列】窗口中的"V1"轨道中，并使之与"时间指示器"对齐（此时，光标右下角出现 图标），如图 1.77 所示，松开鼠标右键，完成将视频和音频素材拖到轨道中，完成素材的添加，如图 1.78 所示。

【方法 2】：通过单击将素材添加到【序列】窗口中。

步骤 01：方法同上，确定添加素材的出点、入点和在【序列】窗口中的入点位置。

步骤 02：单击"插入（,）"按钮 或"覆盖（.）"按钮 ，完成素材的添加。

图1.75　确定素材的入点

图1.76　确定素材的出点

图1.77　与"时间指示器"对齐的素材

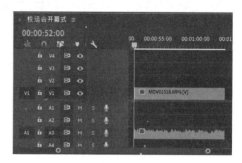
图1.78　完成素材的添加

提示：若通过单击"插入（,）"按钮 添加素材，则所添加素材的入点与"时间指示器"对齐，并将轨道中的素材从"时间指示器"位置分割，分割的素材入点与添加的素材出点对齐。若通过单击"覆盖（.）"按钮 添加素材，则所添加素材的入点与"时间指示器"对齐，添加的素材将覆盖被添加素材轨道中的原有素材。

【方法3】：通过"仅拖动视频"按钮 和"仅拖动音频"按钮 ，把素材添加到【序列】窗口中。

步骤01：方法同上，在【源：MOV01518.MPG】监视器窗口中确定需要添加素材的入点和出点。

步骤02：在【序列】窗口中将"时间指示器"移到需要添加素材的入点位置。

步骤03：将光标移到在【源：MOV01518.MPG】监视器窗口中的"仅拖动视频"按钮 上，按住鼠标左键不放的同时，把要添加的视频素材拖到【序列】窗口中的视频轨道，并使之与"时间指示器"对齐。然后，松开鼠标左键完成视频素材的添加。

步骤04：将光标移到在【源：MOV01518.MPG】监视器窗口中的"仅拖动音频"按钮 上，按住鼠标左键不放的同时，把要添加的音频素材拖到【序列】窗口中的音频轨道上，并使之与"时间指示器"对齐。然后，松开鼠标左键完成音频素材的添加。

2)【源】监视器窗口中的按钮编辑器

【源】监视器窗口中的按钮编辑器如图 1.79 所示。

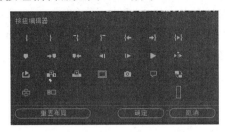

图 1.79 【源】监视器窗口中的按钮编辑器

按钮编辑器中各个按钮的作用如下。

（1）"标记入点（I）"按钮■：单击该按钮或按"I"键，将"时间指示器"所在位置标注为素材的入点。

（2）"标记出点（O）"按钮■：单击该按钮或按"O"键，将"时间指示器"所在位置标注为素材的出点。

（3）"清除入点（Ctrl+Shift+I）"按钮■：单击该按钮或按"Ctrl+Shift+I"组合键，清除【源】监视器窗口中的标记入点。

（4）"清除出点（Ctrl+Shift+O）"按钮■：单击该按钮或按"Ctrl+Shift+O"组合键，清除【源】监视器窗口中的标记出点。

（5）"转到入点（Shift+I）"按钮■：单击该按钮或按"Shift+I"组合键，快速定位到入点位置。

（6）"转到出点（Shift+O）"按钮■：单击该按钮或按"Shift+O"组合键，快速定位到出点位置。

（7）"从入点播放到出点"按钮■：单击该按钮，播放入点到出点之间的素材。

（8）"添加标记点（M）"按钮■：单击该按钮或按"M"键，在"时间指示器"所在位置添加标记点。

（9）"转到下一标记（Shift+M）"按钮■：单击该按钮或按"Shift+M"组合键，快速定位到下一个标记点。

（10）"转到上一个标记（Ctrl+Shift+M）"按钮■：单击该按钮或按"Ctrl+Shift+M"组合键，快速定位到上一个标记点。

（11）"后退一帧（左侧）"按钮■：单击该按钮，"时间指示器"往后（左）移动一帧。

（12）"前进一帧（右侧）"按钮■：单击该按钮，"时间指示器"往前（右）移动一帧。

（13）"播放-停止切换（Space）"按钮■：单击该按钮或按"Space"键，从"时间指示器"所在位置开始播放，同时该按钮变成■形态。单击■按钮，停止素材的播放，同时按钮变成■形态。

（14）"播放邻近区域（Shift+K）"按钮■：单击该按钮或按"Shift+K"组合键，播放"时间指示器"所在位置附近的素材。

(15)"循环播放"按钮：单击该按钮，对当前素材进行循环播放。

(16)"插入（,）"按钮：单击该按钮，将【源】监视器窗口中的素材插入"时间指示器"所在的位置，入点右边的素材向后推移。

提示：若入点的位置在一个完整的素材上，则插入的素材将源素材分割成两段。

(17)"覆盖（.）"按钮：单击该按钮，将【源】监视器窗口中的素材插入"时间指示器"所在位置，入点右边的素材将被部分或全部覆盖。

提示：如果素材的入点在一个完整的素材上，则插入的新素材将覆盖入点右边相应长度的原始素材。

(18)"安全边距"按钮：单击该按钮，在素材画面周围显示安全边距框。

(19)"导出帧"按钮：单击该按钮，可以导出"时间指示器"位置的素材画面。

(20)"隐藏字幕显示"按钮：单击该按钮，将显示的字幕隐藏。

(21)"切换代理"按钮：单击该按钮，可切换到代理文件。

(22)"切换到VR视频显示"按钮：单击该按钮，可切换到VR视频显示模式。

(23)"切换到多机位视图（Shift+0）"按钮：单击该按钮，切换到多机位视图显示方式。

3)【节目】监视器窗口中的按钮编辑器

【节目】监视器窗口中的按钮编辑器如图1.80所示。

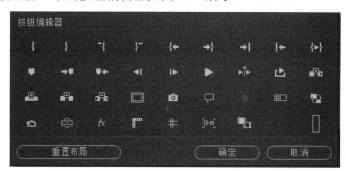

图1.80 【节目】监视器窗口中的按钮编辑器

【节目】监视器窗口中的按钮编辑器与【源】监视器窗口按钮编辑器中的大部分按钮相同，在此，只介绍【源】监视器窗口按钮编辑器中没有的按钮。

(1)"多机位录制开/关（0）"按钮：主要作用是决定是否开启多机位录制功能。

(2)"全局FX静音"按钮：单击该按钮，开启全局FX静音功能。

(3)"显示标尺"按钮：单击该按钮，显示标尺；再次单击该按钮，隐藏标尺。

(5)"显示参考线"按钮：单击该按钮，显示参考线，再次单击该按钮，隐藏标尺。

(6)"在【节目】监视器窗口中对齐"按钮：单击该按钮，在【节目】监视器窗口中对齐所编辑的素材画面。

(7)"比较视图"按钮：单击该按钮，在【节目】监视器窗口中显示两个视频画面。窗口左侧为参考画面，右侧为当前画面，方便用户进行比较，如图7.81所示。

第 1 章 后期剪辑基础知识

图 1.81 单击"比较视图"按钮后的【节目】监视器窗口

6.【序列】窗口

【序列】窗口是 Premiere Pro 2020 工作界面的核心部分，是素材装配和节目编辑的主要窗口，如图 1.82 所示。素材片段在【序列】窗口中以图形的方式，按时间的先后顺序和合成的先后层顺序在轨道中从左到右、从上到下排列。

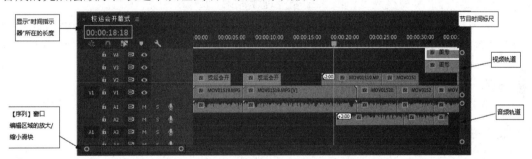

图 1.82 【序列】窗口

在【序列】窗口中，可以使用 Premiere Pro 2020 提供的各种工具，对素材进行剪切、插入、复制、分割、添加过渡效果和视频效果等操作。

轨道中的素材所在层与在【节目】监视器窗口中素材所在层的对应关系如图 1.83 所示。

7.【效果】功能面板

该功能面板主要包括预设、Lumetri 预设、音频效果、音频过渡、视频效果和视频过渡 6 个文件夹，如图 1.84 所示。通过这 6 个文件夹中的相关命令可以为轨道中的素材添加视频过渡、视频效果、音频过渡和预设效果。

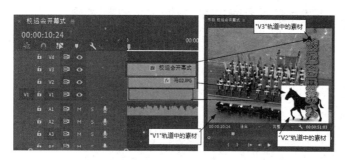 

图1.83 轨道中的素材所在层与【节目】监视器窗口中素材所在层的对应关系　　图1.84 【效果】功能面板

【实践操作】：添加视频效果或音频效果。

步骤01：在【效果】功能面板中，将光标移到需要添加视频效果或音频效果的命令图标上，按住鼠标中键不放的同时，把图标拖到【序列】窗口中的素材轨道上，松开鼠标中键，完成视频效果或音频效果的添加。

也可以先在【序列】窗口中单选需要添加视频效果或音频效果的素材，再在【效果】功能面板中，双击需要添加的视频效果或音频效果，完成视频效果或音频效果的添加。

步骤02：在【序列】窗口中单选添加了视频效果或音频效果的素材。

步骤03：在【效果控件】功能面板中根据项目要求设置视频效果或音频效果的相关参数。

【实践操作】：添加视频过渡效果或音频过渡效果。

步骤01：在【效果】功能面板中，将光标移到需要添加视频过渡效果或音频过渡效果的命令图标上，按住鼠标中键不放的同时，把图标拖到【序列】窗口中的素材轨道上的入点或出点，松开鼠标中键，完成视频过渡效果或音频过渡效果的添加。

步骤02：在【序列】窗口中单选添加的视频过渡效果或音频过渡效果。

步骤03：在【效果控件】功能面板中设置视频过渡效果或音频过渡效果的参数。

8.【历史记录】功能面板

该功能面板主要用于保存用户的每一步操作，供用户随时恢复若干步骤的操作。【历史记录】功能面板如图1.85所示。若在【历史记录】功能面板中单击任一步操作记录，则在该步骤之后的所有操作将被恢复。

9.【信息】功能面板

该功能面板主要显示当前选择素材的一些基本信息，如图1.86所示，通过【信息】功能面板可以了解素材类型、大小、速率、持续时间、出/入点等信息，为用户编辑提供参考。

10.【媒体预览】功能面板

通过【媒体预览】功能面板，可以很方便地浏览素材在磁盘中的位置，如图1.87所示。可以将【媒体预览】功能面板中的素材拖到【序列】窗口的轨道中，与导入素材的功能相同。

第 1 章　后期剪辑基础知识

图 1.85　【历史记录】功能面板　　图 1.86　【信息】功能面板　　图 1.87　【媒体预览】功能面板

11.【效果控件】功能面板

【效果控件】功能面板如图 1.88 所示，在【序列】窗口中可以对选定的素材进行运动、透明、添加效果和过渡效果的参数调节。

12.【音轨混合器】功能面板

【音轨混合器】功能面板如图 1.89 所示。通过【音轨混合器】功能面板可以混合多个音频、调节增益、摇摆等多种编辑操作。

 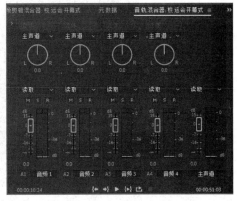

图 1.88　【效果控件】功能面板　　　　图 1.89　【音轨混合器】功能面板

【音轨混合器】功能面板中的左侧 4 个柱状图表示默认的 4 个音频轨道，右侧 1 个柱状图表示主音轨。播放轨道中的音频，对应的柱状图以绿色条的形式动态显示。

视频播放：关于具体介绍，请观看配套视频"任务二：Premiere Pro 2020 工作界面.MP4"。

任务三：定制工作界面和快捷键

在 Premiere Pro 2020 中，允许用户随意调节工作界面的状态，以符合用户的工作习惯。

1. 改变工作界面的布局

当光标移到不同窗口或功能面板之间的垂直或水平分隔线处时,光标变成 或 形态。此时,按住鼠标左键不放左右或上下移动光标,即可改变工作界面的布局。

2. 调节工作界面的明暗度

长时间在强亮度的工作界面下操作,会对用户的视力造成影响。可以通过调节工作界面的明暗度降低其亮度。

【实践操作】:调节工作界面的明暗度。

步骤 01:在菜单栏中单击【编辑(E)】→【首选项(N)】→【外观(P)…】命令,弹出【首选项】对话框。

步骤 02:在【首选项】对话框中,修改工作界面的明暗度、交互控件和焦点指示器的明暗度,具体参数设置如图 1.90 所示。

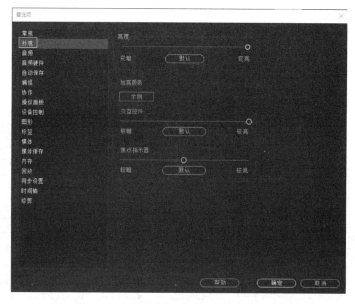

图 1.90 【首选项】对话框中的参数设置

步骤 03:参数设置完毕,单击【确定】按钮。

提示:如果对设置的参数不满意,也可以直接单击【默认】按钮,恢复软件默认的参数。

3. 功能面板的调节

可以在相关功能面板或窗口的标签上通过单击并拖动的方式,调节工作界面中各个功能面板和窗口的位置。用户还可以将功能面板拖出来形成浮动面板,放在工作界面的任一位置。

4. 切换和新建工作界面

在 Premiere Pro 2020 中，菜单栏下方提供了 11 种工作界面标签，如图 1.91 所示。单击选中的标签，即可切换到相应的工作界面。

图 1.91　11 种工作界面标签

【实践操作】：切换工作界面。

步骤 01：在菜单栏中单击【窗口】→【工作区（W）】命令，弹出二级子菜单，如图 1.92 所示。

步骤 02：将光标移到需要的选项上单击，即可进行工作界面的切换。

【实践操作】：新建工作界面。

在 Premiere Pro 2020 中，不仅可以切换工作界面，还可以自定义工作界面并将其保存和调用。

步骤 01：根据要求和用户的工作习惯，调节工作界面。

步骤 02：在菜单栏中单击【窗口（W）】→【工作区（W）】→【另存为新工作区…】命令，弹出【新建工作区】对话框。

步骤 03：在【新建工作区】对话框中输入新工作区界面的名称，如图 1.93 所示，单击【确定】按钮，完成工作界面的新建。

【实践操作】：删除工作界面。

步骤 01：在菜单栏中单击【窗口（W）】→【工作区（W）】→【编辑工作区…】命令，弹出【编辑工作区】对话框。

步骤 02：在【编辑工作区】对话框中，单选需要删除的工作界面选项，如图 1.94 所示。

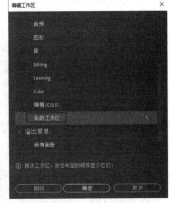

图 1.92　二级子菜单　　　图 1.93　【新建工作区】　　图 1.94　【编辑工作区】
　　　　　　　　　　　　　　　　　对话框　　　　　　　　　　对话框

步骤 03：单击【删除】按钮，完成工作界面的删除。

5. 自定义快捷键

自定义快捷键是提高工作效率的一种途径，大部分应用软件都提供了这一功能，Premiere Pro 2020 也不例外。

【实践操作】：自定义快捷键。

步骤 01：在菜单栏中单击【编辑（E）】→【快捷键（K）】（或按"Ctrl+Alt+K"组合键），弹出【键盘快捷键】对话框，如图 1.95 所示。

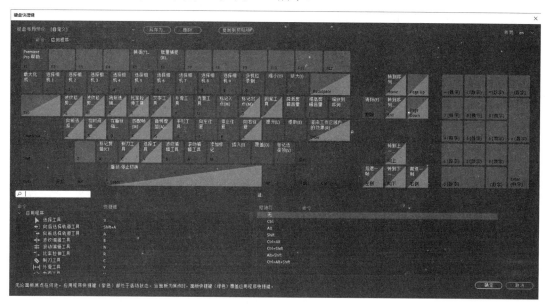

图 1.95 【键盘快捷键】对话框

步骤 02：在【快捷键】区域中，将光标移到"快捷键"与需要定义快捷键的命令名称相互垂直相交位置双击。此时，出现一个文本输入框，如图 1.96 所示。

步骤 03：按键盘上的"Ctrl+1"组合键，完成快捷键的自定义，如图 1.97 所示。

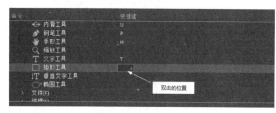

图 1.96 双击的位置

图 1.97 自定义的快捷键

步骤 04：对不需要定义的快捷键，直接单击【清除】按钮即可。

步骤 05：如果需要还原清除的快捷键，直接单击【还原】按钮即可。

提示：在命令自定义快捷键的时候，如果输入的快捷键与其他命令的快捷键重复了，系统就会提示用户该快捷键已分配给其他命令，并弹出分配该快捷键的命令提示。

视频播放：关于具体介绍，请观看配套视频"任务三：定制工作界面和快捷键.MP4"。

任务四：四点编辑和三点编辑

所谓三点编辑是指先确定素材的入点、出点和被插入素材轨道的入点，再进行素材的插入。所谓四点编辑是指先确定素材的入点、出点、被插入素材轨道的入点和出点，再进行素材的插入。

1. 四点编辑

【实践操作】：使用四点编辑给轨道添加素材。

步骤 01：导入素材，如图 1.98 所示。

步骤 02：在【项目】窗口中双击"MOV01518.MPG"素材文件，使素材在【源：MOV01518.MPG】监视器窗口中显示。

步骤 03：在【源：MOV01518.MPG】监视器窗口中播放选定的素材，对素材进行预览，了解素材的大致信息。

步骤 04：对素材进行播放，根据"时间指示器"，当播放到需要被确定为素材入点的位置时，按键盘上的"空格键"停止播放。单击"标记入点（I）"按钮，确定素材的入点。如图 1.99 所示。

图 1.98 导入素材

图 1.99 确定素材的入点

步骤 05：按键盘上的"空格键"继续播放，当播放到需要被确定为出点的位置时，按"空格键"停止播放。单击"标记出点（O）"按钮，确定素材的出点位置，如图 1.100 所示。

提示：按键盘上的"I"键，创建一个入点，按键盘上的"O"键，创建一个出点。这两个键是创建入点和出点的快捷键。

步骤 06：在"校运会开幕式"【序列】窗口中的"播放指示器位置"中输入"00：00：00：00"，按"Enter"键，"时间指示器"跳转到轨道的第 0 秒 0 帧位置。

步骤 07：单击【节目：校运会开幕式】监视器窗口中的"标记入点（I）"按钮，设置轨道的入点。

步骤 08：在"校运会开幕式"【序列】窗口的"播放指示器位置"中输入"00：00：

13:04",按"Enter"键,"时间指示器"跳转到轨道的第 13 秒 4 帧的位置。

步骤 09:单击【节目:校运会开幕式】监视器窗口中的"标记出点(O)"按钮,在"校运会开幕式"【序列】窗口中确定需要插入素材的出点与入点的位置,如图 1.101 所示。

图 1.100 确定素材的出点位置

图 1.101 确定素材的出点与入点位置

步骤 10:在"校运会开幕式"【序列】窗口中,单选需要添加素材的轨道(在此选择"V1"轨道)如图 1.102 所示。

步骤 11:单击【源:MOV01518.MPG】监视器窗口中的"插入"按钮 或"覆盖"按钮 ,即可将入点和出点之间的素材添加到轨道中。添加到轨道中的素材如图 1.103 所示。

图 1.102 选择的轨道

图 1.103 添加到轨道中的素材

提示:如果所添加的素材持续时间长度与被添加轨道的持续时间长度完全一致,系统就不弹出【适合剪辑】对话框;如果上述两者不完全一致,系统就弹出【适合剪辑】对话框,如图 1.104 所示。此时,用户需要根据要求选择添加素材的方式。

图 1.104 【适合剪辑】对话框

2. 【适合剪辑】对话框参数选项简介。

（1）"更改剪辑速度（适合填充）"：选择此选项，改变素材的播放速度，使源素材的入点和出点与【序列】窗口中定义的入点和出点对齐。
（2）"忽略源入点"：选择此选项，通过改变源素材的入点以匹配素材的持续时间长度。
（3）"忽略源出点"：选择此选项，通过改变素材的出点以匹配素材的持续时间长度。
（4）"忽略序列入点"：选择此选项，通过改变序列的入点以匹配素材的持续时间长度。
（5）"忽略序列出点"：选择此选项，通过改变序列的出点以匹配素材的持续时间长度。

3. 三点编辑

三点编辑的操作方法比四点编辑的操作方法简单，它比四点编辑少了一个轨道的出点设置，在这里就不详细介绍了。

视频播放：关于具体介绍，请观看配套视频"任务四：四点编辑和三点编辑.MP4"。

七、拓展训练

根据所学知识完成如下作业：
（1）根据用户的习惯，定制 Premiere Pro 2020 工作界面。
（2）收集一些旅游景点的素材，使用三点编辑和四点编辑的方法进行编辑。
（3）什么是入点和出点？

学习笔记：

案例 3　运动视频的制作

一、案例内容简介

本案例所用的素材是某校举办的一次室外书画展览的视频，该视频记录了在某校外面的空地上展出的一大批字画和素描的场景。

二、案例效果欣赏

三、案例制作（步骤）流程

任务一：创建新项目　➡　任务二：导入素材文件和【导入分层文件】对话框参数介绍

任务四：创建渐变的视频效果　⬅　任务三：创建运动视频

四、制作目的

（1）了解【效果控件】功能面板中的相关参数在视频素材编辑与合成中的应用。

（2）熟练掌握制作运动视频《书画展》的操作流程和步骤。

五、制作过程中需要解决的问题

（1）什么是关键帧？

（2）如何调节视频或图片的透明度？

（3）什么是定位点？

（4）如何将视频素材中的视频画面与音频进行分离？

（5）如何使画面进行旋转和运动？

六、详细操作步骤

任务一：创建新项目

启动 Premiere Pro 2020，创建一个名为"运动视频的制作.prproj"的项目文件。

视频播放：关于具体介绍，请观看配套视频"任务一：创建新项目.MP4"。

任务二：导入素材文件和【导入分层文件】对话框参数介绍

1. 导入素材文件

步骤 01：在菜单栏中单击【文件（F）】→【导入（I）…】命令（或按"Ctrl+I"组合键），弹出【导入】对话框，选择如图 1.105 所示的需要导入的素材。

提示：当需要导入多个连续排列的素材时，可单击第 1 个素材，然后按住键盘上的"Shift"键不放，单击最后一个素材，即可选中多个连续排列的素材；当需要导入多个不连续排列的素材时，按住键盘上的"Ctrl"键，依次单击需要导入的素材，即可选择多个不连续排列的素材。

步骤 02：单击【打开（按钮）】，弹出【导入分层文件：学生作品】对话框。根据项目导入素材的要求，设置该对话框参数，具体参数设置如图 1.106 所示。

图 1.105　选择需要导入的素材

图 1.106　【导入分层文件：学生作品】对话框参数设置

步骤 03：参数设置完毕，单击【确定】按钮，完成素材的导入。

提示：如果导入的素材具有分层信息，系统就会弹出【导入分层文件】对话框供用户设置；如果导入的素材没有分层信息，系统就不会弹出【导入分层文件】对话框。

2.【导入分层文件】对话框参数介绍

1)"导入为"参数

对分层文件的导入，系统为用户提供了"合并所有图层""合并的图层""各个图层"和"序列"4 个选项。

（1）"合并所有图层"：选择该选项，将导入的所有图层合并成一个图层后导入【节目】窗口中。

（2）"合并的图层"：选择该选项，根据项目要求，将选择的图层合并后导入【节目】窗口中。

（3）"各个图层"：选择该选项，将所有图层单独导入【节目】窗口中。

（4）"序列"：选择该选项，将所有图层以一个序列文件导入【节目】窗口中，自动创建一个文件夹和一个序列文件。

2)"素材尺寸"参数

在导入分层素材文件时,该参数选项为用户提供了"文档大小"和"图层大小"两种方式。

(1)"文档大小":选择该选项,导入的分层文件统一以文档尺寸大小导入。

(2)"图层大小":选择该选项,导入的分层文件按各自图层尺寸导入。

提示:只有在单选"各个图层"和"序列"选项时,"素材尺寸"参数的设置才有效果。

视频播放:关于具体介绍,请观看配套视频"任务二:导入素材文件和【导入分层文件】对话框参数介绍.MP4"。

任务三:创建运动视频

1. 将素材添加到【序列】窗口的"V1"轨道中

步骤01:新建一个名为"运动视频"的序列文件。

步骤02:将"DSC01577.JPG"图片素材拖到"运动视频"【序列】窗口的"V1"轨道中,使其入点与第0秒0帧位置对齐,如图1.107所示。

步骤03:在"运动视频"【序列】窗口的"播放指示器位置"文本输入框中,输入"00:00:10:00"后,按"Enter"键。此时,"时间指示器"被定位到第10秒0帧的位置。

步骤04:将光标移到"V1"轨道中素材的出点位置,此时,光标变成 状态,按住鼠标左键不放并向右移动,使其与"时间指示器"对齐,如图1.108所示,松开鼠标左键,完成素材的出点调节。

 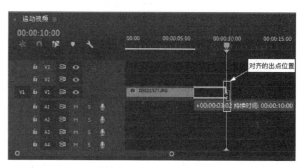

图1.107 被拖到"V1"轨道中的图片素材　　图1.108 与"时间指示器"对齐的出点位置

步骤05:方法同上。将其他素材分别拖到"运动视频"【序列】窗口的轨道中,如图1.109所示。

步骤06:将"时间指示器"定位到第10秒0帧的位置,在工具栏中单击"剃刀工具"图标 ,在"运动视频"【序列】窗口的轨道"时间指示器"位置单击,将素材分割成两段,如图1.110所示。

步骤07:框选分割后的后一部分素材,按键盘上的"Delete"键,将其删除,如图1.111所示。

第1章 后期剪辑基础知识

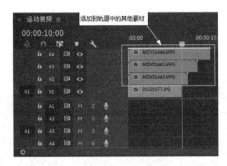

图1.109 添加到轨道中的其他素材

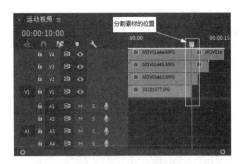

图1.110 分割素材的位置

2. 创建运动视频效果

在创建运动视频之前，先了解视频和关键帧的概念。所谓帧，是指连续静态图片中的每一幅图片；所谓关键帧，是指决定动画运动方式的静态图片所处的帧，它是相对帧而言的。创建运动视频效果主要是通过调节关键帧的参数来控制的。

1）设置"V1"轨道中的素材参数

步骤01：在【运动视频】轨道中单选"V1"轨道中的素材。

步骤02：在【效果控件】功能面板中设置"V1"轨道中的素材缩放比例参数，如图1.112所示。

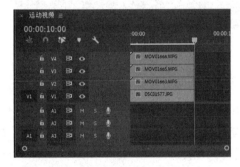

图1.111 删除分割后的后一部分素材

图1.112 "V1"轨道中的素材缩放比例参数设置

2）给"V4"轨道中的素材创建运动视频

步骤01：将"时间指示器"定位到第0秒0帧位置，单选"V4"轨道中的视频素材。

步骤02：分别单击"位置"和"旋转"选项右边的"切换动画"按钮，即可在第0秒0帧的位置创建2个关键帧，参数设置如图1.113所示。

步骤03：将"时间指示器"定位到第9秒0帧位置，设置"位置"和"旋转"选项参数，系统自动添加关键帧，参数设置如图1.114所示。

3）给"V3"轨道中的素材创建运动视频

步骤01：将"时间指示器"定位到第0秒0帧位置，单选"V3"轨道中的素材。

步骤02：分别单击"位置"和"旋转"选项右边的"切换动画"按钮，即可在第0秒0帧的位置创建2个关键帧。"V3"轨道中的素材参数设置如图1.115所示。

步骤 03：将"时间指示器"定位到第 9 秒 0 帧的位置，设置"位置"和"旋转"选项参数，系统自动添加关键帧，参数设置如图 1.116 所示。

图 1.113 给"V4"轨道中的素材创建 2 个关键帧和设置参数

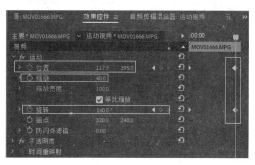

图 1.114 给"V4"轨道中的素材自动添加关键帧和设置参数

图 1.115 给"V3"轨道中的素材创建 2 个关键帧和设置参数

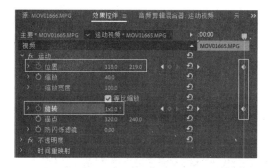

图 1.116 给"V3"轨道中的素材自动添加关键帧和设置参数

4）给"V2"轨道中的素材创建运动视频

步骤 01：将"时间指示器"定位到第 0 秒 0 帧的位置，单选"V2"轨道中的素材。

步骤 02：分别单击"位置"和"旋转"选项右边的"切换动画"按钮 ，即可在第 0 秒 0 帧的位置创建 2 个关键帧，参数设置如图 1.117 所示。

步骤 03：将"时间指示器"定位到第 9 秒 0 帧的位置，设置"位置"和"旋转"选项参数，系统自动添加关键帧，参数设置如图 1.118 所示。

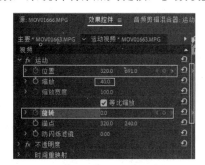

图 1.117 给"V2"轨道中的素材创建 2 个关键帧和设置参数

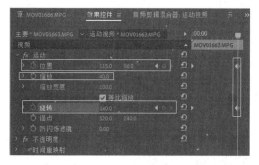

图 1.118 给"V2"轨道中的素材自动添加关键帧和参数设置

视频播放：关于具体介绍，请观看配套视频"任务三：创建运动视频.MP4"。

任务四：创建渐变的视频效果

渐变的视频效果主要通过调节【效果控件】功能面板中的透明度参数来实现。

步骤 01：将"学生作品.psd"文件拖到"V4"轨道中的空白处，松开鼠标左键，即可将"学生作品.psd"文件添加到"运动视频"【序列】窗口中并自动添加一个视频轨道。添加的图片素材和创建的视频轨道如图 1.119 所示。

步骤 02：将"V5"轨道中的图片素材拉长至第 10 秒 0 帧位置，效果如图 1.120 所示。

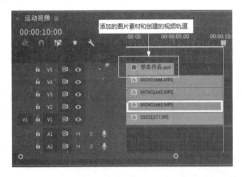

图 1.119　添加的图片素材和创建的视频轨道

图 1.120　图片素材拉长之后的效果

步骤 03：将"时间指示器"定位到第 0 秒 0 帧位置，单选"V5"轨道中的素材，在【效果控件】功能面板中设置参数，参数设置如图 1.121 所示。

步骤 04：将"时间指示器"定位到第 9 秒 0 帧位置，将"不透明度"参数设置为"100%"，系统自动创建一个关键帧，如图 1.122 所示。

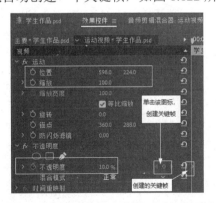

图 1.121　【效果控件】功能面板参数设置

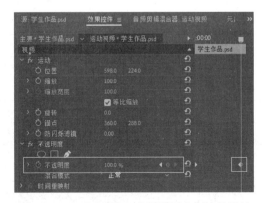

图 1.122　"不透明度"参数设置和创建关键帧

步骤 05：完成运动视频效果的制作，在【节目：运动视频】监视器窗口中进行播放，效果如图 1.123 所示。

视频播放：关于具体介绍，请观看配套视频"任务四：创建渐变的视频效果.MP4"。

图1.123　在【节目：运动视频】监视器窗口中的播放效果

七、拓展训练

利用自己收集的一些风景图片素材，创建运动视频效果。

学习笔记：

案例 4　嵌套序列的使用方法

一、案例内容简介

本案例使用的素材是某校举办的校园文化节视频，该视频记录的场景如下：在学校外面的空地上，不少学生们趴在地上涂鸦和选购自己喜欢的物品，片长 6 秒。

二、案例效果欣赏

三、案例制作（步骤）流程

任务一：创建新项目和导入素材　➡　任务二：创建平铺视频效果　➡　任务三：创建序列和嵌套序列

四、制作目的

（1）了解序列和嵌套对素材、视频进行编辑与合成的方法。
（2）熟练掌握制作运动视频《校园文化节》的操作流程和步骤。

五、制作过程中需要解决的问题

（1）什么是序列？
（2）如何创建序列？
（3）序列是否可以进行相互嵌套？
（4）如何创建嵌套序列效果？

六、详细操作步骤

任务一：创建新项目和导入素材

步骤 01：启动 Premiere Pro 2020，创建一个名为"嵌套序列的使用方法.prproj"的项目文件。

步骤 02：利用前面所学知识，导入如图 1.124 所示的视频素材和图片素材。

视频播放：关于具体介绍，请观看配套视频"任务一：创建新项目和导入素材.MP4"。

图 1.124　导入的视频素材和图片素材

任务二：创建平铺视频效果

步骤 01：新建一个名为"才艺展示"的序列文件。

步骤 02：将"MOV01781.MPG"视频素材添加到"V1"轨道中，如图 1.125 所示。

步骤 03：在"V1"轨道中的素材上单击鼠标右键，弹出快捷菜单。将光标移到快捷菜单中的【取消链接】命令上并单击，完成素材的视频与音频的关联。

步骤 04：单选"才艺展示"【序列】窗口中取消关联之后的音频素材，按键盘上的"Delete"键，删除"A1"轨道中的音频素材，如图 1.126 所示。

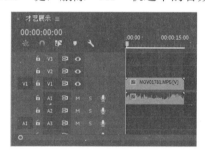
图 1.125　添加视频素材到"V1"轨道中

图 1.126　删除"A1"轨道中的音频素材

步骤 05：单选"V1"轨道中的素材，在【效果控件】功能面板中设置素材的参数，参数设置如图 1.127 所示。设置参数之后，在【节目：才艺展示】监视器窗口中的效果如图 1.128 所示。

图 1.127　设置"V1"轨道中的素材参数

图 1.128　在【节目：才艺展示】监视器窗口中的效果

步骤 06：在【节目：嵌套序列的使用方法】监视器窗口中双击"MOV01782.MPG"素材，在【源：MOV01782.MPG】监视器窗口中显示该素材。

步骤 07：将光标移到【源：MOV01782.MPG】监视器窗口中的"仅拖动视频"按钮上，按住鼠标左键不放的同时上述素材拖到"才艺展示"【序列】窗口的"V2"轨道中，并使之与第 0 秒 0 帧的位置对齐。然后松开鼠标左键，完成素材的添加，如图 1.129 所示。

步骤 08：单选"V2"轨道中添加的素材，根据要求在【效果控件】功能面板中设置参数，参数设置如图 1.130 所示。

图 1.129　给"V2"轨道添加素材

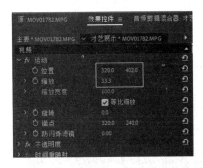
图 1.130　"V2"轨道中的素材参数设置

步骤 09：设置参数之后，"V2"轨道中的素材在【节目：才艺展示】监视器窗口中的效果如图 1.131 所示。

步骤 10：方法同上。将"MOV01783.MPG"素材添加到"V3"轨道中，如图 1.132 所示。

图 1.131　"V2"轨道中的素材在【节目：才艺展示】监视器窗口中的效果

图 1.132　添加到"V3"轨道中的素材

步骤 11：在"才艺展示"【序列】窗口单选"V3"轨道中的素材，在【效果控件】功能面板中设置其参数，参数设置如图 1.133 所示。设置参数之后，"V3"轨道中的素材在【节目：才艺展示】监视器窗口中的效果如图 1.134 所示。

步骤 12：在"才艺展示"【序列】窗口中，将"时间指示器"定位到第 6 秒 0 帧的位置，使用"剃刀工具"按钮沿"时间指示器"位置将轨道中的素材进行分割，删除后面的素材片段，如图 1.135 所示。分割和部分删除之后的素材在【节目：才艺展示】监视器窗口中的效果如图 1.136 所示。

图1.133 "V3"轨道中的素材参数设置

图1.134 "V3"轨道中的素材在【节目：才艺展示】监视器窗口中的效果

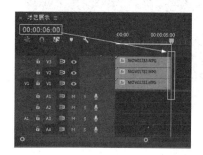

图1.135 分割和删除素材

图1.136 在分割和部分删除之后的素材【节目：才艺展示】监视器窗口中的效果

视频播放：关于具体介绍，请观看配套视频"任务二：创建平铺视频效果.MP4"。

任务三：创建序列和嵌套序列

步骤01：创建一个名为"才艺展示嵌套效果"序列文件，尺寸为"640×480"。

步骤02：将"DSC01793.JPG"图片添加到"才艺展示嵌套效果"序列的"V1"轨道中。

步骤03：在【效果控件】功能面板中设置"V1"轨道中添加的素材参数，参数设置如图1.137所示。设置参数之后，"V1"轨道中的素材在【节目：才艺展示】监视器窗口中的效果如图1.138所示。

图1.137 对"V1"轨道中添加的素材进行参数设置

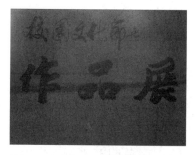

图1.138 "V1"轨道中的素材在【节目：才艺展示】监视器窗口中的效果

第 1 章　后期剪辑基础知识

步骤 04：将"DSC01786.JPG"图片添加到"才艺展示嵌套效果"【序列】窗口的"V2"轨道中。

步骤 05：在【效果控件】功能面板中设置"V2"轨道中添加的素材参数，参数设置如图 1.139 所示。设置参数之后，"V2"轨道中的素材在【节目：才艺展示】监视器窗口中的效果如图 1.140 所示。

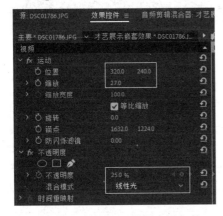

图 1.139　对"V2"轨道中添加的素材进行参数设置

图 1.140　"V2"轨道中的素材在【节目：才艺展示】监视器窗口中的效果

步骤 06：将"V1"和"V2"轨道中的素材片长设置为 6 秒，如图 1.141 所示。

步骤 07：将【才艺展示】序列文件拖到【才艺展示嵌套效果】序列中的"V3"轨道中，添加嵌套序列如图 1.142 所示。

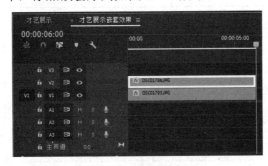

图 1.141　设置素材片长

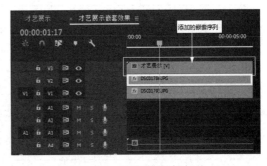

图 1.142　添加的嵌套序列

提示：序列之间不能进行相互嵌套，但可以进行多层嵌套。

步骤 08：嵌套之后，素材在【节目：才艺展示嵌套效果】监视器窗口中的效果如图 1.143 所示。

视频播放：关于具体介绍，请观看配套视频"任务三：创建序列和嵌套序列.MP4"。

图1.143　素材在【节目：才艺展示嵌套效果】监视器窗中的效果

七、拓展训练

利用自己搜集的素材创建应用了序列嵌套功能的运动视频效果。

学习笔记：

案例 5　各种素材文件的导入

一、案例内容简介

本案例使用的素材是某校举办的一次校园剪纸艺术展视频,该视频展示的剪辑艺术作品内容丰富,包括美丽的孔雀、胖乎乎的小羊、盛开的花朵等。

二、案例效果欣赏

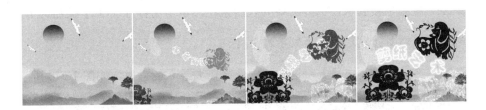

三、案例制作（步骤）流程

任务一：创建新项目 ➡ 任务二：素材导入的4种途径

任务四：各种素材文件的导入方法 ⬅ 任务三：Premiere Pro 2020支持的文件格式

任务五：剪纸作品展

四、制作目的

（1）了解新建项目和导入序列图片素材的方法。
（2）熟悉掌握制作《剪纸艺术》运动视频的操作流程和步骤。

五、制作过程中需要解决的问题

（1）Premiere Pro 2020 支持的素材文件格式有哪些？
（2）导入素材文件有哪几种途径？
（3）在 Premiere Pro 2020 中是否支持导入包含文件夹的素材文件？
（4）如何导入带通道信息的素材文件？
（5）如何导入序列图片文件？

六、详细操作步骤

任务一：创建新项目

启动 Premiere Pro 2020，创建一个名为"各种素材文件的导入.prproj"的项目文件。

视频播放：关于具体介绍，请观看配套视频"任务一：创建新项目.MP4"。

任务二：素材导入的 4 种途径

1. 使用菜单导入素材

步骤 01：在菜单栏中单击【文件（F）】→【导入（I）…】选项，弹出【导入】对话框。
步骤 02：根据项目要求，选择需要导入的素材，单击【打开（O）】按钮即可。

2. 使用快捷键导入素材

步骤 01：按键盘上的"Ctrl+I"组合键，弹出【导入】对话框。
步骤 02：根据项目要求，选择需要导入的素材，单击【打开（O）】按钮即可。

3. 通过【媒体浏览器】功能面板导入素材

步骤 01：在【媒体浏览器】功能面板中选择需要导入的素材，如图 1.144 所示。

图 1.144　选择需要导入的素材

步骤 02：将光标移到选中的素材上，按住鼠标左键不放，把选中的素材拖到【序列】窗口的轨道上。当光标变成 图标时，松开鼠标左键即可。

4. 通过双击鼠标左键导入素材

步骤 01：将光标移到【项目】窗口中的空白处，双击鼠标左键，弹出【导入】对话框。
步骤 02：根据项目要求，选择需要导入的素材，单击【打开（O）】按钮即可。
提示：在使用以上 4 种途径导入素材时，如果导入的素材文件中包含带通道信息的文件，那么系统会弹出【导入分层文件】对话框。用户可以根据项目要求设置相关参数，然后单击【确定】按钮即可。

视频播放：关于具体介绍，请观看配套视频"任务二：素材导入的 4 种途径.MP4"。

任务三：Premiere Pro 2020 支持的文件格式

Premiere Pro 2020 支持的文件格式与旧版本相比有很大的改进。Premiere Pro 2020 支持大部分流行的素材文件格式。下面分别介绍一些主要的视频、图片和音频文件格式。

在导入素材文件时，弹出【导入】对话框，将光标移到【所有支持的媒体】选项上，弹出一个下拉菜单，显示 Premiere Pro 2020 支持的所有素材文件格式，如图 1.145 所示。

第1章 后期剪辑基础知识

1. 视频文件格式

Premiere Pro 2020 支持的视频文件格式主要有"*.avi""*.MP4""*.swf""*.MPEG""*.MPG""*.ASP""*.WMA"和"*.WMV"等。

2. 图片文件格式

Premiere Pro 2020 支持的图片文件格式主要有"*.PNG""*.JPG""*.TIF""*.BMP""*.PSD"和"*.JPEG"等。

3. 音频文件格式

Premiere Pro 2020 支持的音频文件格式主要有"*.MP3""*.WAV""*.MPA""*.AIFF""*.MPEG"和"*.MPG"等。

视频播放：关于具体介绍，请观看配套视频"任务三：Premiere Pro 2020 支持的文件格式.MP4"。

任务四：各种素材文件的导入方法

1. 带通道信息的素材文件导入

带通道信息的素材文件主要有"*.PSD"和"*.TIF"图片文件。在这里以"*.PSD"图片文件的导入为例。

步骤 01：按键盘上的"Ctrl+I"组合键，弹出【导入】对话框，在该对话框中选择"剪纸艺术 01"图片文件。

步骤 02：单击【打开（O）】按钮，弹出【导入分层文件：剪辑艺术 01】对话框。根据项目要求设置该对话框参数，具体参数设置如图 1.146 所示。

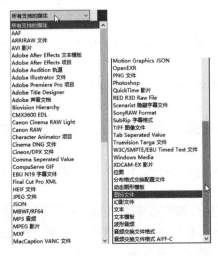

图 1.145 Premiere Pro2020 支持的文件格式

图 1.146 【导入分层文件：剪纸艺术 01】对话框参数设置

步骤03：单击【确定】按钮，即可将带通道信息的素材导入【节目】监视器窗口中。

2. 导入文件夹

使用文件导入的方式，用户可以一次性地将文件夹中的所有素材文件导入【节目】监视器窗口中。

步骤01：按键盘上的"Ctrl+I"组合键，弹出【导入】对话框。

步骤02：在【导入】对话框中选择需要导入的文件夹，单击【导入文件夹】按钮，即可将选中的文件夹中所有素材文件导入【节目：各种素材文件的导入】监视器窗口中，如图1.147所示。

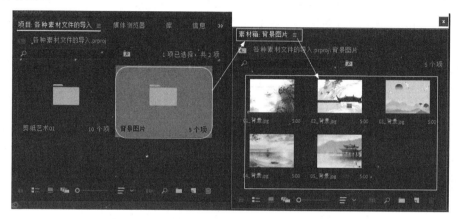

图1.147　把文件夹中所有素材导入指定的监视器窗口中

提示：在导入文件夹时，如果文件夹中还包含子文件夹，子文件将不被导入，但子文件夹中的素材文件则被正常导入。

3. 导入序列图片

在动画合成中，动画文件由许多单帧图片的序列文件组成。一般情况下，1秒时长的动画由25帧图片组成。

步骤01：在【节目：各种素材文件的导入】监视器窗口的空白处双击鼠标左键，弹出【导入】对话框。

步骤02：在【导入】对话框中选择序列文件中的第1个文件，勾选"图像序列"选项，如图1.148所示。

步骤03：单击【打开（O）】按钮，即可将序列文件合成一个序列视频导入，如图1.149所示。

提示：在步骤02中，如果不是选择第1个文件，而是选择了"000.jpg"，同时勾选了"图像序列"选项，单击【打开（O）】按钮，将序列素材导入【节目】窗口中后，此时，导入的序列素材是从"000.jpg"开始，它前面的文件将不被导入。

视频播放：关于具体介绍，请观看配套视频"任务四：各种素材文件的导入方法.MP4"。

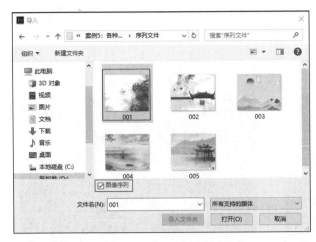

图 1.148　选择的序列文件

图 1.149　导入的序列文件

任务五：剪纸作品展

1. 将素材拖到视频轨道中

步骤 01：创建一个名为"剪纸艺术"的序列文件。

步骤 02：将"剪纸艺术 02"文件夹和其中的素材导入【节目：各种素材文件的导入】监视器窗口中。

步骤 03：将"03_背景.jpg"图片添加到"剪纸艺术"【序列】窗口中的"V1"轨道，并将素材时间长度调整到 20 秒。

步骤 04：方法同上。分别将剪纸素材添加到"剪纸艺术"【序列】窗口中，效果如图 1.150 所示。

2. 制作缩放效果

步骤 01：单选"V5"轨道中的素材，将"时间指示器"定位到第 15 秒 0 帧位置，在【效果控件】功能面板中设置该素材的运动参数并添加关键帧，具体参数设置如图 1.151 所示。

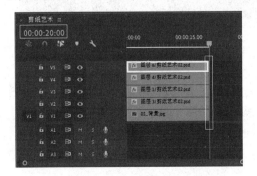

图 1.150　"剪纸艺术"【序列】窗口效果

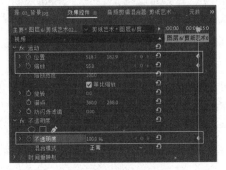

图 1.151　"V5"轨道中素材第 15 秒 0 帧位置的参数设置

步骤 02：将"时间指示器"定位到第 0 秒 0 帧位置，在【效果控件】功能面板中设置该素材的运动参数，系统自动添加关键帧，具体参数设置如图 1.152 所示。

步骤 03：单选"V4"轨道中的素材，将"时间指示器"定位到第 15 秒 0 帧位置，在【效果控件】功能面板中设置该素材的运动参数并添加关键，具体参数设置如图 1.153 所示。

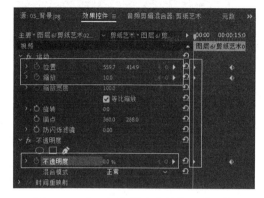
图 1.152 "V5"轨道中素材第 0 秒 0 帧位置的参数设置

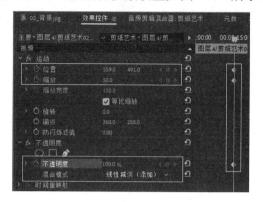
图 1.153 "V4"轨道中素材第 15 秒 0 帧位置的参数设置

步骤 04：将"时间指示器"定位到第 0 秒 0 帧位置，在【效果控件】功能面板中设置素材的运动参数，系统自动添加关键帧，具体参数设置如图 1.154 所示。

步骤 05：单选"V3"轨道中的素材，将"时间指示器"定位到第 15 秒 0 帧位置，在【效果控件】功能面板中设置素材的运动参数并添加关键帧，具体参数设置如图 1.155 所示。

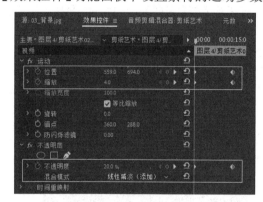
图 1.154 "V4"轨道中素材第 0 秒 0 帧位置的参数设置

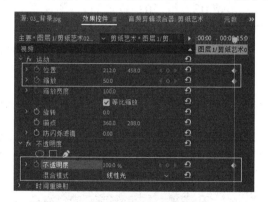
图 1.155 "V3"轨道中素材第 15 秒 0 帧位置的参数设置

步骤 06：将"时间指示器"定位到第 0 秒 0 帧位置，在【效果控件】功能面板中设置素材的运动参数，系统自动添加关键帧，具体参数设置如图 1.156 所示。

步骤 07：单选"V2"轨道中的素材，将"时间指示器"定位到第 15 秒 0 帧位置，在【效果控件】功能面板中设置素材的运动参数并添加关键帧，具体参数设置如图 1.157 所示。

第 1 章　后期剪辑基础知识

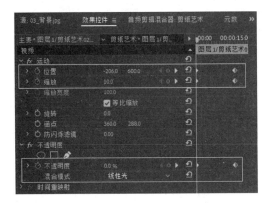

图 1.156　"V3" 轨道中素材第 0 秒 0 帧位置的参数设置

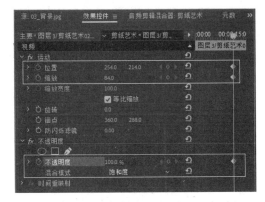

图 1.157　"V2" 轨道中素材第 15 秒 0 帧位置的参数设置

步骤 08：将"时间指示器"定位到第 0 秒 0 帧位置，在【效果控件】功能面板中设置素材的运动参数，系统自动添加关键帧，具体参数设置如图 1.158 所示。

步骤 09：参数设置完毕，在【节目：剪纸艺术】监视器窗口中第 0 秒 0 帧和第 15 秒 0 帧位置的截图效果如图 1.159 所示。

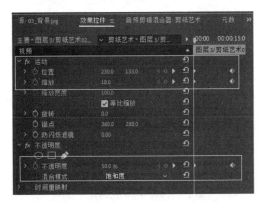

图 1.158　"V2" 轨道中素材第 0 秒 0 帧位置的参数设置

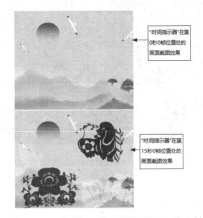

图 1.159　在第 0 秒 0 帧和第 15 秒 0 帧位置的截图效果

3. 制作标题动画效果

步骤 01：将"剪纸艺术标题.psd"文件导入【项目：各种素材文件的导入】窗口中。

步骤 02：将"剪纸艺术标题.psd"图片素材拖到"剪纸艺术"【序列】窗口中的空白位置后，松开鼠标左键，完成素材的添加并自动创建一个"V6"轨道。

步骤 03：单选"V6"轨道中的素材，将"时间指示器"定位到第 15 秒 0 帧位置，在【效果控件】功能面板中设置素材参数并添加关键帧，具体参数设置如图 1.160 所示。

步骤 04：设置参数之后，在【节目：剪纸艺术】监视器窗口中的效果如图 1.161 所示。

步骤 05：将"时间指示器"定位到第 0 秒 0 帧位置，在【效果控件】功能面板中设置素材参数，具体参数设置如图 1.162 所示。

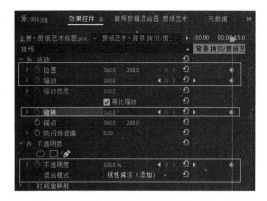

图 1.160 "V6"轨道中素材第 15 秒 0 帧位置的参数设置

图 1.161 在【节目：剪纸艺术】监视器窗口中的效果

步骤 06：制作完毕，在【节目：剪纸艺术】监视器窗口中的部分截图效果如图 1.163 所示。

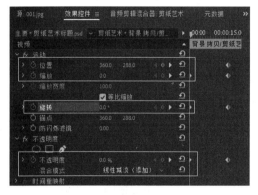

图 1.162 "V6"轨道中素材第 0 秒 0 帧位置的参数设置

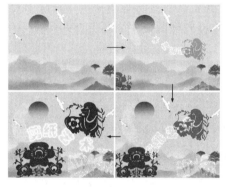

图 1.163 在【节目：剪纸艺术】监视器窗口中的部分截图效果

视频播放：关于具体介绍，请观看配套视频"任务五：剪纸作品展.MP4"。

七、拓展训练

使用本案例介绍的方法，创建一个名为"各种素材文件的导入举一反三.prproj"节目文件，根据本书配套资源提供的素材，制作如下效果并输出名为"剪纸艺术展举一反三.MP4"

第1章 后期剪辑基础知识

学习笔记：

案例6 声画合成、输出与打包

一、案例内容简介

本案例是关于一位小宝宝快乐成长的小短片，记录了小宝宝"吃手指"，用一对水汪汪的大眼睛看着你、躺在妈妈的怀里咿呀学语、扶着小凳子在屋里走来走去等情景，片长23秒。

二、案例效果欣赏

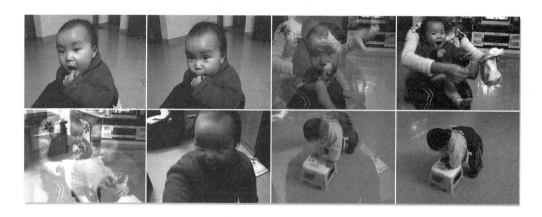

三、案例制作（步骤）流程

任务一：创建新项目 ➡ 任务二：设置标记点 ➡ 任务三：标记点的使用 ➡ 任务四：声画合成
⬇
任务六：素材打包 ⬅ 任务五：项目输出

四、制作目的

（1）了解创建新项目文件、导入素材、分析素材、声画合成等功能和用法。

（2）熟悉掌握制作纪录片《小宝宝成长记》的操作流程和步骤。

五、制作过程中需要解决的问题

（1）怎样进行声画合成？

（2）标记点有什么作用？标记点分哪几类？

（3）如何输出节目文件？节目输出的格式有哪些？

（4）如何给素材打包？为什么要给素材打包？

第 1 章　后期剪辑基础知识

六、详细操作步骤

任务一：创建新项目

启动 Premiere Pro 2020，创建一个名为"声画合成、输出与打包.prproj"的项目文件。

视频播放：关于具体介绍，请观看配套视频"任务一：创建新项目.MP4"。

任务二：设置标记点

声画合成是指将视频文件与音频文件根据节目要求进行对齐、剪辑与合成。声画合成的大致步骤是先给视频或音频设置标记点，再根据标记点进行相应操作。

标记点的主要作用是给素材指定位置和注释，方便用户通过编辑点快速查找和定位所需要的画面以及声画对位。标记点在后期剪辑中非常重要，使用频率较高。在 Premiere Pro 2020 中为标记点单独列出了一个"标记"菜单。

1. 给素材设置标记点

步骤 01：新建一个名为"声画合成输出与打包"的序列文件。

步骤 02：导入两段素材并将这些素材添加到"声画合成输出与打包"【序列】窗口的"V1"轨道中，如图 1.164 所示。

步骤 03：单选"V1"轨道中的第 1 段素材并将"时间指示器"定位到需要添加标记点的位置。

步骤 04：在菜单栏中单击【标记（M）】→【添加标记】命令，即可在"时间指示器"位置设置一个标记点，如图 1.165 所示。

图 1.164　"声画合成输出与打包"【序列】窗口中的素材

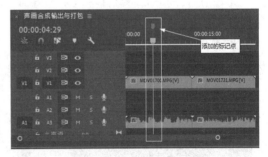
图 1.165　给素材设置的标记点

2. 通过【源】监视器给素材设置标记点

步骤 01：在"声画合成输出与打包"【序列】窗口中双击"V1"轨道中需要设置标记的素材，在【源：声画合成输出与打包：MOV01700.MPG】监视器窗口中显示该素材画面。

步骤 02：在该监视器窗口中，将"时间指示器"定位到需要设置标记点的位置，单击"添加标记点"按钮，完成标记的添加，如图 1.166 所示。

提示：使用上述方法添加的标记点，是添加在轨道中选定的素材上，而不是添加在"序列标尺"上，如图1.167所示。

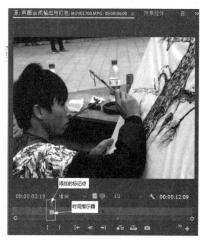

图1.166　通过【源】监视器窗口给素材设置标记点

图1.167　添加在轨道中选定素材上的标记点

3. 给序列设置标记点

步骤01：把"时间指示器"定位到需要添加标记点的位置。

步骤02：在"声画合成输出与打包"【序列】窗口中的标尺上单击鼠标右键，弹出快捷菜单。在弹出的快捷菜单中单击【添加标记】命令，即可在"时间指示器"位置添加一个标记点。

步骤03：也可以通过直接单击"声画合成输出与打包"【序列】窗口中的"添加标记"按钮，添加标记点，如图1.168所示。

步骤04：还可以通过直接单击【节目：声画合成输出与打包】监视器窗口中的"添加标记"按钮，添加标记点，如图1.169所示。

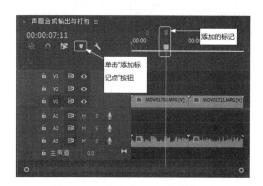

图1.168　按步骤03添加的标记

图1.169　按步骤04添加的标记

第1章 后期剪辑基础知识

4. 设置章节标记点和 Flash 提示标记

1）设置章节标记点

步骤 01：将"时间指示器"定位到需要添加"章节标记点"的位置。

步骤 02：在菜单栏中单击【标记（M）】→【添加章节标记…】命令，弹出【标记】对话框，具体参数设置如图 1.170 所示。

步骤 03：设置完毕，单击【确定】按钮。将光标移到已添加的章节标记点上时，屏幕会显示用户添加的信息，如图 1.171 所示。

图 1.170 【标记】对话框参数设置

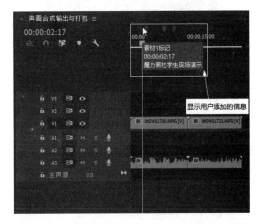

图 1.171 光标移到章节标记点上的显示的信息

2）设置 Flash 提示标记

步骤 01：将"时间指示器"定位到需要添加"Flash 提示标记"点的位置。

步骤 02：在菜单栏中单击【标记（M）】→【添加 Flash 提示标记（F）…】命令，弹出【标记】对话框，具体参数设置如图 1.172 所示。

步骤 03：设置完毕后单击【确定】按钮即可。将光标移到已添加的 Flash 提示标记上时，会显示用户添加的信息，如图 1.173 所示。

视频播放：关于具体介绍，请观看配套视频"任务二：设置标记点.MP4"。

任务三：标记点的使用

设置标记点的目的是方便用户对素材进行编辑，例如，要对几段素材中的某一帧进行对齐操作，先分别为这些需要对齐的帧设置标记点，然后进行对齐操作。

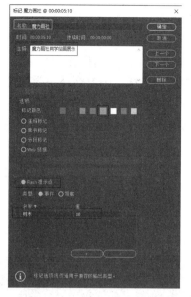

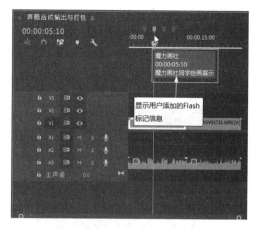

图 1.172　Flash 提示【标记】对话框参数设置　　图 1.173　光标移到 Flash 标记点上时显示的信息

1. 对齐标记点

通过手动的方式可以将两个轨道中素材上的标记点进行对齐。

步骤 01：为素材设置标记，如图 1.174 所示。

步骤 02：单击"在时间轴中对齐（s）"按钮，开启标记点的吸附功能。

步骤 03：将光标移到第 2 段素材上，按住鼠标左键不放的同时进行移动，当两个标记点对齐时，会出现一条黑色竖线，如图 1.175 所示。此时，松开鼠标左键，两段素材在标记点位置对齐，如图 1.176 所示。

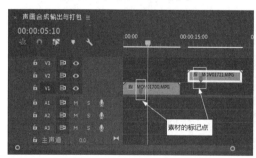

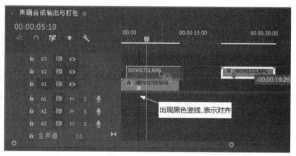

图 1.174　为素材设置的标记点　　图 1.175　两个标记点对齐的效果

2. 查找标记点

快速找到需要的标记点，能提高工作效率。查找标记的方法主要有如下两种。

1）通过【源】监视器窗口

步骤 01：在【源】监视器窗口中激活带标记的素材。

步骤 02：在【源】监视器窗口中单击"转到下一标记"按钮和"转到上一标记"按钮，即可向前或向后查找标记。

2）通过【序列】窗口

步骤 01：在【序列】窗口中选中素材。

步骤 02：在菜单栏中单击【序列（M）】菜单，弹出下拉菜单。在弹出的下拉菜单中单击【转到下一个标记（N）】命令或【转到上一个标记（P）】命令，即可查找素材的标记。

3. 清除标记点

在后期制作中，当整个节目编辑完成后，可以将标记点清除。

步骤 01：选择需要清除的标记点。

步骤 02：在菜单栏中单击【标记（M）】→【清除所选标记（K）】命令或按"Ctrl+Alt+M"组合键，即可将选择的标记点清除。

步骤 03：如果没有选择任何标记点，那么在菜单栏中单击【标记（M）】→【清除所有标记点（A）】命令，即可将所有标记点清除。

视频播放：关于具体介绍，请观看配套视频"任务三：标记点的使用.MP4"。

任务四：声画合成

1.导入需要进行合成的视频和音频素材

导入的视频和音频素材如图 1.177 所示。

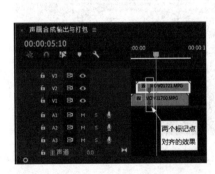

图 1.176　两个标记点对齐的效果

图 1.177　导入的视频和音频素材

2. 将音频文件添加到音频轨道中并设置标记

步骤 01：新建一个名为"宝宝成长记"的序列文件。

步骤 02：将音频文件添加到"宝宝成长记"序列的"A2"轨道中，如图 1.178 所示。

提示：所选音频文件是歌曲《世上只有妈妈好》的片段，演唱的歌词有 4 句，第 1 句为"世上只有妈妈好",第2句为"有妈的孩子像个宝",第3句为"投进妈妈的怀抱",第4句为"幸福享不了"。

步骤03:在"A2"轨道的标题空白处双击鼠标左键,展开"A2"轨道,如图1.179所示。从音频轨道的波形图可以看出4句歌词,有声音的地方波形会更高、更密。

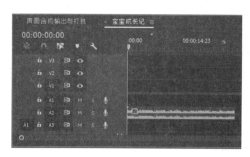
图1.178 添加音频文件

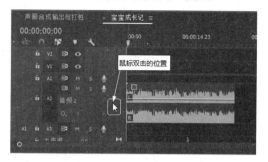
图1.179 展开的"A2"音频轨道

步骤04:将光标移到"A2"轨道与"A3"轨道的交界处,此时光标变成形状。按住鼠标左键不放的同时往下拖动,将"A2"轨道中的音频轨道波形图拉高,显示更加清晰,如图1.180所示。

步骤05:按"空格键"进行播放。在播放的同时可以单击"宝宝成长记"【序列】窗口中的"添加标记(M)"按钮,在时间标尺上添加标记。在播放第2句、第3句和第4句歌词时依次单击"添加标记(M)"按钮,在时间标尺上添加3个标记点,如图1.181所示。

图1.180 拉高之后的波形图

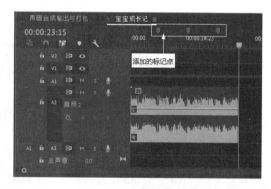
图1.181 添加的标记点

步骤06:在"A2"轨道标题空白处双击,将"A2"轨道波形图收拢。

3. 声画对位

在"宝宝成长记"序列标尺上添加标记后,需要添加什么样的画面、将这些画面添加到什么地方、需要多长时间的素材等问题就非常容易解决了。下面给被添加了标记点的4部分添加对应的画面。

步骤01:在【项目:声画合成、输出与打包】窗口中双击"MOV00038.MPG"视频素材，使其在【源：MOV00038.MPG】监视器窗口中显示。

步骤 02：将【源：MOV00038.MPG】监视器窗口激活，按键盘上的"空格键"播放素材。当播放到需要插入轨道的画面时，按键盘上的"空格键"停止播放，单击"标记入点（I）"按钮，即可将"时间指示器"所在位置设置为入点。

步骤 03：将光标移到【源：MOV00038.MPG】监视器窗口中的"仅拖动视频"按钮上，此时光标变成 形态。按住鼠标左键不放，将视频拖到"V1"轨道中，并在第 0 秒 0 帧位置对齐，如图 1.182 所示。

步骤 04：使用"剃刀工具" 将"V1"轨道中的素材沿第 1 个标记点处分割成两段素材，删除后面一段素材，如图 1.183 所示。

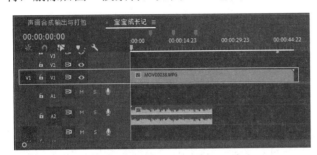
图 1.182 添加到"V1"轨道中的视频

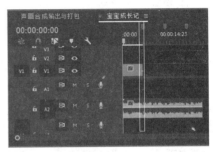
图 1.183 分割和删除之后的效果

步骤 05：方法同上，根据音频和项目要求，将其他素材分别添加到"V1"轨道中进行分割和删除操作，最终效果如图 1.184 所示。

步骤 06：在【效果】功能面板中，将光标移到"溶解/交叉溶解"视频过渡效果上，按住鼠标左键不放的同时，将其拖到"V1"轨道中第 1 段素材与第 2 段素材相邻的位置。当光标变成 形态时，松开鼠标左键，添加的"交叉溶解"过渡效果如图 1.185 所示。

图 1.184 添加其他素材之后的效果

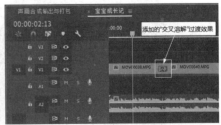
图 1.185 添加的"交叉溶解"视频过渡效果

步骤 07：方法同步骤 06，继续在其他相邻素材之间添加视频过渡效果，最终效果如图 1.186 所示。

提示：用户在给"V1"轨道中的素材添加视频过渡效果时，可以根据自己的想法添加视频过渡效果，视频过渡效果的具体内容在后续章节详细介绍。

视频播放：关于具体介绍，请观看配套视频"任务四：声画合成.MP4"。

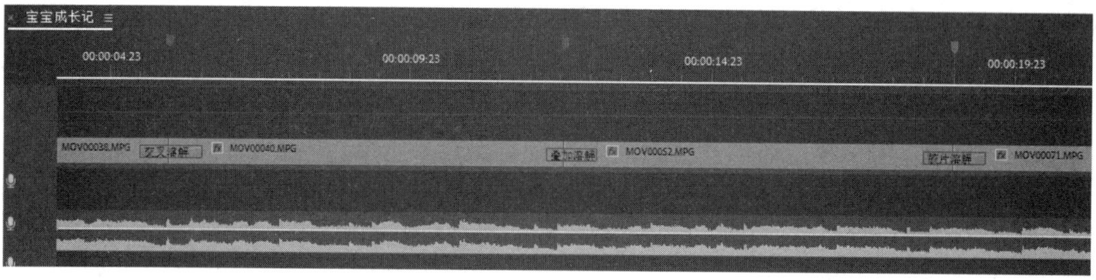

图 1.186　最终效果

任务五：项目输出

在 Premiere Pro 2020 中，可以将编辑好的项目输出为视频、音频、图片和字幕，也可以直接输出刻录成 DVD 等。

1. 输出项目

步骤 01：在菜单栏中单击【文件（F）】→【导出（E）】→【媒体（M）…】命令，或者按键盘上的"Ctrl+M"组合键，弹出【导出设置】对话框。

步骤 02：根据项目要求，设置【导出设置】对话框参数，具体参数设置如图 1.187 所示。

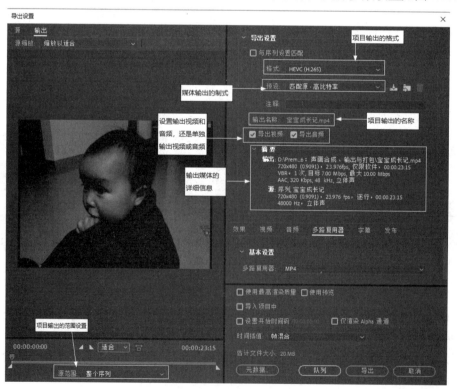

图 1.187　【导出设置】对话框参数设置

步骤03：参数设置完毕，单击【导出】按钮。

2.【导出设置】对话框参数介绍

1）源范围

"源范围"主要包括"整个序列""序列切入/序列切出""工作区域"和"自定义"4种方式。

（1）"整个序列"：选择该选项，可对整个序列进行输出。

（2）"序列切入/序列切出"：选择该选项，仅输出用户设置的入点至出点内的视频和音频。

（3）"工作区域"：选择该选项，仅输出工作区域内的视频和音频。

（4）"自定义"：选择该选项，则可根据用户的定义范围进行输出。

2）与序列设置匹配

勾选"与序列设置匹配"选项后，"格式""预设"和"注释"3个选项将呈灰色显示，完全与创建的序列匹配输出。

3）格式

单击"格式"右边的选择框，弹出下拉菜单，如图 1.188 所示。在下拉菜单中列出了所有视频、音频和图片格式，用户可以根据节目要求进行选择。

4）预设

单击"预设"右边的选择框，弹出下拉菜单，显示所有预设样式如图 1.189 所示。该下拉菜单列出了 7 种媒体制式。

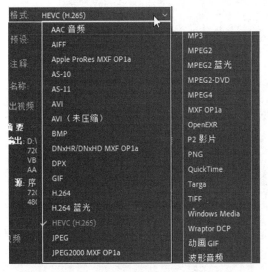

图 1.188　下拉菜单中列出的所有视频、音频和图片格式

图 1.189　显示所有预设样式

5）注释/输出名称

该选项主要用来为输出文件进行提示注明/设置输出文件的名称。

6）导出视频/导出音频

若勾选"导出视频"和"导出音频"选项，则输出视频和音频；若不勾选这两项，则不输出。

视频播放：关于具体介绍，请观看配套视频"任务五：项目输出.MP4"。

任务六：素材打包

素材打包的目的是将制作好的节目文件复制到其他设备进行编辑，以防止素材文件丢失。

1.【项目管理器】对话框设置

步骤01：在菜单栏中单击【文件（F）】→【项目管理（M）…】命令，弹出【项目管理器】对话框。

步骤02：根据项目要求，设置【项目管理器】对话框参数，具体参数设置如图1.190所示。

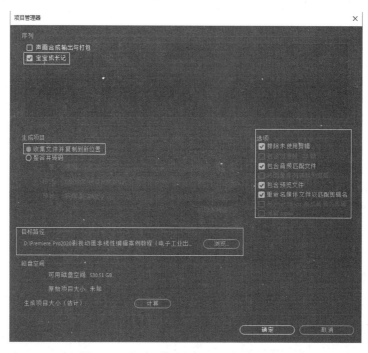

图1.190 【项目管理器】对话框参数设置

步骤03：参数设置完毕，单击【确定】按钮，完成素材打包，打包之后的文件内容如图1.191所示。然后，把从不同文件导入的素材复制到同一个文件夹中。

2.【项目管理器】对话框参数介绍

1）序列

该参数选项主要用来选择需要进行输出的序列文件。

2）生成项目

该参数选项主要包括"收集文件并复制到新位置"和"整合并转码"两个子选项。

（1）"收集文件并复制到新位置"：选择该选项，系统将重新创建一个新项目，并将素材拷贝到该项目中。

（2）"整合并转码"：选择该选项，可打包所有素材文件，并放在同一个文件夹中，文件以"已复制_"开头再加上项目文件名的方式命名。

3）选项

该参数选项主要用来确定对哪些素材进行打包，包括如图 1.192 所示的 8 个子选项。

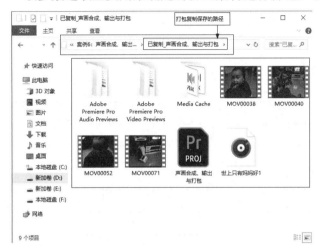

图 1.191 打包之后的文件内容

图 1.192 "选项"参数

4）目标路径

该参数选项主要用来设置打包素材存储的路径。

5）磁盘空间

该参数选项显示打包素材存储磁盘的可用空间大小和打包素材预计大小。

视频播放：关于具体介绍，请观看配套视频"任务六：素材打包.MP4"。

七、拓展训练

根据前面所学知识，自定主题，收集音频和视频素材，制作一个 2～5 分钟的节目短片（如校运会、生日派对或产品介绍等），并对制作好的节目进行输出和打包。

学习笔记：

第 2 章 视频过渡效果应用

知识点：

案例 1　制作《梦幻阳朔》
案例 2　制作《校运会开幕式》
案例 3　制作《印象刘三姐》
案例 4　制作《展开的卷轴画》
案例 5　沉浸式视频过渡效果——《北京建筑》
案例 6　其他视频过渡效果

说明：

本章主要通过 6 个案例介绍视频过渡效果的创建、参数设置和作用。读者要重点掌握视频过渡效果参数设置方法和过渡效果的灵活应用。

教学建议课时数：

一般情况下需要 8 课时，其中理论 3 课时，实际操作 5 课时（特殊情况下，可做相应调整）。

Premiere Pro 2020 自身带有 8 大类共 46 个视频过渡效果，本章主要介绍视频过渡效果的作用、创建方法、分类和参数设置。在学习本章内容之前，先了解过渡效果、硬切和软切的概念。

过渡效果也称为转场效果，是指让一个场景（镜头）以某种特殊方式过渡到另一个场景（镜头）而运用的过渡效果，即从上一个场景（镜头）的末尾画面到下一个场景（镜头）的开始画面之间添加中间画面，使上下两个画面以某种自然的形式过渡。

过渡效果分为硬切（硬过渡）和软切（软过渡）两种。硬切是指在一个镜头（场景）完成后直接转到另一镜头（场景），中间没有引入任何过渡效果；软切是相对硬切而言的，是指在一个镜头（场景）完成后运用某一种过渡效果过渡到下一个镜头（场景），从而使转场变得自然流畅并能够表达用户的创作意图。

下面我们通过制作风光片、宣传片、教学片等，了解视频过渡效果的基础知识、基本功能和用法。

案例 1　制作《梦幻阳朔》

一、案例内容简介

本案例介绍风光片制作。民间流传有这样一句俗语："桂林山水甲天下，阳朔山水甲桂林！"阳朔优美的自然风光使千千万万的游人为之倾倒、为之赞叹，成为人间仙境、寻梦家园、休闲胜地、度假天堂。在该风光片中，大榕树是体现田园风光，远望它是一把绿色巨伞，近看它盘根错节，叶茂蔽天；烟雨峰峦中的群山，云海变幻莫测；峡谷中水流鲜活澄净，空气清新，两岸长满葱郁的植物；游人们乘坐独木舟漂流，享受和天然之水的亲密接触，尽情地拥抱群山、畅游百里山水画廊……该风光片的片长为 40 秒。

二、案例效果欣赏

三、案例制作（步骤）流程

任务一：创建新项目和导入素材 ➡ 任务二：溶解类视频过渡效果的使用
⬇
任务三：溶解类视频过渡效果的作用

四、制作目的

（1）了解创建项目、导入素材。
（2）掌握将音频素材和视频素材添加到序列轨道中的方法。
（3）掌握给视频素材添加溶解类视频过渡效果的基础知识和用法。
（4）熟练掌握制作风光片《梦幻阳朔》的制作步骤。

五、制作过程中需要解决的问题

（1）溶解类视频过渡效果主要用在哪些场合？
（2）溶解类视频过渡效果中每个溶解效果的作用是什么？

六、详细操作步骤

任务一：创建新项目和导入素材

步骤 01：启动 Premiere Pro 2020 软件，创建一个名为"梦幻阳朔.prproj"的项目文件。
步骤 02：利用前面所学知识导入如图 2.1 所示的素材。

图 2.1　导入的素材

视频播放：关于具体介绍，请观看配套视频"任务一：创建新项目和导入素材.MP4"。

任务二：溶解类视频过渡效果的使用

下面通过制作风光片《梦幻阳朔》介绍溶解类视频过渡效果的作用和使用方法。

溶解类视频过渡效果也称叠化类视频过渡效果，主要通过对素材（镜头）画面的溶解消失进行转场过渡。

溶解类视频过渡效果主要应用于分割镜头，表现时空转场和思绪变化，节奏比较慢。溶解类过渡效果主要有 7 个，如图 2.2 所示。其中，【交叉溶解】视频过渡效果是默认的视频过渡效果。

步骤 01：创建一个名为"梦幻阳朔"序列，尺寸为 720×480。

步骤 02：将需要导入的音频素材拖到"A1"轨道中。

步骤 03：将需要导入的图片素材依次拖 8 张到"V1"轨道中，添加音频和图片素材后的轨道效果如图 2.3 所示。

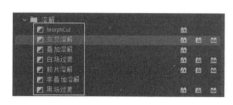
图 2.2　溶解类视频过渡效果

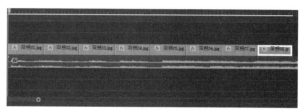
图 2.3　添加音频和图片素材后的轨道效果

步骤 04：使用"剃刀工具" 对"A1"轨道中的音频素材进行分割，使其与视频轨道中的素材对齐。然后，将分割后的后半段音频素材删除。

步骤 05：分别将 7 个溶解类视频过渡效果添加到"V1"轨道中的图片素材连接处，如图 2.4 所示。

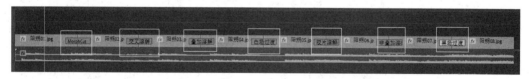
图 2.4　添加的 7 个溶解类视频过渡效果

视频播放：关于具体介绍，请观看配套视频"任务二：溶解类视频过渡效果的使用.MP4"。

任务三：溶解类视频过渡效果的作用

下面介绍各个溶解类视频过渡效果的作用。

（1）"MorphCut"视频过渡效果：主要通过修复素材之间的跳帧现象达到过渡效果。添加了"MorphCut"视频过渡效果的部分截图如图 2.5 所示。

（2）"交叉溶解"视频过渡效果：将素材 A 的结束画面与素材 B 的开始画面交叉叠加，直到完全显示出素材 B 画面。添加了"交叉溶解"视频过渡效果的部分截图如图 2.6 所示。

图 2.5　添加了"MorphCut"视频过渡效果的部分截图

图 2.6　添加了"交叉溶解"视频过渡效果的部分截图

提示：素材 A 表示在视频轨道中相邻素材的前一段素材，素材 B 表示在视频轨道中相邻素材的后一段素材。

（3）"叠加溶解"视频过渡效果：将素材 A 的结束画面与素材 B 的开始画面相叠加，并且在过渡的同时将画面色调及亮度进行相应的调整。添加了"叠加溶解"视频过渡效果的部分截图如图 2.7 所示。

图 2.7　添加了"叠加溶解"视频过渡效果的部分截图

（4）"白场过渡"视频过渡效果：将素材 A 画面逐渐变为白色，再由白色渐变过渡到素材 B 画面。添加了"白场过渡"视频过渡效果的部分截图如图 2.8 所示。

图 2.8　添加了"白场过渡"视频过渡效果的部分截图

（5）"胶片溶解"视频过渡效果：将素材 A 画面的透明度逐渐降低，直到完全显示出素材 B。添加了"胶片溶解"视频过渡效果的部分截图如图 2.9 所示。

图 2.9　添加了"胶片溶解"视频过渡效果的部分截图

（6）"非叠加溶解"视频过渡效果：在视频过渡时素材 B 画面中比较明亮的部分直接叠加到素材 A 画面中。添加了"非叠加溶解"视频过渡效果的部分截图如图 2.10 所示。

图 2.10　添加"非叠加溶解"视频过渡效果的部分截图

（7）"黑场过渡"视频过渡效果。将素材 A 画面逐渐变为黑色，再由黑色逐渐过渡到素材 B 画面中，添加"黑场过渡"视频过渡效果的部分截图如图 2.11 所示。

图 2.11　添加了"黑场过渡"视频过渡效果的部分截图

视频播放：关于具体介绍，请观看配套视频"任务三：溶解类视频过渡效果的作用.MP4"。

七、拓展训练

利用所学知识，收集一些有名景点的风景图片素材、视频素材和背景音乐，使用溶解类视频过渡效果对其进行合成。

学习笔记：

案例 2　制作《校运会开幕式》

一、案例内容简介

本案例是关于某次校运动会开幕式的宣传片：在宽阔的运动场上，6 名校国旗护卫队队员擎着鲜艳的五星红旗，身着整齐的制服，合着鼓号的节拍缓缓进入会场；不同班级的运动员们穿着整齐的运动服，高举队旗，整齐有序地从校组委会委员们的身边经过……该宣传片的片长为 24 秒。

二、案例效果欣赏

三、案例制作（步骤）流程

任务一：创建新项目和导入素材 ➡ 任务二：视频过渡效果的作用

任务四：各类视频过渡效果的作用 ⬅ 任务三：添加和删除视频过渡效果

四、制作目的

（1）了解将图片素材和视频素材添加到序列轨道中的方法。
（2）掌握给视频素材添加交叉溶解（标准）视频切换效果的基础知识和用法。
（3）熟练掌握制作宣传片《校运会开幕式》的制作步骤。

五、制作过程中需要解决的问题

（1）什么是视频过渡效果？
（2）视频过渡效果有什么作用？
（3）如何添加切换效果？
（4）为什么要添加过渡效果？
（5）过渡效果分为哪几大类？
（6）如何设置过渡效果的参数？

第 2 章　视频过渡效果应用

六、详细操作步骤

任务一：创建新项目和导入素材

步骤 01：启动 Premiere Pro 2020 软件，创建一个名为"视频过渡效果的基础知识.prproj"的项目文件。

步骤 02：利用前面所学知识导入如图 2.12 所示的素材。

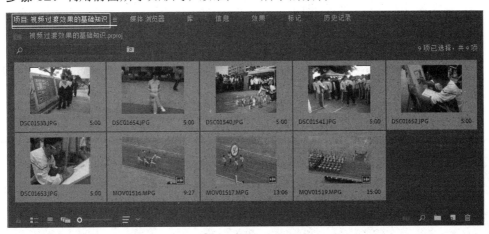

图 2.12　导入的素材

步骤 03：新建一个名为"校运会开幕式"的序列文件，尺寸为"640×480"。

视频播放：关于具体介绍，请观看配套视频"任务一：创建新项目和导入素材.MP4"。

任务二：视频过渡效果的作用

在 Premiere Pro 2020 中，为用户提供了多种视频过渡（转场）效果，基本上可以满足用户后期剪辑的创意要求。

电视新闻节目一般情况下不添加视频过渡效果，直接使用硬切实现场景（镜头）之间的过渡，目的是为了避免分散观众的注意力。影视作品一般需要通过添加视频过渡效果体现作品的独特风格，以丰富或强化作品的视觉效果。

此外，在一些文艺节目或广告类节目中，有时候会添加一些过渡效果，强化和突出某些信息和作者的创作意图。

在添加视频过渡效果时要根据场景（镜头）的氛围以及上下场景（镜头）画面元素之间的关系，添加适当的视频过渡效果，使画面过渡更加流畅自然或强化上下场景（镜头）的过渡目的。但是，不能盲目地添加视频过渡效果。

视频播放：关于具体介绍，请观看配套视频"任务二：视频过渡效果的作用.MP4"。

任务三：添加和删除视频过渡效果

在 Premiere Pro 2020 中，可以在一段素材的入点和出点添加视频过渡效果，也可以在前一段素材的出点与下一段素材的入点之间添加过渡效果，还可以同时给多段素材添加过渡效果。

1. 在两段素材之间添加视频过渡效果

在两段素材之间添加视频过渡效果时，必须确保两段素材在同一视频轨道中，并且它们之间没有空隙，这样添加的视频过渡效果才有效。添加视频过渡效果之后，在【效果控件】中设置视频过渡效果的参数即可。

步骤 01：将素材添加到视频和音频轨道中，如图 2.13 所示。

步骤 02：添加视频过渡效果。在这里，以添加一个"交叉溶解"视频过渡效果为例。在【效果】功能面板中展开视频过渡效果文件，找到"交叉溶解"视频过渡效果所在的位置，如图 2.14 所示。

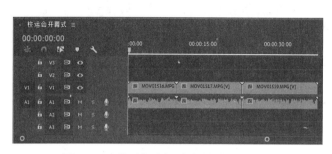
图 2.13　添加到视频和音频轨道中的素材

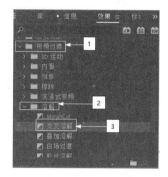
图 2.14　"交叉溶解"视频过渡效果所在的位置

步骤 03：将光标移到"交叉溶解"视频过渡效果上，按住鼠标左键不放，将其拖到"V1"轨道中需要添加视频过渡效果的位置。此时，光标变成形态，如图 2.15 所示。松开鼠标左键，即可完成视频过渡效果的添加，如图 2.16 所示。

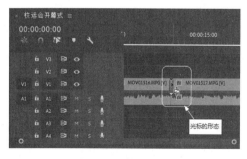
图 2.15　光标的形态

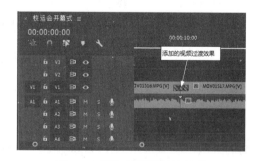
图 2.16　添加的视频过渡效果

步骤 04：在"V1"视频轨道中单选已添加的视频过渡效果，在【效果控件】功能面板中设置"交叉溶解"视频过渡效果参数，具体参数设置如图 2.17 所示。设置参数之后的效果如图 2.18 所示。

第 2 章　视频过渡效果应用

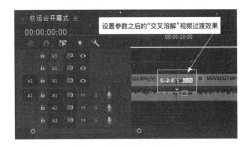

图 2.17　"交叉溶解"视频过渡效果参数设置　　　图 2.18　设置参数之后的效果

步骤 05：方法同上。在第 2 段素材与第 3 段素材连接处添加"交叉溶解"视频过渡效果。

2. 视频过渡效果参数介绍

（1）"持续时间"：主要用来设置从素材 A（前一段素材）画面到素材 B（相邻的下一段素材）画面的持续时间。

（2）"对齐"：主要用来设置视频过渡效果开始的位置，主要有"中心切入""起点切入""终点切入"和"自定义起点"4 种对齐方式。若单选"中心切入"选项，则视频过渡效果在 A 和 B 两段素材各占一半；若单选"起点切入"选项，则视频过渡效果与素材 B 的入点对齐；若单选"终点切入"选项，则视频过渡效果的出点与素材 A 的出点对齐，如图 2.19 所示为这 3 种对齐方式。如果将光标移到【效果控件】功能面板中如图 2.20 所示的位置，光标就变成 形态。按住鼠标左键进行移动，即可改变对齐的位置，对齐方式也切换到自定义对齐方式。

 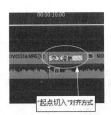  

图 2.19　3 种对齐方式　　　　　　　　图 2.20　光标的位置和形态

（3）"显示实际源"：勾选此选项，可显示素材始末位置的帧画面。

3. 同时给多段素材添加切换效果

在 Premiere Pro 2020 中，不仅可以给视频素材添加视频过渡效果，还可以给图片、彩色遮罩以及音频添加过渡效果。

1）通过"自动匹配序列（A）…" 按钮给多段素材添加视频过渡效果。

步骤 01：单击"V1"轨道和"A1"轨道标题中的"切换轨道锁定"按钮 ，将"V1"轨道和"A1"轨道锁定。

步骤 02：将"时间指示器"定位到第 0 秒 0 帧位置，被锁定的视频和音频轨道如图 2.21 所示。

步骤 03：单选"V2"视频轨道，在【项目：视频过渡效果的基础知识】窗口中选择如图 2.22 所示的素材。

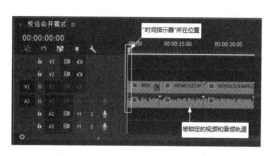

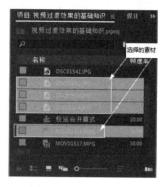

图 2.21　被锁定的视频和音频轨道　　　　图 2.22　选择的素材

步骤 04：在【项目：视频过渡效果的基础知识】窗口中单击"自动匹配序列（A）…"按钮，弹出【序列自动化】对话框。根据项目要求在该对话框设置参数，具体参数设置如图 2.23 所示。

步骤 05：参数设置完毕，单击【确定】按钮，自动添加的"交叉溶解"视频过渡效果如图 2.24 所示。

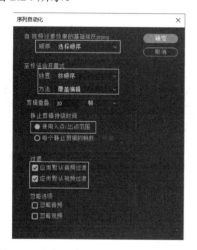

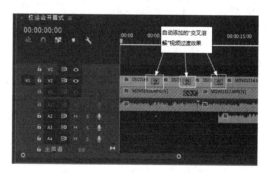

图 2.23　【序列自动化】对话框参数设置　　图 2.24　自动添加的"交叉溶解"视频过渡效果

2）通过序列菜单栏中的命令给多段素材添加视频过渡效果

步骤 01：将素材添加到"V3"轨道中，选择"V3"轨道中的所有素材，如图 2.25 所示。

步骤 02：在菜单栏中单击【序列（S）】→【应用视频过渡（V）】命令，或按键盘上的"Ctrl+D"组合键，添加的默认视频过渡效果如图 2.26 所示。

第 2 章 视频过渡效果应用

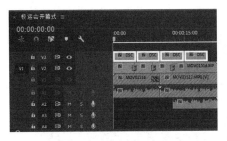

图 2.25 选择"V3"轨道中的所有素材

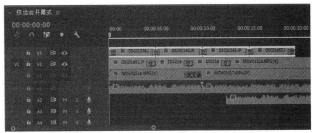

图 2.26 添加的默认视频过渡效果

提示：在【序列】窗口选择轨道中的素材，将"时间指示器"定位到选定素材的入点、出点或两段素材的连接处，按键盘上的"Ctrl+D"组合键，即可添加默认切换视频过渡。

4. 删除视频过渡效果

删除视频过渡效果的方法主要有以下 3 种。

（1）在【序列】窗口单选轨道中的视频过渡效果，按键盘上的"Delete"键即可删除选中的视频过渡效果。

（2）将光标移到轨道中需要删除的视频过渡效果上，单击鼠标右键，弹出快捷菜单。在弹出的快捷菜单中，单击【清除】命令，即可删除选中的视频过渡效果。

（3）先按住"Shift"键，选择所有需要删除的视频过渡效果，再按键盘上的"Delete"键，即可一次性删除多个视频过渡效果。

视频播放：关于具体介绍，请观看配套视频"任务三：添加和删除视频过渡效果.MP4"。

任务四：各类视频过渡效果的作用

在 Premiere Pro 2020 中，为用户提供了 3D 运动、内滑、划像、擦除、沉浸式、溶解、缩放和页面剥落 8 大类共 46 个视频过渡效果，基本上可以满足读者的创意需求。在这里，只介绍 8 大类视频过渡效果的作用。每类具体视频过渡效果在本章后续案例中详细介绍。

（1）"3D 运动"类视频过渡效果：对前后两段素材（两个镜头）进行层次化，实现从二维到三维的视觉效果。

（2）"内滑"类视频过渡效果：对画面滑动进行素材 A 和素材 B 的过渡。

（3）"划像"类视频过渡效果：通过对素材 A 进行伸展逐渐过渡到素材 B。

（4）"擦除"类视频过渡效果：通过两个素材画面之间的擦除获得视频过渡效果。

（5）"沉浸式"视频过渡效果：将两个素材以沉浸的方式进行画面的过渡。

（6）"溶解"类视频过渡效果：将画面从素材 A 逐渐过渡到素材 B，这类视频效果比较自然柔和。

（7）"缩放"视频过渡效果：将素材 A 和素材 B 以缩放的形式进行画面过渡。

（8）"页面剥落"类视频过渡效果：将素材 A 的画面以翻转或剥落到素材 B 画面。

视频播放：关于具体介绍，请观看配套视频"任务四：各类视频过渡效果的作用.MP4"。

七、拓展训练

利用本案例所学知识，导入本书配套资源提供的素材图片（3 张图片）练习制作视频过渡效果，参考效果如下图所示。

学习笔记：

案例 3　制作《印象刘三姐》

一、案例内容简介

本案例是关于舞台歌舞剧的宣传片,在五彩缤纷的舞台上,身着鲜艳民族服装的一群男女演员载歌载舞……该短片的片长为 30 秒。

二、案例效果欣赏

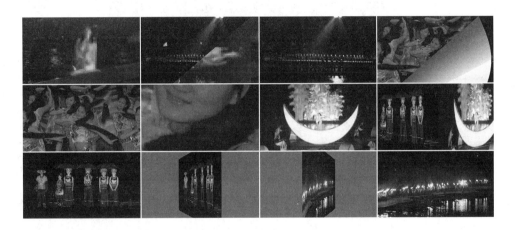

三、案例制作（步骤）流程

任务一：创建新项目和导入素材 任务二：将图片素材和背景音乐添加到轨道中

任务三：视频过渡效果的作用

四、制作目的

（1）了解将音频素材和视频素材添加到序列轨道中的方法。
（2）掌握给视频素材添加"页面剥落"类视频过渡效果的基础知识和用法。
（3）掌握给视频素材添加"缩放"视频过渡效果的基础知识和用法。
（4）掌握给视频素材添加"3D 运动"类视频过渡效果的基础知识和用法。
（5）熟练掌握制作宣传片《印象刘三姐》的制作步骤。

五、制作过程中需要解决的问题

（1）"页面剥落""缩放"和"3D 运动"这 3 大类视频过渡效果主要用在哪些场合？
（2）"页面剥落""缩放"和"3D 运动"这 3 大类视频过渡效果中的每个视频过渡效果的作用是什么？

六、详细操作步骤

任务一：创建新项目和导入素材

步骤 01：启动 Premiere Pro 2020 软件，创建一个名为"印象刘三姐.prproj"的项目文件。

步骤 02：利用前面所学知识导入如图 2.27 所示的素材。

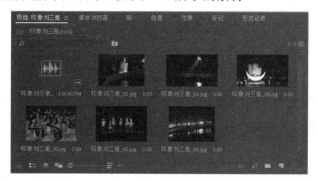

图 2.27　导入的素材

步骤 03：新建一个名为"印象刘三姐"的序列文件，尺寸为"720×480"。

视频播放：关于具体介绍，请观看配套视频"任务一：创建新项目和导入素材.MP4"。

任务二：将图片素材和背景音乐添加到轨道中

步骤 01：将"印象刘三姐_背景音乐.MP3"添加到"A1"轨道中。

步骤 02：在【项目：印象刘三姐】窗口中选择如图 2.28 所示的图片素材。

步骤 03：将光标移到选中的素材上，按住鼠标左键不放的同时，将该素材拖到"V1"轨道中并与第 0 秒 0 帧位置对齐，添加的素材如图 2.29 所示。

图 2.28　选择的图片素材　　　　　　图 2.29　添加的素材

步骤 04：将"时间指示器"定位到第 30 秒 0 帧位置，使用"剃刀工具"，把音频素材沿第 30 秒 0 帧的位置分割为两段素材，把后面一段素材删除。分割和删除素材之后的效果如图 2.30 所示。

第 2 章　视频过渡效果应用

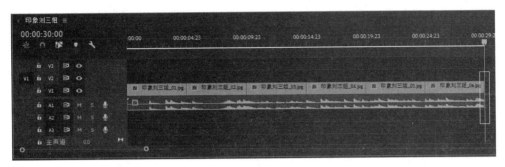

图 2.30　分割和删除素材之后的效果

步骤 05：单选"V1"轨道中第 1 张图片素材，在【效果控件】功能面板中设置"运动"参数，具体参数设置如图 2.31 所示。设置参数之后，在【节目：印象刘三姐】监视器窗口中的截图如图 2.32 所示。

图 2.31　第 1 张图片素材的参数设置　　图 2.32　在【节目：印象刘三姐】监视器窗口中的截图

步骤 06：根据项目要求和用户的审美要求，依次设置"V1"轨道中其他图片的"运动"参数。

视频播放：关于具体介绍，请观看配套视频"任务二：将图片素材和背景音乐添加到轨道中.MP4"。

任务三：视频过渡效果的使用

1. 给轨道中的图片素材添加视频过渡效果

步骤 01：将"页面剥落"视频过渡效果中的"翻页"和"页面剥落"视频过渡效果依次添加到第 1 张图片与第 2 张图片的连接处和第 2 张图片与第 3 张图片的连接处。

步骤 02：将"缩放"类视频过渡效果中的"交叉缩放"视频过渡效果添加到第 3 张图片与第 4 张图片的连接处。

步骤 03：将"3D 运动"类视频过渡效果中的"立方体旋转"和"翻转"视频过渡效果依次添加到第 4 张图片与第 5 张图片连接处和第 5 张图片与第 6 张图片的连接处。

步骤 04：添加各类视频过渡效果后的《印象刘三姐》【序列】窗口如图 2.33 所示。

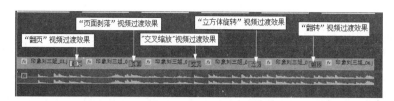

图 2.33 添加各类视频过渡效果后的《印象刘三姐》【序列】窗口

2. 各个视频过渡效果的作用

（1）"翻页"视频过渡效果：把素材 A 以翻书的形式进行过渡，卷起时背面为透明状态，直到完全显示出素材 B。添加了"翻页"视频过渡效果的部分截图如图 2.34 所示。

图 2.34 添加了"翻页"视频过渡效果的部分截图

（2）"页面剥落"视频过渡效果：把素材 A 以翻页的形式过渡到素材 B，卷起时背面为不透明状态，直到完全显示素材 B。添加了"页面剥落"视频过渡效果的部分截图如图 2.35 所示。

图 2.35 添加了"页面剥落"视频过渡效果的部分截图

（3）"交叉缩放"视频过渡效果：把素材 A 不断放大，直到其移出画面，同时素材 B 由大到小进入画面。添加了"交叉缩放"视频过渡效果的部分截图如图 2.36 所示。

图 2.36 添加了"交叉缩放"视频过渡效果的部分截图

（4）"立方体旋转"视频过渡效果：把素材在视频效果过渡中制作出空间立方体效果，添加了"立方体旋转"视频过渡效果的部分截图如图 2.37 所示。

第 2 章 视频过渡效果应用

图 2.37 添加了"立方体旋转"视频过渡效果的部分截图

（5）"翻转"视频过渡效果：应用该效果，以中线为垂直轴线，素材 A 逐渐翻转隐去，逐渐显示出素材 B。添加了"翻转"视频过渡效果的部分截图如图 2.38 所示。

图 2.38 添加了"翻转"视频过渡效果的部分截图

视频播放：关于具体介绍，请观看配套视频"任务三：视频过渡效果的使用.MP4"。

七、拓展训练

利用本案例所学知识，收集一些有名景点的风景图片素材、视频素材和背景音乐，练习使用"页面剥落""缩放"和"3D 运动"类视频过渡效果的合成。部分效果如下图所示。

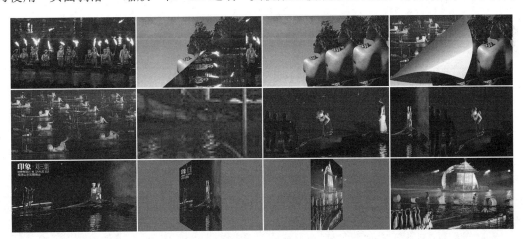

学习笔记：

第 2 章 视频过渡效果应用

案例 4　制作《展开的卷轴画》

一、案例内容简介

本案例是教学片，介绍如何对风景画添加"内滑"类视频过渡效果，使之变成展开的卷轴画视频效果。

二、案例效果欣赏

三、案例制作（步骤）流程

任务一：创建新项目和导入素材 任务二：《展开的卷轴画》制作

任务三："内滑"类视频过渡效果的使用

四、制作目的

（1）了解将视频素材添加到序列轨道中的方法。
（2）掌握给视频素材添加"内滑"类视频过渡效果的基础知识和用法。
（3）掌握"内滑"类视频过渡效果中的每个视频过渡效果的作用和使用场合。
（4）熟练掌握《展开的卷轴画》的制作步骤。

五、制作过程中需要解决的问题

（1）"内滑"类视频过渡效果主要用在哪些场合？

（2）"内滑"类视频过渡效果中每个视频过渡效果的作用是什么？

六、详细操作步骤

任务一：创建新项目和导入素材

步骤 01：启动 Premiere Pro 2020 软件，创建一个名为"展开的卷轴画.prproj"的项目文件。

步骤 02：利用前面所学知识导入如图 2.39 所示的素材。

图 2.39　导入的素材文件

步骤 03：新建一个名为"展开的卷轴画"的序列文件，尺寸为"720×480"。

视频播放：关于具体介绍，请观看配套视频"任务一：创建新项目和导入素材.MP4"。

任务二：《展开的卷轴画》制作

下面通过制作《展开的卷轴画》来介绍"内滑"类视频过渡效果的作用和使用方法。

"内滑"类视频过渡效果主要通过运动画面的方式来成场景（镜头）的过渡，它主要包括 5 个视频过渡效果，如图 2.40 所示。

在这里，使用"拆分"视频过渡效果制作展开的卷轴画。

1. 将素材拖到轨道中并添加视频过渡效果

步骤 01：将导入的图片素材添加到视频轨道中，如图 2.41 所示。

步骤 02：单选"V3"轨道中的图片素材，在【效果控件】功能面板中设置参数，具体参数设置如图 2.42 所示。

步骤 03：单选"V4"轨道中的图片素材，在【效果控件】功能面板中设置参数，具体参数设置如图 2.43 所示。

第 2 章　视频过渡效果应用

 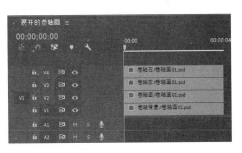

图 2.40　"内滑"类中的 5 个视频过渡效果　　　图 2.41　添加到视频轨道中的图片素材

图 2.42　"V3"轨道中的图片素材参数设置　　　图 2.43　"V4"轨道中的图片素材参数设置

步骤 04：将"内滑"类视频过渡效果中的"拆分"视频过渡效果添加到"V2"轨道中的素材入点处。

步骤 05：单选已添加的"拆分"视频过渡效果，在【效果控件】功能面板中设置参数，具体参数设置如图 2.44 所示。设置参数之后，在"展开的卷轴画"【序列】窗口中的效果如图 2.45 所示。

 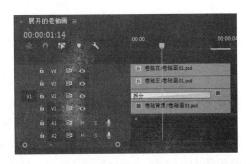

图 2.44　"拆分"视频过渡效果的参数设置　　　图 2.45　在"展开的卷轴画"【序列】窗口中的效果

2. 制作运动的卷轴

1）制作运动的卷轴

步骤 01：将"时间指示器"定位到第 0 秒 0 帧位置。

步骤 02：单选"V4"轨道中的素材，在【效果控件】功能面板中单击"位置"参数右边的"切换动画"按钮，给"位置"参数添加一个关键帧。

步骤 03：单选"V3"轨道中的素材，在【效果控件】功能面板中单击"位置"参数右边的"切换动画"按钮，给"位置"参数添加一个关键帧。

步骤 04：将"时间指示器"定位到第 4 秒 0 帧位置。

步骤 05：单选"V3"轨道中的素材，在【效果控件】功能面板中设置"位置"参数。具体参数设置如图 4.46 所示，设置完毕系统自动添加关键帧。

步骤 06：单选"V4"轨道中的素材，在【效果控件】功能面板中设置"位置"参数，具体参数设置如图 4.47 所示，设置完毕系统自动添加关键帧。

步骤 07：设置参数之后，在【节目：展开的卷轴画】监视器窗口中的效果，如图 4.48 所示。

图 2.46 "V3"轨道中素材的参数设置　　图 2.47 "V4"轨道中素材的参数设置　　图 2.48 设置参数之后，在【节目：展开的卷轴画】监视器窗口中的效果

2）微调参数

对制作好的运动效果进行播放，发现在运动过程中卷轴的运动与卷轴画展开的速度不协调，需要对卷轴的"位置"参数进行微调，具体调节如下。

步骤 01：将"时间指示器"定位到第 0 秒 14 帧的位置，将"V3"轨道中素材的"位置"参数调节为"612.1，240.0"，将"V4"轨道中的"位置"参数调节为"103.3，240.0"。

步骤 02：将"时间指示器"定位到第 1 秒 07 帧的位置，将"V3"轨道中素材的"位置"参数调节为"547.3，240.0"，将"V4"轨道中的"位置"参数调节为"172.4，240.0"。

步骤 03：将"时间指示器"定位到第 1 秒 23 帧的位置，将"V3"轨道中素材的"位置"参数调节为"483.9，240.0"，将"V4"轨道中的"位置"参数调节为"230.6，240.0"。

步骤 04：将"时间指示器"定位到第 2 秒 15 帧的位置，将"V3"轨道中素材的"位置"参数调节为"425.7，240.0"，将"V4"轨道中的"位置"参数调节为"290.3，240.0"。

步骤 05：将"时间指示器"定位到第 3 秒 04 帧的位置，将"V3"轨道中素材的"位置"参数调节为"382.6，240.0"，将"V4"轨道中的"位置"参数调节为"336.9，240.0"。

步骤 06：将"时间指示器"定位到第 3 秒 14 帧位置，将"V3"轨道中素材的"位置"参数调节为"367.8，240.0"，将"V4"轨道中的"位置"参数调节为"347.9，240.0"。

视频播放：关于具体介绍，请观看配套视频"任务二：《展开的卷轴画》制作.MP4"。

任务三："内滑"类视频过渡效果的使用

1. 创建序列、添加素材和过渡效果

步骤 01：创建一个名为"内滑过渡效果"的序列文件，尺寸为"720×480"。

步骤 02：将素材依次拖到"内滑过渡效果"【序列】窗口的"V1"轨道中，依次将"内滑"类视频过渡效果添加到两个图片素材的连接处，如图 4.49 所示。

图 2.49　添加的"内滑"类视频过渡效果

2. 各个视频过渡效果的作用

（1）"中心拆分"视频过渡效果：将素材 A 画面分成 4 片，从中心呈十字向四周发散，从而实现过渡效果。添加了"中心拆分"视频过渡效果的部分截图如图 2.50 所示。

图 2.50　添加了"中心拆分"视频过渡效果的部分截图

（2）"内滑"视频过渡效果：将素材 B 画面推入屏幕，覆盖素材 A 画面，从而实现视频过渡效果。添加了"内滑"视频过渡效果的部分截图如图 2.51 所示。

图 2.51　添加了"内滑"视频过渡效果的部分截图

（3）"带状内滑"视频过渡效果：将素材 B 画面以条状形式推入屏幕，逐渐覆盖素材 A 画面，从而实现过渡效果。添加了"带状内滑"视频过渡效果的部分截图如图 2.52 所示。

图 2.52　添加了"带状内滑"视频过渡效果的部分截图

（4）"拆分"视频过渡效果：将素材 A 画面从中间垂直分割成两块，然后向两侧移出画面，过渡到 B 画面。添加了"拆分"视频过渡效果的部分截图如图 2.53 所示。

图 2.53　添加了"拆分"视频过渡效果的部分截图

（5）"推"视频过渡效果：使用素材 B 画面将素材 A 画面推出屏幕，实现过渡效果。添加了"推"视频过渡效果的部分截图如图 2.54 所示。

图 2.54　添加了"推"视频过渡效果的部分截图

视频播放：关于具体介绍，请观看配套视频"任务三："内滑"类视频过渡效果的使用.MP4"。

七、拓展训练

利用本案例所学知识和本书提供的配套教学资源，制作展开的画面效果，部分效果如下图所示。

第 2 章 视频过渡效果应用

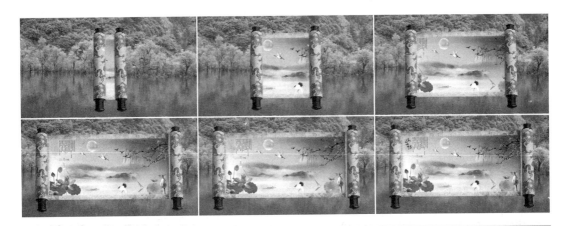

学习笔记:

案例 5　沉浸式视频过渡效果——《北京建筑》

一、案例内容简介

本案例展示了一批北京建筑景观照，包括天安门城楼、鸟巢、正阳门、中国人民银行大楼等，介绍如何给它们添加沉浸式视频过渡效果，使之变成沉浸式的画面效果。

二、案例效果欣赏

三、案例制作（步骤）流程

任务一：创建新项目和导入素材 ➡ 任务二：沉浸式视频过渡效果—《北京建筑》

任务三：沉浸式视频过渡效果的作用

四、制作目的

（1）了解将视频素材添加到序列轨道中的方法。
（2）掌握给视频素材添加沉浸式视频过渡效果的基础知识和用法。
（3）掌握沉浸式视频过渡效果中的每个过渡效果的作用和使用场合。
（4）熟练掌握沉浸式视频过渡效果——《北京建筑》的制作步骤。

五、制作过程中需要解决的问题

（1）沉浸式视频过渡效果主要用在哪些场合？

（2）沉浸式视频过渡效果中的每个视频过渡效果的作用是什么？

六、详细操作步骤

任务一：创建新项目和导入素材

步骤 01：启动 Premiere Pro 2020 软件，创建一个名为"北京建筑.prproj"的项目文件。

步骤 02：利用前面所学知识导入如图 2.55 所示的素材。

图 2.55 导入的素材

步骤 03：新建一个名为"北京建筑"的序列文件，尺寸为"720×480"。

视频播放：关于具体介绍，请观看配套视频"任务一：创建新项目和导入素材.MP4"。

任务二：沉浸式视频过渡效果——《北京建筑》

下面通过制作具有沉浸式视频过渡效果的《北京建筑》视频，介绍沉浸式视频过渡效果的作用和使用方法。

沉浸式视频过渡效果主要作用是将两个素材画面以沉浸的方式进行过渡，主要包括 8 个沉浸式视频过渡效果。

步骤 01：将导入的图片添加到"V1"轨道中。

步骤 02：依次将沉浸式视频过渡效果添加到"V1"轨道中相邻的素材图片之间，如图 2.56 所示。

视频播放：关于具体介绍，请观看配套视频"任务二：沉浸式视频过渡效果——《北京建筑》.MP4"。

任务三：沉浸式视频过渡效果的作用

（1）"VR 光圈擦除"视频过渡效果：用于模拟照相机在拍摄时的光圈擦除效果，添加了"VR 光圈擦除"视频过渡效果的部分截图如图 2.57 所示。

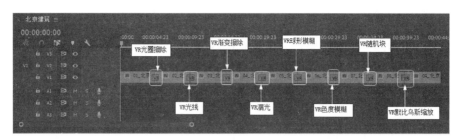

图 2.56　添加沉浸式视频过渡效果后的序列窗口

图 2.57　添加了"VR 光圈擦除"视频过渡效果的部分截图

（2）"VR 光线"视频过渡效果：用于 VR 沉浸式的光线效果。添加了"VR 光线"视频过渡效果的部分截图如图 2.58 所示。

图 2.58　添加了"VR 光线"视频过渡效果的部分截图

（3）"VR 渐变擦除"视频过渡效果：用于 VR 沉浸式的画面渐变擦除效果。添加了"VR 渐变擦除"视频过渡效果的部分截图如图 2.59 所示。

图 2.59　添加了"VR 渐变擦除"视频过渡效果的部分截图

（4）"VR 漏光"视频过渡效果：用于 VR 沉浸式画面的光感调整。添加了"VR 漏光"视频过渡效果的部分截图如图 2.60 所示。

图 2.60　添加了"VR 漏光"视频过渡效果的部分截图

(5)"VR 球形模糊"视频过渡效果:用于 VR 沉浸式中模糊球状的应用、添加了"VR 球形模糊"视频过渡效果的部分截图如图 2.61 所示。

图 2.61 添加了"VR 球形模糊"视频过渡效果的部分截图

(6)"VR 色度模糊"视频过渡效果:用于画面中 VR 沉浸式视频效果的颜色调整,添加了"VR 色度模糊"视频过渡效果的部分截图如图 2.62 所示。

图 2.62 添加了"VR 色度模糊"视频过渡效果的部分截图

(7)"VR 随机块"视频过渡效果:用于设置 VR 沉浸式画面状态。添加了"VR 随机块"视频过渡效果的部分截图如图 2.63 所示。

图 2.63 添加了"VR 随机块"视频过渡效果的部分截图

(8)"VR 默比乌斯缩放"视频过渡效果:用于 VR 沉浸式的画面效果调整。添加了"VR 默比乌斯缩放"视频过渡效果的部分截图如图 2.64 所示。

图 2.64 添加了"VR 默比乌斯缩放"视频过渡效果的部分截图

视频播放:关于具体介绍,请观看配套视频"任务三:沉浸式视频过渡效果的作用.MP4"。

七、拓展训练

利用本案例所学知识和本书提供的配套教学资源，制作《广州建筑》展示画面效果，部分效果如下图所示。

学习笔记：

第 2 章 视频过渡效果应用

案例 6　其他视频过渡效果

一、案例内容简介

本案例介绍如何给动画人物视频添加"划像"类视频过渡效果和"擦除"类视频过渡效果。

二、案例效果欣赏

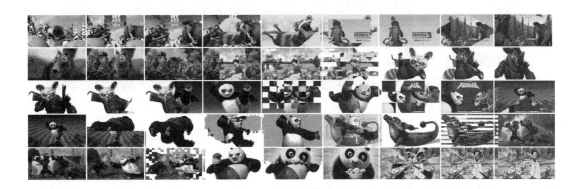

三、案例制作（步骤）流程

任务一：创建新项目和导入素材　➡　任务二：修改序列名称并调节视频过渡效果的持续时间

任务四：添加"擦除"类视频过渡效果　⬅　任务三：添加"划像"类视频过渡效果

四、制作目的

（1）了解将视频素材添加到序列轨道中的方法。

（2）掌握给视频素材添加"划像"类视频过渡效果和"擦除"类视频效果的方法。

（3）掌握"划像"类视频过渡效果和"擦除"类视频过渡效果中的每个过渡效果的作用和使用场合。

五、制作过程中需要解决的问题

（1）"划像"类视频过渡效果和"擦除"类视频过渡效果主要用在哪些场合？

（2）"划像"类视频过渡效果和"擦除"类视频过渡效果中的每个视频过渡效果的作用是什么？

六、详细操作步骤

任务一：创建新项目和导入素材

步骤01：启动 Premiere Pro 2020 软件，创建一个名为"其他视频过渡效果.prproj"的项目文件。

步骤02：利用前面所学知识导入如图 2.65 所示的素材。

图 2.65　导入的素材

步骤03：新建一个名为"划像"的序列文件，尺寸为"720×480"。

视频播放：关于具体介绍，请观看配套视频"任务一：创建新项目和导入素材.MP4"。

任务二：修改序列名称并调节视频过渡效果的持续时间

1. 修改序列名称

在 Premiere Pro 2020 中，可以在一个项目中创建多个序列，并且序列可以嵌套编辑。为了方便后续的操作，可以对创建的序列进行重命名。

步骤01：在【项目】窗口中单击需要修改的序列标签（以"划像"序列标签为例）。此时，序列标签呈淡蓝色，如图 2.66 所示。

步骤02：输入需要修改的名称（在这里输入"划像过渡效果"），按键盘上的"Enter"键确认即可。修改之后的序列名称如图 2.67 所示。

步骤03：这时"划像"【序列】窗口的名称变为"划像过渡效果"序列窗口，如图 2.68 所示。

  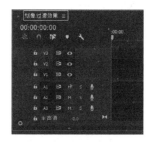

图 2.66　双击"划像"序列标签之后的效果　　图 2.67　修改之后的序列名称　　图 2.68　修改之后的【序列】窗口名称

2. 调节视频过渡效果的持续时间

调节视频过渡效果持续时间的方法如下：在视频轨道中单选已添加的视频过渡效果，在【效果控件】功能面板中进行调节。这种调节方式只是对单独选中的视频过渡效果的持续时间进行调节。如果要大批量调节视频过渡效果的持续时间，而且要求持续时间相同，那这种方法就不适合了。

Premiere Pro 2020 提供了统一调节视频过渡效果持续时间的功能。

步骤 01：在菜单栏中单击【编辑（E）】→【首选项（N）】→【时间轴…】命令，弹出【首选项】对话框。

步骤 02：在该对话框设置视频过渡效果的默认持续时间，具体参数设置如图 2.69 所示，单击【确定】按钮，完成设置。

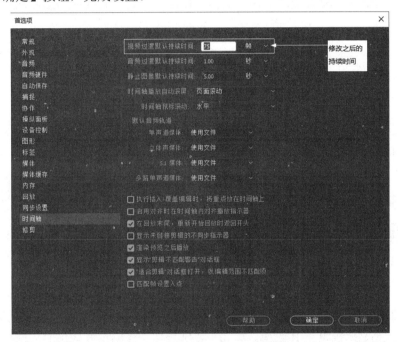

图 2.69 【首选项】对话框参数设置

提示：视频过渡效果的默认持续时间为 25 帧，也就是 25 帧/秒。在新建项目时选择的是 PAL 制式，它的视频速率为 25 帧/秒。如果新建项目选择的是 NTSC 制式，它的视频速率为 30 帧/秒，那么它的视频过渡效果的默认持续时间为 30 帧/秒。

视频播放：关于具体介绍，请观看配套视频"任务二：修改序列名称并调节视频过渡效果的持续时间.MP4"。

任务三：添加"划像"类视频过渡效果

主要通过将素材 A 画面伸展逐渐过渡到素材 B 画面，实现"划像"类视频过渡效果的添加其中包括"交叉划像""圆划像""盒形划像""棱形划像"4 种类型，如图 2.70 所示。

1. 将素材拖到视频轨道中并添加视频过渡效果

步骤 01：将已导入的图片素材拖到"V1"视频轨道中。

步骤 02：给"V1"视频轨道中的图片素材添加"划像"类视频过渡效果，添加"划像"视频过渡效果之后的"划像过渡效果"【序列】窗口如图 2.71 所示。

图 2.70 "划像"类视频过渡效果的 4 种类型

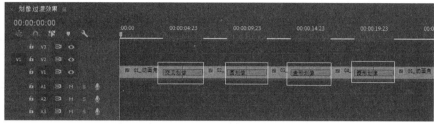

图 2.71 添加"划像"类视频过渡效果后的"划像过渡效果"【序列】窗口

2. "划像"类视频过渡效果的作用

（1）"交叉划像"视频过渡效果：将素材 A 画面逐渐从中间分裂，向其四周伸展，直至显示出素材 B 画面。添加了"交叉划像"视频过渡效果的部分截图如图 2.72 所示。

图 2.72 添加了"交叉划像"视频过渡效果的部分截图

（2）"圆划像"视频过渡效果：将素材 B 画面以圆形的呈现方式逐渐扩大到素材 A 画面上，直到完全显示出素材 B 画面。添加了"圆划像"视频过渡效果的部分截图如图 2.73 所示。

图 2.73 添加了"圆划像"视频过渡效果的部分截图

（3）"盒形划像"视频过渡效果：素材 B 画面以矩形方式逐渐扩大到素材 A 画面中，直到完全显现出素材 B 画面。添加了"盒形划像"视频过渡效果的部分截图如图 2.74 所示。

第 2 章 视频过渡效果应用

图 2.74　添加了"盒形划像"视频过渡效果的部分截图

（4）"菱形划像"视频过渡效果：素材 B 画面以菱形方式逐渐出现在素材 A 画面上方并逐渐扩大，直到素材 B 画面占据整个画面。添加了"菱形划像"视频过渡效果的部分截图如图 2.75 所示。

图 2.75　添加了"菱形划像"视频过渡效果的部分截图

视频播放：关于具体介绍，请观看配套视频"任务三：添加"划像"类视频过渡效果.MP4"。

任务四：添加"擦除"类视频过渡效果

"擦除"类视频过渡效果是指两个素材画面呈擦除式过渡的画面效果，其中包括"划出""双侧平推门""带状擦除""径向擦除""插入""时钟式擦除""棋盘""棋盘擦除""楔形擦除""水波块""油漆飞溅""渐变擦除""百叶窗""螺旋框""随机块""随机擦除""风车"17 种类型。

1. 将素材拖到视频轨道中并添加视频过渡效果

步骤 01：新建一个名为"擦除过渡效果"序列，尺寸为"720×480"。
步骤 02：将图片素材拖到"擦除过渡效果"【序列】窗口的"V1"轨道中。
步骤 03：依次将"擦除"类视频过渡效果添加到"V1"轨道相邻素材的连接处，添加了"擦除"类视频过渡效果的【序列】窗口如图 2.76 所示。

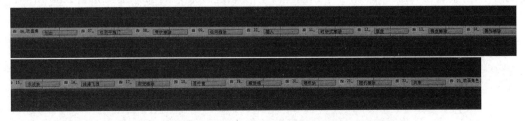

图 2.76　添加了"擦除"类视频过渡效果的【序列】窗口

2. "擦除"类视频过渡效果的作用

（1）"划出"视频过渡效果：将素材 A 画面从左到右逐渐划出，直到素材 A 画面消失完全呈现出素材 B 画面。添加了"划出"视频过渡效果的部分截图如图 2.77 所示。

图 2.77　添加了"划出"视频过渡效果的部分截图

（2）"双侧平推门"视频过渡效果：将素材 A 画面从中间向两边推开，逐渐显现出素材 B 画面。添加了"双侧平推门"视频过渡效果的部分截图如图 2.78 所示。

图 2.78　添加了"双侧平推门"视频过渡效果的部分截图

（3）"带状擦除"视频过渡效果：将素材 B 画面以条状方式出现在画面两侧，由两侧向中间运动，直到素材 A 画面消失。添加了"带状擦除"视频过渡效果的部分截图如图 2.79 所示。

图 2.79　添加了"带状擦除"视频过渡效果的部分截图

（4）"径向擦除"视频过渡效果：以素材 A 左上角为中心，顺时针擦除素材 A 画面并逐渐显示出素材 B 画面。添加了"径向擦除"视频过渡效果的部分截图如图 2.80 所示。

图 2.80　添加了"径向擦除"视频过渡效果的部分截图

(5)"插入"视频过渡效果:将素材 B 画面由素材 A 画面的左上角慢慢延伸到素材 A 的画面中,直至覆盖整个画面。添加了"插入"视频过渡效果的部分截图如图 2.81 所示。

图 2.81　添加了"插入"视频过渡效果的部分截图

(6)"时钟式擦除"视频过渡效果:将素材 A 画面以时针转动的方式进行旋转擦除,直到完全显示出素材 B 画面。添加了"时钟式擦除"视频过渡效果的部分截图如图 2.82 所示。

图 2.82　添加了"时钟式擦除"视频过渡效果的部分截图

(7)"棋盘"视频过渡效果:将素材 B 画面以方块的形式逐渐显现在素材 A 画面上方,直到素材 A 画面完全被素材 B 画面覆盖。添加了"棋盘"视频过渡效果的部分截图如图 2.83 所示。

图 2.83　添加了"棋盘"视频过渡效果的部分截图

(8)"棋盘擦除"视频过渡效果:将素材 B 画面以棋盘的形式进行擦除。添加了"棋盘擦除"视频过渡效果的部分截图如图 2.84 所示。

图 2.84　添加了"棋盘擦除"视频过渡效果的部分截图

（9）"楔形擦除"视频过渡效果：将素材 B 画面以扇形方式逐渐呈现在素材 A 画面中，直到素材 A 画面被素材 B 画面完全覆盖。添加了"楔形擦除"视频过渡效果的部分截图如图 2.85 所示。

图 2.85　添加了"楔形擦除"视频过渡效果的部分截图

（10）"水波块"视频过渡效果：把素材 A 画面以水波形式横向擦除，直到其画面完全显现出素材 B 画面。添加了"水波块"视频过渡效果的部分截图如图 2.86 所示。

图 2.86　添加了"水波块"视频过渡效果的部分截图

（11）"油漆飞溅"视频过渡效果：把素材 B 画面以油漆点状方式呈现在素材 A 画面上方，直到素材 B 画面覆盖整个素材 A 画面。添加了"水波块"视频过渡效果的部分截图如图 2.87 所示。

图 2.87　添加了"油漆飞溅"视频过渡效果的部分截图

（12）"渐变擦除"视频过渡效果：把素材 A 画面淡化，直到完全显现出素材 B 画面。添加了"渐变擦除"视频过渡效果的部分截图如图 2.88 所示。

图 2.88　添加了"渐变擦除"视频过渡效果的部分截图

（13）"百叶窗"视频过渡效果：模拟百叶窗拉动的动态效果，以百叶窗的形式将素材 A 画面逐渐过渡到素材 B 画面。添加了"百叶窗"视频过渡效果的部分截图如图 2.89 所示。

图 2.89　添加了"百叶窗"视频过渡效果的部分截图

（14）"螺旋框"视频过渡效果：把素材 B 画面以螺旋状形式逐渐呈现在素材 A 画面中。添加了"螺旋框"视频过渡效果的部分截图如图 2.90 所示。

图 2.90　添加了"螺旋框"视频过渡效果的部分截图

（15）"随机块"视频过渡效果：把素材 B 画面以多个方块形式呈现在素材 A 画面中。添加了"随机块"视频过渡效果的部分截图如图 2.91 所示。

图 2.91　添加了"随机块"视频过渡效果的部分截图

（16）"随机擦除"视频过渡效果：把素材 B 画面由上到下随机地以方块的形式擦除素材 A 画面。添加了"随机擦除"视频过渡效果的部分截图如图 2.92 所示。

图 2.92　添加了"随机擦除"视频过渡效果的部分截图

（17）"风车"视频过渡效果：模拟风车旋转式的擦除效果。素材 B 画面以风车旋转叶形式逐渐出现在素材 A 画面中，直到素材 A 画面被素材 B 画面完全覆盖。添加了"风车"视频过渡效果的部分截图如图 2.93 所示。

图 2.93 添加了"风车"视频过渡效果的部分截图

视频播放：关于具体介绍，请观看配套视频"任务四：添加"擦除"类视频过渡效果.MP4"。

七、拓展训练

利用本案例所学知识，收集一部动画片的素材，使用本章所学的视频过渡效果，制作一个时长为 1~2min 的动画预告片。部分效果如下图所示。

学习笔记：

第 3 章 视频效果综合应用

知识点：

案例 1　视频效果应用基础
案例 2　制作变色的卷轴画效果
案例 3　制作画面变形效果
案例 4　制作幻影效果
案例 5　制作水中倒影效果
案例 6　制作重复的多屏幕画效果
案例 7　制作水墨山水画效果
案例 8　制作滚动视频效果
案例 9　制作局部马赛克效果
案例 10　制作其他视频效果

说明：

本章通过 10 个案例介绍视频效果的添加、参数功能、参数设置和综合应用，读者需要重点掌握视频效果的使用方法、作用、参数设置和应用规律。

教学建议课时数：

一般情况下需要 24 课时，其中理论 8 课时，实际操作 16 课时（特殊情况下可做相应调整）。

了解风光片制作中要用到的变换类、生成类、键控类、风格化类和透视类这几大类视频效果的相关参数设置与调整，了解宣传片制作中要用到的图像控制类、扭曲类、模糊与锐化类、键控类、变换类这几大类视频效果中的马赛克效果的相关参数设置与调整的方法和技巧，以及 RGB 曲线效果、镜像视频效果、时间类/杂色与颗粒类/色彩校正类/视频类/调整类/过渡类/通道类视频效果综合应用的方法和技巧。这些都是影视后期效果编辑最基本的技能，希望读者认真学习。

Premiere Pro 2020 为用户提供了 18 大类共 134 个视频效果。

案例 1 视频效果应用基础

一、案例内容简介

本案例介绍如何给某校冬季运动会视频素材添加视频效果、关键帧和调整图片顺序等视频效果应用的基础知识。

二、案例效果欣赏

三、案例制作（步骤）流程

任务一：创建新项目和导入素材 ➡ 任务二：视频效果的作用 ➡ 任务三：添加视频效果
⬇
任务四：视频效果的相关操作

四、制作目的

（1）了解为视频素材添加"RGB 曲线""径向擦除"等多个视频效果的基础知识和操作方法。

（2）熟练掌握基础的视频效果应用的步骤。

五、制作过程中需要解决的问题

（1）什么是视频效果？
（2）视频效果有什么作用？
（3）怎样添加视频效果？
（4）为什么要添加视频效果？

第 3 章　视频效果综合应用

（5）视频效果分为哪几大类？
（6）怎样设置视频效果的参数？

六、详细操作步骤

任务一：创建新项目和导入素材

步骤 01：启动 Premiere Pro 2020 软件，创建一个名为"视频效果应用基础.prproj"的项目文件。

步骤 02：利用前面所学知识导入如图 3.1 所示的素材。

步骤 03：新建一个名为"视频效果应用基础"的序列文件，尺寸为"720×480"。

视频播放：关于具体介绍，请观看配套视频"任务一：创建新项目和导入素材.MP4"。

任务二：视频效果的作用

利用视频效果，可以对视频画面进行调色、修补画面的缺陷、叠加画面、扭曲图像、抠像、添加粒子和光照等各种艺术效果。Premiere Pro 2020 在旧版本的基础上增加了很多视频效果，使它的效果制作能力得到了很大的提高，完全可以满足影视后期剪辑的效果制作要求。

视频效果是非线性编辑中一个非常重要的功能，添加视频效果的目的是为了增加画面的视觉效果、满足后期创意的需要、表达作者的创意、吸引观众的眼球。

视频播放：关于具体介绍，请观看配套视频"任务二：视频效果的作用.MP4"。

任务三：添加视频效果

在 Premiere Pro 2020 中，可以为同一段素材添加多个视频效果。在【效果控件】功能面板中可以设置视频效果的参数，为视频效果参数添加关键帧，以制作动态效果，还可以调整视频效果顺序。

1. 添加"RGB 曲线"视频效果

视频效果使用的整个流程：
（1）将素材拖到视频轨道中。
（2）将视频效果拖到视频轨道中的素材上，松开鼠标左键即可。
（3）在【序列】窗口中单选添加了视频效果的素材。
（4）在【效果控件】功能面板中展开已添加的效果，根据节目要求设置参数。例如，通过添加关键帧设置参数，可以制作动态效果。

提示：在 Premiere Pro 2020 中，只要是可调节的视频效果参数，都可以添加关键帧并设置动态参数。在视频轨道中对同一段素材，可以添加多个视频效果，也可以将同一个视频效果添加多次。视频效果不仅对视频素材起作用，对图片素材也同样起作用。

具体操作步骤如下。

步骤 01：将素材添加到"视频效果应用基础"【序列】窗口的"V1"和"V2"轨道中，如图 3.2 所示。

图 3.1 导入的素材

图 3.2 添加素材之后的【序列】窗口

步骤 02：单选"V2"轨道中已添加的视频素材，将光标移到【效果】功能面板的"过时/RGB 曲线"视频效果选项上，双击鼠标左键，即可完成视频效果的添加。

步骤 03：单选视频轨道中添加了视频效果的素材。在【效果控件】功能面板中设置该视频效果参数。具体参数设置如图 3.3 所示，设置"RGB 曲线"视频效果参数前后的画面效果对比如图 3.4 所示。

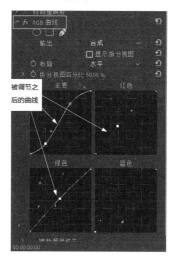

图 3.3 "RGB 曲线"视频效果参数设置

图 3.4 设置"RGB 曲线"视频效果参数前后的画面效果对比

2. 添加"径向擦除"视频效果

步骤 01：单选"V2"轨道中的素材，在【效果】功能面板中双击"过渡/径向擦除"视频效果选项，完成给选定素材添加视频效果。

步骤 02：单选已添加"径向擦除"视频效果的视频素材，在【效果控件】功能面板中设置"径向擦除"视频效果的参数，具体参数设置如图 3.5 所示。设置参数之后在【节目：

视频效果应用基础】监视器窗口中的部分截图如图 3.6 所示。

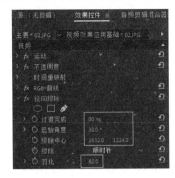

图 3.5 "径向擦除"视频效果参数设置

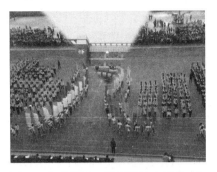

图 3.6 在【节目：视频效果应用基础】监视器窗口中的部分截图

步骤 03：将"时间指示器"定位到 0 秒 0 帧位置，单击"起始角度"左边的"动画切换"按钮，在第 0 秒 0 帧的位置添加一个关键帧，如图 3.7 所示。

步骤 04：将"时间指示器"定位到 6 秒 0 帧位置，在【效果控件】功能面板中设置"起始角度"的参数。设置完毕，系统自动添加关键帧，如图 3.8 所示。

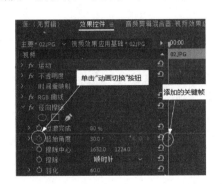

图 3.7 在第 0 秒 0 帧位置添加的关键帧

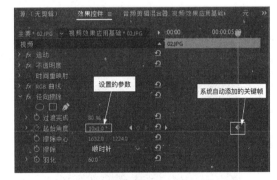

图 3.8 "径向擦除"视频效果参数设置和系统自动添加的关键帧

视频播放：关于具体介绍，请观看配套视频"任务三：添加视频效果.MP4"。

任务四：视频效果的相关操作

视频效果的相关操作主要有删除视频效果、删除关键帧、编辑关键帧参数和调整视频效果的顺序等。

1. 删除视频效果

步骤 01：在视频轨道中单选需要删除的视频效果所在的素材。

步骤 02：在【效果控件】功能面板中单选需要删除的视频效果，按键盘上的"Delete"键或"Backspace"键即可。

2. 批量删除视频效果

步骤 01：在【序列】窗口中，将光标移到需要删除的视频效果所在的视频素材上，单击鼠标右键，弹出快捷菜单。

步骤 02：在弹出的快捷菜单中，单击【删除属性…】命令，弹出【删除属性】对话框。在该对话框中选择需要删除的视频效果，如图 3.9 所示。

步骤 03：单击【确定】按钮，完成视频效果的批量删除。

3. 编辑视频效果的关键帧

步骤 01：在【效果控件】功能面板中，框选需要删除的关键帧。

步骤 02：按键盘上的"Delete"键或"Backspace"键即可。

步骤 03：将"时间指示器"定位到需要删除的关键帧位置。单击关键帧所属参数前面的"添加/移除关键帧"按钮，将"时间指示器"位置的关键帧删除。单击"添加/移除关键帧"按钮，可以再次添加关键帧。

步骤 04：若单击已添加关键帧的参数前面的"切换动画"按钮，则弹出【警告】对话框，如图 3.10 所示。单击【确定】按钮，就可删除该参数的所有关键帧。

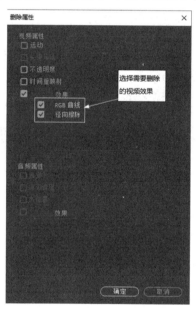

图 3.9 选择需要删除的视频效果

图 3.10 【警告】对话框

4. 编辑视频效果关键帧的参数

步骤 01：单选已添加视频效果的素材。

步骤 02：在【效果控件】功能面板中单击需要修改的视频效果关键帧参数右边的"转到上一关键帧"按钮或"转到下一关键帧"按钮，将"时间指示器"定位到需要编辑的关键帧位置。

步骤 03：编辑视频效果关键帧参数即可。

提示：在编辑视频效果关键帧参数时，建议单击"转到上一关键帧"按钮◀或"转到下一关键帧"按钮▶，将"时间指示器"定位到需要编辑的关键帧位置进行编辑。如果手动将"时间指示器"移到需要编辑的视频效果关键帧位置进行编辑，有可能没有移到需要编辑的关键帧上。此时，Premiere Pro 2020 会自动添加关键帧并保存参数。手动操作的结果不仅没有编辑关键帧参数，反而还多添加了一个关键帧。

5. 调整视频效果的添加顺序

步骤 01：将光标移到【效果控件】功能面板中需要调整顺序的视频效果上，按住鼠标左键不放，移动光标到需要放置视频效果的位置。此时，光标变成 形态，同时出现一条天蓝色横线，表示视频效果放置的位置，如图 3.11 所示。

步骤 02：松开鼠标左键，调整顺序之后的视频效果如图 3.12 所示。

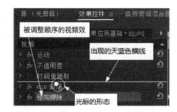
图 3.11　需要调整顺序的视频效果

图 3.12　调整顺序之后的视频效果

视频播放：关于具体介绍，请观看配套视频"任务四：视频效果的相关操作.MP4"。

七、拓展训练

利用本案例所学知识，使用视频效果制作如下截图所示的效果。

学习笔记：

第 3 章 视频效果综合应用

案例 2　制作变色的卷轴画效果

一、案例内容简介

本案例介绍如何给国画、山水画、照片素材添加"图像控制"类视频效果，使之变成具有变色效果的卷轴画小短片，片长为 26 秒。

二、案例效果欣赏

三、案例制作（步骤）流程

任务一：创建新项目和导入素材 任务二：使用"颜色平衡（RGB）"视频效果制作变色的卷轴画效果

　　　　　　　　　　　　　　　　　　　　　　　　　↓

　　　　　　　　　　　　　　　　　　任务三："图像控制"类视频效果的作用

四、制作目的

（1）了解为视频素材添加"颜色平衡（RGB）"视频效果、关键帧、设置参数的基础知识和操作方法。

（2）熟练掌握制作变色的卷轴画效果的步骤。

五、制作过程中需要解决的问题

（1）"图像控制"类视频效果的主要作用是什么？

（2）"图像控制"类视频效果中的每个视频效果有什么作用？

（3）如何设置"图像控制"类视频效果中的每个视频效果的参数？

六、详细操作步骤

任务一：创建新项目和导入素材

步骤 01：启动 Premiere Pro 2020 软件，创建一个名为"变色的卷轴画.prproj"的项目文件。

步骤 02：利用前面所学知识导入如图 3.13 所示的素材。

图 3.13　导入的素材

步骤 03：新建一个名为"卷轴画"序列文件，尺寸为"720×480"。

视频播放：关于具体介绍，请观看配套视频"任务一：创建新项目和导入素材.MP4"。

任务二：使用"颜色平衡（RGB）"视频效果制作变色的卷轴画效果

步骤 01：将素材拖到"V1"和"V2"轨道中，如图 3.14 所示。

步骤 02：单选"V2"视频轨道中的素材，在【效果控件】功能面板中双击"图像控件/颜色平衡（RGB）"视频效果选项，给选定素材添加视频效果。

步骤 03：将"时间指示器"定位到第 0 秒 0 帧位置，在【效果控件】功能面板中，给"颜色平衡（RGB）"视频效果添加关键帧并设置参数，具体参数设置如图 3.15 所示。

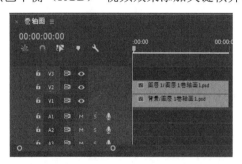

图 3.14　被拖到视频轨道中的素材

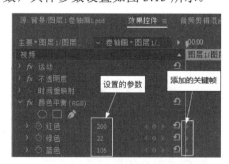

图 3.15　添加关键帧和设置的参数

步骤 04：设置参数之后，在【节目：卷轴画】监视器窗口中的效果如图 3.16 所示。

步骤 05：将"时间指示器"定位到第 4 秒 0 帧位置，在【效果控件】功能面板中给"颜色平衡（RGB）"视频效果设置参数，系统自动添加关键帧，具体参数设置如图 3.17 所示。

第 3 章 视频效果综合应用

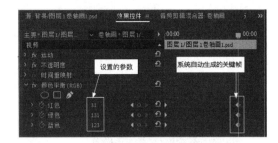

图 3.16　在【节目：卷轴画】监视器窗口中的效果　　　图 3.17　第 4 秒 0 帧位置的参数设置

步骤 06：变色卷轴画效果制作完毕，在【节目：卷轴画】监视器窗口中的部分截图如图 3.18 所示。

图 3.18　在【节目：卷轴画】监视器窗口中的部分截图

视频播放：关于具体介绍，请观看配套视频"任务二：使用"颜色平衡（RGB）"视频效果制作变色的卷轴画效果.MP4"。

任务三："图像控制"类视频效果的作用

"图像控制"类视频效果主要用来对素材画面进行色彩方面的特殊处理。例如，处理一些前期拍摄留下的缺陷，通过处理素材画面达到某种预想效果等，主要包括"灰度系数校正""颜色平衡""颜色替换""颜色过滤""黑白"5 个视频效果。其中，"颜色平衡"已在本案例任务一和任务二中介绍过了，这里不再介绍。

1."灰度系数校正"视频效果

"灰度系统校正"视频效果的主要作用是通过改变素材画面中间色调的亮度，使素材画面变暗或变亮，其参数面板如图 3.19 所示。设置参数后，不同"灰度系数"数值下的画面效果如图 3.20 所示。

2."颜色替换"视频效果

"颜色替换"视频效果的主要作用是使用"替换颜色"来替换"目标颜色"，其参数设置前后效果对比如图 3.21 所示。

图 3.19 "灰度系数校正"视频效果参数面板

图 3.20 不同"灰度系数"数值下的画面效果

图 3.21 "颜色替换"视频效果参数设置前后画面效果对比

3. "颜色过滤"视频效果

"颜色过滤"视频效果的主要作用是保持素材画面中的指定颜色不变,将指定颜色以外的颜色转化为灰色,其参数设置前后的效果对比如图 3.22 所示。

图 3.22 "颜色过滤"视频效果参数设置前后的画面效果对比

4. "黑白"视频效果

"黑白"视频效果的主要作用是直接将彩色素材画面转换为灰度图像,不同深度的颜色呈现不同的灰度。该视频效果没有参数可设置。添加"黑白"视频效果前后的画面效果对比如图 3.23 所示。

图 3.23 添加"黑白"视频效果前后的画面效果对比

视频播放：关于具体介绍，请观看配套视频"任务三："图像控制"类视频效果的作用.MP4"。

七、拓展训练

利用本案例所学知识，使用本书提供的素材制作一个"变色卷轴画效果举一反三"教学视频，完成之后的部分截图如下图所示。

学习笔记：

案例 3 制作画面变形效果

一、案例内容简介

本案例介绍如何为一批照片（包括室内外风景、动物猫和狗、狮子道具、树下的小女孩，一位美丽的姑娘、山下一辆漂亮的小轿车等照片）添加"扭曲"类视频效果（如偏移、变形稳定器、变换、放大、旋转扭曲、果冻效应修复、波形变形、湍流置换、球面化、边角定位、镜像和镜头扭曲等），使之产生变形的小短片，片长为 1 分 8 秒。

二、案例效果欣赏

三、案例制作（步骤）流程

任务一：创建新项目和导入素材 ➡ 任务二：制作画面变形效果 ➡ 任务三："扭曲"类视频效果的作用

四、制作目的

（1）了解可使画面产生变形的"扭曲"类视频效果的功能、作用和用法。
（2）熟练掌握制作画面变形效果的步骤。

五、制作过程中需要解决的问题

（1）"扭曲"类视频效果的主要作用是什么？
（2）"扭曲"类视频效果中的每个视频效果有什么作用？
（3）如何设置"扭曲"类视频效果中的每个视频效果的参数？
（4）"扭曲"类视频效果主要包括哪几个？

第 3 章 视频效果综合应用

六、详细操作步骤

任务一：创建新项目和导入素材

步骤 01：启动 Premiere Pro 2020 软件，创建一个名为"画面变形效果.prproj"的项目文件。

步骤 02：利用前面所学知识导入如图 3.24 所示的素材。

图 3.24 导入的素材

步骤 03：新建一个名为"画面变形"的序列文件，尺寸为"720×480"。

视频播放：关于具体介绍，请观看配套视频"任务一：创建新项目和导入素材.MP4"。

任务二：制作画面变形效果

1. 制作画面变形效果

画面变形效果主要通过"扭曲"类视频效果中的"边角定位"视频效果来实现。"边角定位"的主要作用是通过改变素材画面的 4 个边角，改变素材画面的透视效果。

步骤 01：将导入的素材分别拖到"V1"和"V2"轨道中，添加到【序列】窗口中的素材如图 3.25 所示。

步骤 02：单选"V2"轨道中的素材图片，在【效果】功能面板中双击"扭曲/边角定位"视频效果，给选定素材添加视频效果。

步骤 03：在【效果控件】功能面板中设置"边角定位"视频效果参数，具体参数设置如图 3.26 所示。

步骤 04：设置"边角定位"视频效果参数后的画面效果如图 3.27 所示。

提示：在设置该视频效果参数时，可以通过单选"边角定位"视频效果参数中的"边角定位"选项，如图 3.28 所示。此时，在【节目：画面变形效果】监视器窗口中出现▇图标，如图3.29所示。将光标移到 图标上，按住鼠标左键进行移动，即可调节素材画面的形状。

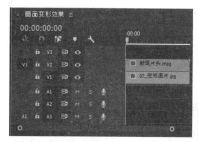
图3.25 添加到【序列】窗口中的素材

图3.26 "边角定位"视频效果参数设置

图3.27 设置参数后的画面效果

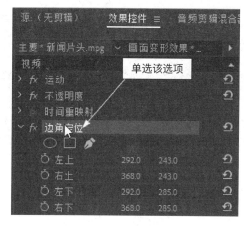
图3.28 单选的选项

图3.29 素材画面边角图标

2. "边角定位"视频效果参数的作用

（1）"左上"参数：主要用来调节素材画面左上角的位置。
（2）"右上"参数：主要用来调节素材画面右上角的位置。
（3）"左下"参数：主要用来调节素材画面左下角的位置。
（4）"右下"参数：主要用来调节素材画面右下角的位置。

视频播放：关于具体介绍，请观看配套视频"任务二：制作画面变形效果.MP4"。

任务三："扭曲"类视频效果的作用

"扭曲"类视频效果的主要作用是通过对素材画面进行各种形式的扭曲变形处理，改变素材画面的视觉效果，主要包括偏移、变形稳定器、变换、放大、旋转扭曲、果冻效应修复、波形变形、湍流置换、球面化、边角定位、镜像和镜头扭曲12类视频效果。其中，"边角定位"已在本案例任务二中介绍过了，这里不再介绍。

1. "偏移"视频效果

"偏移"视频效果的主要作用是将素材画面从一边偏向另一边,产生类似重影的视觉效果。"偏移"视频效果参数设置前后画面效果对比如图 3.30 所示。

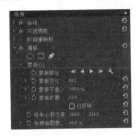

图 3.30 "偏移"视频效果参数设置前后画面效果对比

2. "变形稳定器"视频效果

"变形稳定器"视频效果主要作用是消除因摄影机移动而导致的画面抖动,将抖动效果转化为稳定的平滑拍摄效果。

3. "变换"视频效果

"变换"视频效果的主要作用是对素材画面的位置、大小、角度以及不透明度进行调整,"变换"视频效果参数设置前后画面效果对比如图 3.31 所示。

图 3.31 "变换"视频效果参数设置前后画面效果对比

4. "放大"视频效果

"放大"视频效果的主要作用是将素材画面中的指定部分按一定的比例放大,以模拟放大镜效果。"放大"视频效果参数设置前后画面效果对比如图 3.32 所示。

5. "旋转扭曲"视频效果

"旋转扭曲"视频效果的主要作用是将素材画面按预先设置的中心进行旋转,产生一种类似漩涡的效果。"旋转扭曲"视频效果参数设置前后画面效果对比如图 3.33 所示。

图 3.32 "放大"视频效果参数设置前后画面效果对比

图 3.33 "旋转扭曲"视频效果参数设置前后画面效果对比

6. "果冻效应修复"视频效果

"果冻效应修复"视频效果的主要作用是修复素材画面在拍摄时产生的抖动和变形的效果。

7. "波形变形"视频效果

"波形变形"视频效果的主要作用是对素材画面进行扭曲,使之产生水波的效果。"波形变形"视频效果参数设置前后画面效果对比如图 3.33 所示。

图 3.34 "波形变形"视频效果参数设置前后画面效果对比

8. "湍流置换"视频效果

"湍流置换"视频效果的主要作用是使素材画面产生扭曲变形的效果,"湍流置换"视频效果参数设置前后画面效果对比如图 3.35 所示。

图 3.35 "湍流置换"视频效果参数设置前后画面效果对比

9. "球面化"视频效果

"球面化"视频效果的主要作用是将素材画面以球形显示,产生三维效果,球形内部的画面被放大而产生变形。"球面化"视频效果参数设置前后画面效果对比如图 3.36 所示。

图 3.36 "球面化"视频效果参数设置前后画面效果对比

10. "镜像"视频效果

"镜像"视频效果的主要作用是按指定的方向和角度对素材画面进行镜像处理,"镜像"视频效果参数设置前后画面效果对比如图 3.37 所示。

图 3.37 "镜像"视频效果参数设置前后画面效果对比

11. "镜头扭曲"视频效果

"镜头扭曲"视频效果的主要作用是调整素材在画面中水平或垂直方向上的扭曲程度,

"镜像"视频效果参数设置前后画面效果对比如图 3.38 所示。

图 3.38 "镜头扭曲"视频效果参数设置前后画面效果对比

视频播放：关于具体介绍，请观看配套视频"任务三:"扭曲"类视频效果的作用.MP4"。

七、拓展训练

利用本案例所学知识以及本书提供的素材图片，制作如下图所示的变形画面效果。

学习笔记：

第 3 章 视频效果综合应用

案例 4　制作幻影效果

一、案例内容简介

本案例介绍如何为一组照片添加"模糊和锐化"类视频效果，使照片画面变为具有幻影效果，所制作短片的片长为 59 秒。

二、案例效果欣赏

三、案例制作（步骤）流程

任务一：创建新项目和导入素材 ➡ 任务二：制作幻影效果 ➡ 任务三："时间"类视频效果的作用
　　　　　　　　　　　　　　　　　　　　　　　　　　　　　　⬇
　　　　　　　　　　　　　　　　任务四："模糊与锐化"类视频效果的作用

四、制作目的

（1）了解可使照片画面具有幻影效果的"时间"类视频效果和"模糊与锐化"类视频效果的功能和使用方法。

（2）熟练掌握制作幻影效果的步骤。

五、制作过程中需要解决的问题

（1）"模糊与锐化"类视频效果和"时间"类视频效果的主要作用是什么？

（2）"模糊与锐化"类视频效果和"时间"类视频效果中的每个视频效果有什么作用？

（3）如何设置"模糊与锐化"类视频效果和"时间"类视频效果中的每个视频效果参数？

（4）"模糊与锐化"类视频效果和"时间"类视频效果主要包括哪几个？

六、详细操作步骤

任务一：创建新项目和导入素材

步骤 01： 启动 Premiere Pro 2020 软件，创建一个名为"幻影效果.prproj"的项目文件。

步骤 02： 利用前面所学知识导入如图 3.39 所示的素材。

步骤 03： 新建一个名为"幻影效果"序列文件，尺寸为"640×480"。

视频播放： 关于具体介绍，请观看配套视频"任务一：创建新项目和导入素材.MP4"。

任务二：制作幻影效果

幻影效果主要通过"模糊与锐化"类视频效果和"时间"类视频效果中的"残影"和"高斯模糊"视频效果来实现。

"残影"视频效果的主要作用是通过对素材画面中对比度较大的颜色进行平滑过渡处理，以实现幻影效果。

"高斯模糊"视频效果的主要作用是通过对素材画面进行模糊和平滑处理，降低素材画面中的层次细节。

步骤 01： 将素材拖到"幻影效果"【序列】窗口的"V1"轨道中，如图 3.40 所示。

图 3.39 导入的素材

图 3.40 在"V1"轨道中的素材

步骤 02： 将"时间/残影"视频效果添加到"V1"轨道中的素材上。

步骤 03： 单选"V1"轨道中添加了"残影"视频效果的素材，在【效果控件】功能面板中设置参数，具体参数设置如图 3.41 所示，在【节目：幻想效果】监视器窗口中的效果如图 3.42 所示。

步骤 04： 单选"V1"轨道中的素材，在【效果】功能面板中双击"模糊与锐化/高斯模糊"视频效果选项，完成视频效果的添加。

步骤 05： 单选"V1"轨道中添加了视频效果的素材，在【效果控件】功能面板中设置"高斯模糊"视频效果的参数，具体参数设置如图 3.43 所示。

第 3 章 视频效果综合应用

图 3.41 "残影"视频效果参数设置

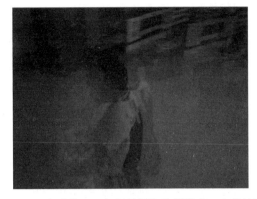

图 3.42 在【节目：幻想效果】监视器窗口中的效果

步骤 06：设置参数之后，在【节目：幻想效果】监视器窗口中的效果如图 3.44 所示。

图 3.43 "高斯模糊"视频效果参数设置

图 3.44 在【节目：幻想效果】监视器窗口中的效果

视频播放：关于具体介绍，请观看配套视频"任务二：制作幻影效果.MP4"。

任务三："时间"类视频效果的作用

"时间"类视频效果主要包括"残影"和"色调分离时间" 2 个视频效果。"色调分离时间"视频效果的主要作用是通过修改帧速率参数，设置色调分离的时间。"色调分离时间"视频效果中的"帧速率"分为"0"和"99"时的素材画面效果。"色调分离时间"视频效果参数设置前后画面效果对比如图 3.45 所示。

图 3.45 "色调分离时间"视频效果参数设置前后画面效果对比

视频播放：关于具体介绍，请观看配套视频"任务三："时间"类视频效果的作用.MP4"。

任务四："模糊与锐化"类视频效果的作用

"模糊与锐化"类视频效果的主要作用是把素材画面变得更加模糊或更加锐化。"模糊与锐化"类视频效果主要包括"减少交错闪烁""复合模糊""方向模糊""相机模糊""通道模糊""锐化遮罩""锐化""高斯模糊" 8 个视频效果。其中，"高斯模糊"已在本案例任务三中介绍过，这里不再介绍。

1. "减少交错闪烁"视频效果

"减少交错闪烁"视频效果的主要作用是通过修改柔和度参数，减少视频交错闪烁。"减少交错闪烁"视频效果参数设置前后画面效果对比如图 3.46 所示。

图 3.46 "减少交错闪烁"视频效果参数设置前后画面效果对比

2. "复合模糊"视频效果

"复合模糊"视频效果的主要作用是根据轨道的选择自动将素材画面生成一种模糊的效果，"复合模糊"视频效果参数设置前后画面效果对比如图 3.47 所示。

图 3.47 "复合模糊"视频效果参数设置前后画面效果对比

3. "方向模糊"视频效果

"方向模糊"视频效果的主要作用是根据模糊角度和长度，对画面进行模糊处理。"方向模糊"视频效果参数设置前后画面效果对比如图 3.48 所示。

第 3 章　视频效果综合应用

图 3.48　"方向模糊"视频效果参数设置前后画面效果对比

4．"相机模糊"视频效果

"相机模糊"视频效果的主要作用是模拟相机在拍摄过程中出现的虚焦现象，"相机模糊"视频效果参数设置前后画面效果对比如图 3.49 所示。

图 3.49　"相机模糊"视频效果参数设置前后画面效果对比

5．"通道模糊"视频效果

"通道模糊"视频效果的主要作用是对素材画面 RGB 通道中的红、绿、蓝和 Alpha 通道进行模糊处理，"通道模糊"视频效果参数设置前后画面效果对比如图 3.50 所示。

图 3.50　"通道模糊"视频效果参数设置前后画面效果对比

6. "钝化遮罩"视频效果

"钝化遮罩"视频效果的主要作用是在模糊画面的同时可调整画面的曝光和对比度，"钝化遮罩"视频效果参数设置前后画面效果对比如图 3.51 所示。

图 3.51 "钝化遮罩"视频效果参数设置前后画面效果对比

7. "锐化"视频效果

"锐化"视频效果的主要作用是快速聚焦模糊边缘，提高画面清晰度，"锐化"视频效果参数设置前后画面效果对比如图 3.52 所示。

图 3.52 "锐化"视频效果参数设置前后画面效果对比

视频播放：关于具体介绍，请观看配套视频"任务四："模糊与锐化"类视频效果的作用.MP4"。

七、拓展训练

利用本案例所学知识以及本书提供的素材图片，制作如下图所示的变形画面效果。

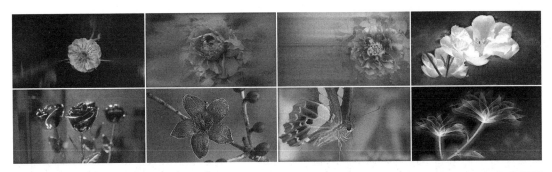

学习笔记:

案例 5 制作水中倒影效果

一、案例内容简介

本案例介绍如何给北京城市建筑物的部分照片（包括雄伟的天安门城楼和宽阔的长安大街、古老的天坛、著名的鸟巢、繁忙的西客站、繁华的国贸建筑群与立交桥等）添加"变换"类视频效果和"生成"类视频效果，使这些照片画面具有水中倒影效果，并把它们制作成视频。

二、案例效果欣赏

三、案例制作（步骤）流程

任务一：创建新项目和导入素材 ➡ 任务二：制作水中倒影效果 ➡ 任务三："变换"类视频效果的作用
⬇
任务四："生成"类视频效果的作用

四、制作目的

（1）了解可使照片画面变为水中倒影效果的"变换"类视频效果和"生成"类视频效果的功能和用法。

（2）熟练掌握制作水中倒影效果的步骤。

五、制作过程中需要解决的问题

(1) 水中倒影制作的原理是什么？
(2) "变换"类视频效果和"生成"类视频效果的主要作用是什么？
(3) "变换"类视频效果中的每个视频效果有什么作用？
(4) "生成"类视频效果中的每个视频效果有什么作用？
(5) 如何调节"变换"类视频效果中的每个视频效果的参数？
(6) 如何调节"生成"类视频效果中的每个视频效果的参数？
(7) "变换"类视频效果主要包括哪几个？
(8) "生成"类视频效果主要包括哪几个？

六、详细操作步骤

任务一：创建新项目和导入素材

步骤01：启动 Premiere Pro 2020 软件，创建一个名为"水中倒影.prproj"的项目文件。
步骤02：利用前面所学知识导入如图 3.53 所示的图片素材。

图 3.53　导入的图片素材

步骤03：新建一个名为"水中倒影"的序列文件，尺寸为"720×480"。
视频播放：关于具体介绍，请观看配套视频"任务一：创建新项目和导入素材.MP4"。

任务二：制作水中倒影效果

水中倒影效果的制作原理如下：通过对一段素材画面进行镜像操作，再把它与另一段裁剪好的素材画面进行图层混合。

步骤01：将"16_北京建筑.jpg"图片素材拖到"V1"轨道中。
步骤02：单选"V1"轨道中素材，在【效果】功能面板中双击"扭曲/镜像"视频效果，完成视频效果的添加。
步骤03：单选"V1"轨道中添加了"镜像"视频效果的素材，在【效果控件】功能面板中设置"镜像"视频效果参数,具体参数设置如图 3.54 所示,设置参数后,在【节目:水中倒影】监视器窗口中的效果如图 3.55 所示。

图 3.54　"镜像"视频效果参数设置　　　图 3.55　在【节目:水中倒影】监视器窗口中的效果

步骤 04:将"15_北京建筑.jpg"图片素材添加到"V2"轨道中,单选"V2"轨道中的素材,在【效果】功能面板中双击"变换/裁剪"视频效果,完成视频效果的添加。

步骤 05:在【效果控件】功能面板中设置素材的"混合模式"和"裁剪"视频效果参数,具体参数设置如图 3.56 所示,参数设置后,在【节目:水中倒影】监视器窗口中的效果如图 3.57 所示。

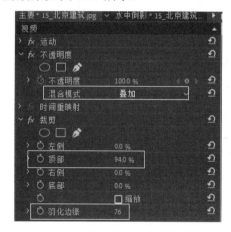

图 3.56　"混合模式"和"裁剪"　　　　图 3.57　在【节目:水中倒影】监视器窗口中的效果
　　　视频效果参数设置

步骤 06:单选"V1"轨道中的素材,在【效果】功能面板中双击"生成/镜头光晕"视频效果,完成视频效果的添加。

步骤 07:单选"V1"轨道中添加了"镜头光晕"视频效果的素材,在【效果控件】功能面板中设置"镜头光晕"视频效果参数,具体参数设置如图 3.58 所示,设置参数后,在【节目:水中倒影】监视器窗口中的效果如图 3.59 所示。

步骤 08:单选"V1"轨道中的素材,在【效果】功能面板中双击"生成/闪电"视频效果选项,完成视频效果的添加。

第 3 章 视频效果综合应用

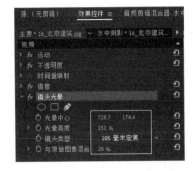
图 3.58 "镜头光晕"视频效果参数设置

图 3.59 在【节目：水中倒影】监视器窗口中的效果

步骤 09：单选"V1"轨道中添加了"闪电"视频效果的素材，在【效果控件】功能面板中设置"闪电"视频效果参数，具体参数设置如图 3.60 所示。设置参数后，在【节目：水中倒影】监视器窗口中的效果如图 3.61 所示。

图 3.60 "闪电"视频效果参数设置

图 3.61 在【节目：水中倒影】监视器窗口中的效果

视频播放：关于具体介绍，请观看配套视频"任务二：制作水中倒影效果.MP4"。

任务三："变换"类视频效果的作用

"变换"类视频效果的主要作用是使素材画面产生变化的效果，主要包括"垂直翻转""水平翻转""羽化边缘""自动重新构图""裁剪"5 个视频效果。下面介绍前 4 个视频效果。

1. "垂直翻转"视频效果

"垂直翻转"视频效果的主要作用是使素材画面产生垂直翻转效果。"垂直翻转"视频效果参数设置前后画面效果对比如图 3.62 所示。

图 3.62 "垂直翻转"视频效果参数设置前后画面效果对比

2. "水平翻转"视频效果

"水平翻转"视频效果的主要作用是使素材画面产生水平翻转效果。"水平翻转"视频效果参数设置前后画面效果对比如图 3.63 所示。

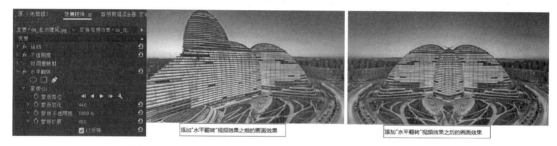

图 3.63 "水平翻转"视频效果参数设置前后画面效果对比

3. "羽化边缘"视频效果

"羽化边缘"视频效果的主要作用是对素材画面边缘进行羽化模糊处理。"羽化边缘"视频效果参数设置和前后画面效果对比如图 3.64 所示。

图 3.64 "羽化边缘"视频效果参数设置前后画面效果对比

4. "自动重新构图"视频效果

"自动重新构图"视频效果的主要作用是自动调整视频内容与画面比例，该效果可以应用于单个素材画面，也可以应用于整个序列素材画面。

视频播放：关于具体介绍，请观看配套视频"任务三："变换"类视频效果的作用.MP4"。

任务四："生成"类视频效果的作用

"生成"类视频效果主要包括"书写""单元格图案""吸管填充""四色渐变""圆形""棋盘""椭圆""油漆桶""渐变""网格""镜头光晕""闪电"12个视频效果。

1."书写"视频效果

"书写"视频效果的主要作用是制作出类似画笔的笔触感。"书写"视频效果参数设置前后画面效果对比如图 3.65 所示。

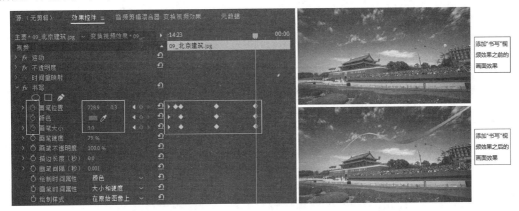

图 3.65 "书写"视频效果参数设置前后画面效果对比

2."单元格图案"视频效果

"单元格图案"视频效果的主要作用是通过参数的设置在素材画面上方制作出纹理效果。"单元格图案"视频效果参数设置前后画面效果对比如图 3.66 所示。

图 3.66 "单元格图案"视频效果参数设置前后对比画面效果

3. "吸管填充"视频效果

"吸管填充"视频效果的主要作用是通过调节素材画面色调对素材进行填充修改。"吸管填充"视频效果参数设置前后画面效果对比如图 3.67 所示。

图 3.67 "吸管填充"视频效果参数设置前后画面效果对比

4. "四色渐变"视频效果

"四色渐变"视频效果的主要作用是通过颜色及参数的调节，在素材画面上产生 4 种颜色的渐变效果。"四色渐变"视频效果参数设置前后画面效果对比如图 3.68 所示。

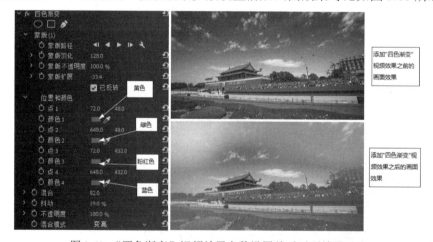

图 3.68 "四色渐变"视频效果参数设置前后画面效果对比

5. "圆形"视频效果

"圆形"视频效果的主要作用是在素材画面上制作一个圆形，并通过调节圆形的颜色、不透明度和羽化参数更改圆形效果。"圆形"视频效果参数设置前后画面效果对比如图 3.69 所示。

第 3 章 视频效果综合应用

图 3.69 "圆形"视频效果参数设置前后画面效果对比

6. "棋盘"视频效果

"棋盘"视频效果的主要作用是在素材画面上自动呈现黑白矩形交错的棋盘效果。"棋盘"视频效果参数设置前后画面效果对比如图 3.70 所示。

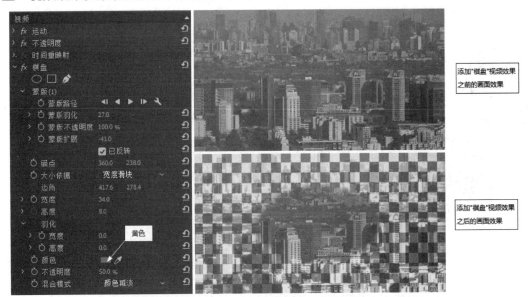

图 3.70 "棋盘"视频效果参数设置前后画面效果对比

7. "椭圆"视频效果

"椭圆"视频效果的主要作用是在素材画面上自动出现一个椭圆形，通过参数设置可更改椭圆的位置、颜色、宽度、柔和度等。"椭圆"视频效果参数设置前后画面效果对比如图 3.71 所示。

图 3.71 "椭圆"视频效果参数设置前后画面效果对比

8."油漆桶"视频效果

"油漆桶"视频效果的主要作用是在素材画面中的指定区域填充所选颜色。"油漆桶"视频效果参数设置前后画面效果对比如图 3.72 所示。

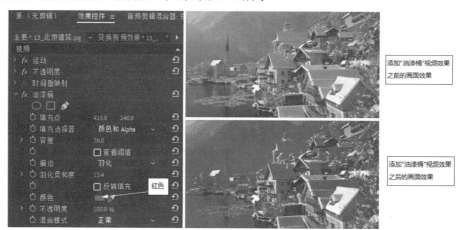

图 3.72 "油漆桶"视频效果参数设置前后画面效果对比

9."渐变"视频效果

"渐变"视频效果的主要作用是在素材画面上填充线性渐变或径向渐变。"渐变"视频效果参数设置前后画面效果对比如图 3.73 所示。

10."网格"视频效果

"网格"视频效果的主要作用是在素材画面上自动添加矩形网格。"网格"视频效果参数设置前后画面效果对比如图 3.74 所示。

第 3 章 视频效果综合应用

图 3.73 "渐变"视频效果参数设置前后画面效果对比

图 3.74 "网格"视频效果参数设置前后画面效果对比

11. "镜头光晕"视频效果

"镜头光晕"视频效果的主要作用是模拟在自然光下拍摄时所遇到的强光，从而使画面产生光晕效果。"镜头光晕"视频效果参数设置前后画面效果对比如图 3.75 所示。

图 3.75 "镜头光晕"视频效果参数设置前后画面效果对比

12. "闪电"视频效果

"闪电"视频效果的主要作用是模拟天空中的闪电形态。

视频播放：关于具体介绍，请观看配套视频"任务四："生成"类视频效果的作用.MP4"。

七、拓展训练

利用本案例所学知识以及本书提供的素材图片，制作如下图所示的变形画面效果。

学习笔记：

案例 6　制作重复的多屏幕画面效果

一、案例内容简介

本案例介绍如何给不同照片添加"键控"类视频效果、"风格化"类视频效果和"透视"类视频效果，使这些照片画面变为重复的多屏幕画面的小短片。

二、案例效果欣赏

三、案例制作（步骤）流程

任务一：创建新项目和导入素材 ➡ 任务二：制作重复的多屏幕画面效果

任务四："键控"类视频效果的作用 ⬅ 任务三："透视"类视频效果的作用

任务五："风格化"类视频效果的作用

四、制作目的

（1）了解"透视"类视频效果的功能和用法。
（2）了解"键控"类视频效果的功能和用法。
（3）了解"风格化"类视频效果的功能和用法。
（4）熟练掌握制作重复的多屏幕画面效果的步骤。

五、制作过程中需要解决的问题

（1）重复多屏幕画面效果制作的原理是什么？

（2）"键控"类视频效果、"风格化"类视频效果和"透视"类视频效果的主要作用是什么？

（3）"键控"类中的每个视频效果有什么作用？

（4）"风格化"类中的每个视频效果有什么作用？

（5）"透视"类中的每个视频效果有什么作用？

（6）如何设置"键控"类视频效果、"风格化"类视频效果和"透视"类视频效果的参数？

（7）"键控"类视频效果主要包括哪几个？

（8）"风格化"类视频效果主要包括哪几个？

（9）"透视"类视频效果主要包括哪几个？

六、详细操作步骤

任务一：创建新项目和导入素材

步骤01：启动 Premiere Pro 2020 软件，创建一个名为"重复的多屏幕画面效果.prproj"的项目文件。

步骤02：利用前面所学知识导入本书提供的配套素材。

步骤03：新建一个名为"重复的多屏幕画面效果"的序列文件，尺寸为"720×576"。

视频播放：关于具体介绍，请观看配套视频"任务一：创建新项目和导入素材.MP4"。

任务二：制作重复的多屏幕画面效果

重复多屏幕画面效果的制作原理：对素材进行抠像，再给抠像之后的素材添加"复制"视频效果和"投影"效果。

步骤01：将导入的素材添加到"重复的多屏幕画面效果"【序列】窗口的视频轨道中，如图3.76所示。

步骤02：单选"V2"视频轨道中的素材，在【效果】功能面板中双击"键控/颜色键"视频效果，给选定素材添加视频效果。

步骤03：单选添加了"颜色键"视频效果的素材，在【效果控件】功能面板中设置"颜色键"视频效果参数，具体参数设置如图3.77所示。

步骤04：参数设置之后，在【节目：重复的多屏幕画面效果】监视器窗口中的效果如图3.78所示。

步骤05：继续给"V2"视频轨道中的素材添加"风格化/复制"视频效果，在【效果控件】功能面板中设置其参数，具体参数设置如图3.79所示。设置参数之后，在【节目：重复的多屏幕画面效果】监视器窗口中的效果如图3.80所示。

第 3 章 视频效果综合应用

图 3.76 添加了素材的【序列】窗口

图 3.77 "颜色键"视频效果参数设置

图 3.78 完成步骤 04 后视频素材在【节目：重复的多屏幕画面效果】监视器窗口中的效果

图 3.79 步骤 05 的参数设置

图 3.80 完成步骤 05 后视频素材在【节目：重复的多屏幕画面效果】监视器窗口中的效果

步骤 06：单选"V3"轨道中的素材，在【效果】功能面板中双击"键控/超级键"视频效果，完成"超级键"视频效果的添加。

步骤 07：单选"V3"轨道中添加"超级键"视频效果的素材，在【效果控件】功能面板中设置"超级键"视频效果参数和素材的"运动"参数，具体参数设置如图 3.81 所示。

步骤 08：参数设置之后，在【节目：重复的多屏幕画面效果】监视器窗口中的效果如图 3.82 所示。

图 3.81 步骤 07 的参数设置

图 3.82 完成步骤 07 后视频素材在【节目：重复的多屏幕画面效果】监视器窗口中的效果

步骤 09：单选"V3"轨道中添加"透视/投影"视频效果的素材，在【效果控件】功能面板中设置"投影"视频效果参数和素材的"运动"参数，具体参数设置如图 3.83 所示。

步骤 10：参数设置之后，在【节目：重复的多屏幕画面效果】监视器窗口中的效果如图 3.84 所示。

图 3.83　步骤 09 的参数设置　　　　图 3.84　完成步骤 08 后视频素材在【节目：重复的
多屏幕画面效果】监视器窗口中的效果

视频播放：关于具体介绍，请观看配套视频"任务二：制作重复的多屏幕画面效果.MP4"。

任务三："透视"类视频效果的作用

"透视"类视频效果的主要作用是使素材画面具有三维立体效果和空间效果。"透视"类视频效果主要包括"基本 3D""径向阴影""投影""斜面 Alpha""边缘斜面"5 个视频效果。

1. "基本 3D"视频效果

"基本 3D"视频效果的主要作用是模拟平面图片在三维空间中的运动效果，能够将素材画面绕水平轴或垂直轴旋转，或沿虚拟 Z 轴移动模拟靠近或远离观察者，还可以设置镜面高光效果。"基本 3D"视频效果参数设置前后画面效果对比如图 3.85 所示。

图 3.85　"基本 3D"视频效果参数设置前后画面效果对比

第 3 章 视频效果综合应用

2. "径向阴影"视频效果

"径向阴影"视频效果的主要作用是可以给整个素材画面添加阴影效果。"径向阴影"视频效果参数设置前后画面效果对比如图 3.86 所示。

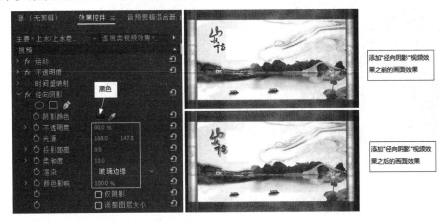

图 3.86 "径向阴影"视频效果参数设置前后画面效果对比

3. "投影"视频效果

"投影"视频效果的主要作用是给素材画面添加阴影效果,"投影"视频效果参数设置前后画面效果对比如图 3.87 所示。

图 3.87 "投影"视频效果参数设置前后画面效果对比

4. "斜面 Alpha"视频效果

"斜面 Alpha"视频效果的主要作用是利用素材画面的 Alpha 通道制作立体明暗效果,使素材画面具有立体的外观,该视频效果比较适合制作三维的文字效果。"斜面 Alpha"视频效果参数设置前后画面效果对比如图 3.88 所示。

图 3.88 "斜面 Alpha"视频效果参数设置前后画面效果对比

5. "边缘斜面"视频效果

"边缘斜面"视频效果的主要作用是可以使素材画面边缘产生立体效果，产生边缘的位置由 Alpha 通道决定。"边缘斜面"视频效果参数设置前后画面效果对比如图 3.89 所示。

图 3.89 "边缘斜面"视频效果参数设置前后画面效果对比

视频播放：关于具体介绍，请观看配套视频"任务三："透视"类视频效果的作用.MP4"。

任务四："键控"类视频效果的作用

"键控"类视频效果的主要作用是对素材画面进行抠像操作，通过各种抠像和画面叠加合成不同的场景或制作出各种无法拍摄的画面效果，"键控"类视频效果主要包括"Alpha 调整""亮度键""图像遮罩键""差值遮罩""移除遮罩""超级键""轨道遮罩键""非红色键""颜色键"9 个视频效果。

1. "Alpha 调整"视频效果

"Alpha 调整"视频效果的主要作用是通过调节当前素材画面的 Alpha 通道信息（Alpha 通道的透明度），使之与下面视频轨道中的素材画面产生不同的叠加效果。若当前素材画面没有 Alpha 通道信息，则改变整个素材画面的透明度。"Alpha 调整"视频效果参数设置前后画面效果对比如图 3.90 所示。

图 3.90 "Alpha 调整"视频效果参数设置前后画面效果对比

2. "亮度键"视频效果

"亮度键"视频效果的主要作用是调节素材画面中亮度值比较低的像素，使之变为透明，而亮度值高的像素部分被显示，或者相反。"亮度键"视频效果参数设置前后画面效果对比如图 3.91 所示。

图 3.91 "Alpha 调整"视频效果参数设置前后画面效果对比

3. "图像遮罩键"视频效果

"图像遮罩键"视频效果的主要作用是为当前素材画面叠加其他素材画面，被叠加的素材画面的白色区域将完全透明，黑色区域为不透明，介于黑色与白色之间的颜色将按照亮度值的大小而呈现不同程度的半透明。"图像遮罩键"视频效果参数设置和前后画面效果对比如图 3.92 所示。

图 3.92 "图像遮罩键"视频效果参数设置前后画面效果对比

提示：用于遮罩的图像必须是灰度图像或黑白图像，添加遮罩图像的方法如下：在【效果控件】功能面板中单击"图像遮罩键"标签右边的 图标（设置…）图标，弹出【选择遮罩图像】对话框；在该对话框中，选择需要遮罩的灰度图像或黑白图像，如图 2.93 所示。单击【打开（O）】按钮，完成遮罩图像的添加。

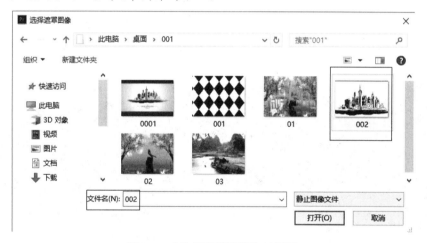

图 3.93 【选择遮罩图像】对话框

4. "差值遮罩"视频效果

"差值遮罩"视频效果的主要作用：使用被叠加的素材画面的明度差异抠像，使素材画面暗部透明，显示出下面视频轨道中的素材画面。"差值遮罩"视频效果参数设置前后画面效果对比如图 3.94 所示。

图 3.94 "差值遮罩"视频效果参数设置前后画面效果对比

5. "移除遮罩"视频效果

"移除遮罩"视频效果的主要作用是将素材画面中遮罩的白色区域或黑色区域移除。

6. "超级键"视频效果

"超级键"视频效果的主要作用是将素材画面的颜色与被选择抠像的颜色相似的部分设置为透明,从而显示下面视频轨道中的素材画面。"超级键"视频效果参数设置前后画面效果对比如图 3.95 所示。

图 3.95 "超级键"视频效果参数设置前后画面效果对比

7. "轨道遮罩键"视频效果

"轨道遮罩键"视频效果的主要作用是给当前轨道中的素材画面添加一个遮罩轨道层,遮罩轨道层应该在当前素材的上面,遮罩轨道层的黑色部分透明化,而白色部分不变。"轨道遮罩键"视频效果参数设置前后画面效果对比如图 3.96 所示。

8. "非红色键"视频效果

"非红色键"视频效果的主要作用是用来叠加具有实蓝色或实绿色背景的素材。"非红色键"视频效果参数设置前后画面效果对比如图 3.97 所示。

图3.96 "轨道遮罩键"视频效果参数设置前后画面效果对比

图3.97 "非红色键"视频效果参数设置前后画面效果对比

9. "颜色键"视频效果

"颜色键"视频效果的主要作用是通过调节指定颜色的宽容度大小进行抠像。"颜色键"视频效果参数设置前后画面效果对比如图3.98所示。

图3.98 "颜色键"视频效果参数设置前后画面效果对比

视频播放：关于具体介绍，请观看配套视频"任务四："键控"类视频效果的作用.MP4"。

任务五："风格化"类视频效果的作用

"风格化"类视频效果的主要作用是通过改变素材画面的像素或对素材画面的色彩进行处理，制作出各种抽象派或印象派的视觉效果，也可以模拟其他类型的艺术效果，如浮雕和素描等视觉效果。"风格化"类视频效果主要包括"Alpha 发光""复制""彩色浮雕""曝光过渡""查找边缘""浮雕""画笔描边""粗糙边缘""纹理""色调分离""闪光""阈值"和"马赛克"13 个视频效果。下面介绍其中的 12 个视频效果。

1．"Alpha 发光"视频效果

"Alpha 发光"视频效果的主要作用是对素材的 Alpha 通道边缘产生渐变的辉光效果，若素材画面不包含 Alpha 通道，则不产生发光效果。"Alpha 发光"视频效果参数设置前后画面效果对比如图 3.99 所示。

图 3.99 "Alpha 发光"视频效果参数设置前后画面效果对比

2．"复制"视频效果

"复制"视频效果的主要作用是将素材画面划分为多个区域，在每个区域内部显示源素材的完整内容。"复制"视频效果参数设置前后画面效果对比如图 3.100 所示。

图 3.100 "Alpha 发光"视频效果参数设置前后画面效果对比

3．"彩色浮雕"视频效果

"彩色浮雕"视频效果的主要作用是通过调节素材画面中物体轮廓的锐化程度产生彩色浮雕效果。"彩色浮雕"视频效果参数设置前后画面效果对比如图 3.101 所示。

图3.101 "彩色浮雕"视频效果参数设置前后画面效果对比

4. "曝光过渡"视频效果

"曝光过渡"视频效果的主要作用是将素材画面的正片与负片相混合模拟底片显影过渡中的曝光效果。"曝光过渡"视频效果参数设置前后画面效果对比如图3.102所示。

图3.102 "曝光过渡"视频效果参数设置前后画面效果对比

5. "查找边缘"视频效果

"查找边缘"视频效果的主要作用是通过强化素材画面的纹理边缘，使素材画面产生类似素描或底片的视觉效果。"查找边缘"视频效果参数设置前后画面效果对比如图3.103所示。

图3.103 "查找边缘"视频效果参数设置前后画面效果对比

6. "浮雕"视频效果

"浮雕"视频效果的主要作用是使素材画面产生浮雕效果的同时去除源素材画面的颜色。"浮雕"视频效果参数设置前后画面效果对比如图3.104所示。

第 3 章　视频效果综合应用

图 3.104　"浮雕"视频效果参数设置前后画面效果对比

7. "画笔描边"视频效果

"画笔描边"视频效果的主要作用是将素材画面处理成画笔描绘的视觉效果，可以通过设置笔触的角度、大小、描绘长度和描绘浓度模拟各种画派的风格。"画笔描边"视频效果参数设置前后画面效果对比如图 3.105 所示。

图 3.105　"画笔描边"视频效果参数设置前后画面效果对比

8. "纹理"视频效果

"纹理"视频效果的主要作用是使一个视频轨道中的素材画面显示另一个视频轨道中的素材画面的纹理。要产生此种效果，两个视频轨道中的素材画面必须在时间上具有重合部分，且纹理效果只在重合部分出现。"纹理"视频效果参数设置前后画面效果对比如图 3.106 所示。

图 3.106　"纹理"视频效果参数设置前后画面效果对比

9. "色调分离"视频效果

"色调分离"视频效果的主要作用是通过调节素材画面的色阶改变素材画面颜色。"色调分离"视频效果参数设置前后素材画面效果对比如图 3.107 所示。

图 3.107 "色调分离"视频效果参数设置前后画面效果对比

10. "闪光效果"视频效果

"闪光效果"视频效果的主要作用是在素材画面的播放过程中根据指定的周期出现画面频闪,模拟照相机瞬间的强烈闪光效果。"闪光效果"视频效果参数设置前后画面效果对比如图 3.108 所示。

图 3.108 "闪光效果"视频效果参数设置前后画面效果对比

11. "阈值"视频效果

"阈值"视频效果的主要作用是通过设置素材画面的色阶阈值参数,调节素材画面的黑白层次变化。"阈值"视频效果参数设置前后画面效果对比如图 3.109 所示。

图 3.109 "阈值"视频效果参数设置前后画面效果对比

第 3 章 视频效果综合应用

12. "马赛克"视频效果

"马赛克"视频效果的主要作用是将素材画面分割成多个方格，方格的颜色采用方格内所有颜色的平均值，创建马赛克效果。"马赛克"视频效果参数设置前后画面效果对比如图 3.110 所示。

图 3.110 "马赛克"视频效果参数设置前后画面效果对比

视频播放：关于具体介绍，请观看配套视频"任务五："风格化"类视频效果的作用.MP4"。

七、拓展训练

利用本案例所学知识以及本书提供的素材图片，制作如下图所示的画面效果。

学习笔记：

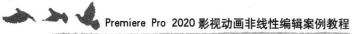

案例 7　制作水墨山水画效果

一、案例内容简介

本案例介绍如何在一张比较陈旧的原生态景点黑白照片上,通过添加"图像控制"类视频效果、"模糊与锐化"类视频效果、"键控"类视频效果和"透视"类视频效果,使照片画面变为水墨画。

二、案例效果欣赏

三、案例制作(步骤)流程

任务一:创建新项目和导入素材 ➡ 任务二:制作水墨山水画效果 ➡ 任务三:制作装裱框
⬇
任务四:给水墨山水画添加诗歌

四、制作目的

(1) 了解"图像控制"类视频效果中的"黑白"视频效果的功能和用法。
(2) 了解"模糊与锐化"类视频效果中的"锐化"视频效果和"高斯模糊"视频效果的功能、作用和用法。
(3) 了解"键控"类视频效果中的"颜色键"视频效果的功能和使用方法。

（4）了解"透视"类视频效果中的"投影"视频效果的功能和使用方法。

（5）熟练掌握将照片制作成水墨山水画的步骤。

五、制作过程中需要解决的问题

（1）水墨山水画效果的制作包括哪些步骤。

（2）如何综合应用各种视频效果？

（3）如何制作字幕文件？

六、详细操作步骤

任务一：创建新项目和导入素材

步骤01：启动 Premiere Pro 2020 软件，创建一个名为"水墨山水画效果.prproj"的项目文件。

步骤02：利用前面所学知识导入本书提供的配套素材。

步骤03：新建一个名为"水墨山水画效果"的序列文件，尺寸为"720*576"。

视频播放：关于具体介绍，请观看配套视频"任务一：创建新项目和导入素材.MP4"。

任务二：制作水墨山水画效果

步骤01：将"世外桃源18.jpg"图片素材拖到"水墨山水画效果"【序列】窗口的"V1"轨道中，如图3.111所示。

步骤02：单选"V1"视频轨道中的素材，在【效果】功能面板中双击"图像控制/黑白"视频效果，完成视频效果的添加。添加"黑白"视频效果之后，视频素材在【节目：水墨山水画效果】监视器窗口中的画面效果如图3.112所示。

图3.111 在"V1"视频轨道中的素材

图3.112 添加"黑白"视频效果之后，视频素材在【节目：水墨山水画效果】监视器窗口中的画面效果

步骤03：确保"V1"轨道中的素材被选中，在【效果】功能面板中双击"模糊与锐化/锐化"视频效果2次，完成视频效果的添加。

步骤04：在【效果控件】功能面板中设置"锐化"视频效果的参数，具体参数设置如图3.113所示。添加"锐化"视频效果之后，视频素材在【节目：水墨山水画效果】监视器窗口中的画面效果如图3.114所示。

第 3 章 视频效果综合应用

图 3.113 "锐化"视频效果的参数设置

图 3.114 添加"锐化"视频效果之后，视频素材在【节目：水墨山水画效果】监视器窗口中的画面效果

步骤 05：确保"V1"轨道中的素材被选中，在【效果】功能面板中双击"模糊与锐化/高斯模糊"视频效果，完成视频效果的添加。

步骤 06：在【效果控件】功能面板中设置"高斯模糊"视频效果参数，具体参数设置如图 3.115 所示。添加"高斯模糊"视频效果之后，视频素材在【节目：水墨山水画效果】监视器窗口中的画面效果如图 3.116 所示。

图 3.115 "高斯模糊"视频效果的参数设置

图 3.116 添加"高斯模糊"视频效果之后，视频素材在【节目：水墨山水画效果】监视器窗口中的画面效果

视频播放：关于具体介绍，请观看配套视频"任务二：制作水墨山水画效果.MP4"。

任务三：制作装裱框

步骤 01：在菜单栏中单击【文件（F）】→【新建（N）】→【旧版标题（T）…】命令，弹出【新建字幕】对话框，具体参数设置如图 3.117 所示。参数设置完毕，单击【确定】按钮，弹出一个【字幕编辑】窗口。

步骤 02：在【字幕编辑】窗口中单击"矩形工具"按钮■，绘制 4 个矩形，设置"填充"颜色为棕黄色（参考本书配套视频），最终效果如图 3.118 所示。

步骤 03：单击【字幕编辑】窗口右上角的■图标，完成"装裱框"的制作。

步骤 04：将制作的"装裱框"字幕标题拖到"V2"视频轨道中，单选"V2"轨道中的素材，在【效果】功能面板中双击"透视/斜面 Alpha"视频效果，在【效果控件】功能面板中设置"斜面 Alpha"视频效果参数,具体参数设置如图 3.119 所示。添加"斜面 Alpha"视频效果之后,视频素材在【节目:水墨山水画效果】监视器窗口中的画面效果如图 3.120 所示。

图 3.117 【新建字幕】对话框

图 3.118 绘制的 4 个矩形效果

图 3.119 "斜面 Alpha"视频效果参数设置

图 3.120 添加"斜面 Alpha"视频效果之后,视频素材在【节目:水墨山水画效果】监视器窗口中的画面效果

视频播放:关于具体介绍,请观看配套视频"任务三:制作装裱框.MP4"。

任务四:给水墨山水画添加诗歌

步骤 01:将"诗歌 02.bmp"图片素材拖到"V3"轨道中,确保"V3"轨道中的素材被选中。在【效果】功能面板中双击"颜色校正/亮度与对比度"视频效果,完成视频效果的添加。

步骤 02:在【效果控件】功能面板中设置素材的"位置"参数和"亮度与对比度"视频效果参数,具体参数设置如图 3.121 所示。参数设置之后,视频素材在【节目:水墨山水画效果】监视器窗口中的画面效果如图 3.122 所示。

步骤 03:单选"V3"轨道中的视频素材,在【效果】功能面板中双击"键控/颜色键"视频效果,完成视频效果的添加。

步骤 04:在【效果控件】功能面板中设置"颜色键"参数,具体参数设置如图 3.123 所示。参数设置之后,视频素材在【节目:水墨山水画效果】监视器窗口中的画面效果如图 3.124 所示。

第 3 章　视频效果综合应用

图 3.121　步骤 02 的参数设置　　图 3.122　完成步骤 02 后视频素材在【节目：水墨山水画效果】
　　　　　　　　　　　　　　　　　　　　　　　监视器窗口中的画面效果

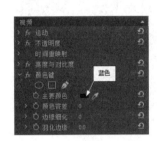 

图 3.123　步骤 04 的参数设置　　图 3.124　完成步骤 04 后视频素材在【节目：水墨山水画效果】
　　　　　　　　　　　　　　　　　　　　　　　监视器窗口中的画面效果

步骤 05：确保"V3"轨道中的素材被选中，在【效果】功能面板中双击"透视/投影"视频效果，完成视频效果的添加。

步骤 06：在【效果控件】功能面板中设置"投影"参数，具体参数设置如图 3.125 所示。参数设置之后，在【节目：水墨山水画效果】监视器窗口中的画面效果如图 3.126 所示。

图 3.125　步骤 06 的参数设置　　图 3.126　完成步骤 06 后视频素材在【节目：
　　　　　　　　　　　　　　　　　　　　　　水墨山水画效果】监视器窗口中的画面效果

视频播放：关于具体介绍，请观看配套视频"任务四：给水墨山水画添加诗歌.MP4"。

七、拓展训练

利用本案例所学知识以及本书提供的素材图片，制作如下图所示的水墨山水画效果。

学习笔记：

第 3 章 视频效果综合应用

案例 8　制作滚动视频效果

一、案例内容简介

本案例使用某校运动会开幕式的一些视频素材，介绍如何添加"变化"类视频效果、"扭曲"类视频效果和使用嵌套序列，使视频画面滚动播出。

二、案例效果欣赏

三、案例制作（步骤）流程

任务一：创建新项目和导入素材　➡　任务二：制作滚动视频　➡　任务三：制作序列嵌套

四、制作目的

（1）了解"扭曲"类视频效果中的"偏移"视频效果的功能和用法。
（2）了解"扭曲"类视频效果中的"边角定位"的功能和用法。
（3）掌握嵌套序列的使用方法和技巧。
（4）熟练掌握制作滚动播放视频的步骤。

五、制作过程中需要解决的问题

（1）如何制作滚动视频效果？
（2）如何进行序列嵌套？
（3）如何进行视频效果的综合应用？

六、详细操作步骤

任务一：创建新项目和导入素材

步骤 01：启动 Premiere Pro 2020 软件，创建一个名为"滚动视频.prproj"的项目文件。
步骤 02：利用前面所学知识导入本书提供的配套素材。
步骤 03：新建一个名为"滚动视频效果"的序列文件，尺寸为"720×576"。
视频播放：关于具体介绍，请观看配套视频"任务一：创建新项目和导入素材.MP4"。

任务二：制作滚动视频

步骤 01：将"MOV01518.MPG"视频素材拖到"滚动视频效果"【序列】窗口的"V1"轨道中，如图 3.127 所示。

步骤 02：单选"V1"轨道中的素材，在【效果】功能面板中双击"扭曲/偏移"视频效果，完成视频效果的添加。

步骤 03：将"时间指示器"定位到第 0 秒 0 帧位置，在【效果控件】功能面板中给"偏移"视频效果添加关键帧和设置参数，具体参数设置如图 3.128 所示。

图 3.127 添加了素材的【序列】窗口

图 3.128 参数设置和关键帧的添加

步骤 04：将"时间指示器"定位到"V1"轨道中素材的出点位置，设置"偏移"视频效果的参数，具体参数设置如图 3.129 所示，系统自动添加关键帧，完成滚动视频效果的制作，在【节目：滚动视频效果】监视器窗口中的部分截图如图 3.130 所示。

图 3.129 "偏移"视频效果
参数设置

图 3.130 在【节目：滚动视频效果】
监视器窗口中的部分截图

视频播放：关于具体介绍，请观看配套视频"任务二：制作滚动视频.MP4"。

任务三：制作序列嵌套

步骤 01：新建一个名为"视频嵌套效果"的序列文件，尺寸为 720×576。

步骤 02：将"视 01.jpg"图片素材和"滚动视频效果"序列拖到"视频嵌套效果"【序列】窗口中，并将"视 01.jpg"图片素材拉长至与"V2"视频中的素材出点对齐，如图 3.131 所示。

步骤 03：单选"视频嵌套效果"【序列】窗口"V2"轨道中的素材，在【效果】功能面板中双击"扭曲/边角定位"视频效果，完成视频效果的添加。

步骤 04：确保"V2"视频轨道中的素材被选中，在【效果控件】功能面板中设置"边角定位"视频效果的参数，具体参数设置如图 3.132 所示。

第 3 章 视频效果综合应用

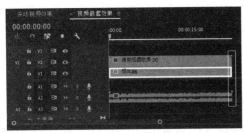

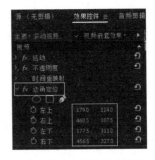

图 3.131　添加素材的【序列】窗口　　　　图 3.132　"边角定位"视频效果参数设置

步骤 05：参数设置之后，在【节目：视频嵌套效果】监视器窗口中的部分截图如图 3.133 所示。

图 3.133　在【节目：视频嵌套效果】监视器窗口中的部分截图

视频播放：关于具体介绍，请观看配套视频"任务三：制作序列嵌套.MP4"。

七、拓展训练

利用本案例所学知识以及本书提供的素材图片，制作如下图所示的视频滚动效果。

学习笔记：

案例 9　制作局部马赛克效果

一、案例内容简介

本案例使用某校音乐会上一位歌唱者的视频素材，介绍如何添加"变换"类视频效果、"风格化"类视频效果给视频素材画面添加局部马赛克效果。

二、案例效果欣赏

三、案例制作（步骤）流程

任务一：创建新项目和导入素材　➡　任务二：对素材进行裁剪

任务三：给裁剪之后的素材添加马赛克效果

四、制作目的

（1）了解"变换"类视频效果中的"裁剪"视频效果的功能和用法。
（2）了解"风格化"类视频效果中的马赛克效果的功能和用法。
（3）熟练掌握制作素材画面局部马赛克效果的步骤。

五、制作过程中需要解决的问题

（1）局部马赛克效果的制作原理。
（2）局部马赛克效果的制作流程。
（3）"变换"类视频效果中的"裁剪"视频效果和"风格化"类视频效果中的马赛克视频效果的综合应用的方法与技巧。

六、详细操作步骤

任务一：创建新项目和导入素材

步骤 01：启动 Premiere Pro 2020 软件，创建一个名为"局部马赛克.prproj"的项目文件。
步骤 02：利用前面所学知识导入本书提供的配套素材。
步骤 03：新建一个名为"局部马赛克"的序列文件，尺寸为"720×576"。
视频播放：关于具体介绍，请观看配套视频"任务一：创建新项目和导入素材.MP4"。

第 3 章 视频效果综合应用

任务二：对素材进行裁剪

步骤 01：将"MOV01676.MPG"视频素材拖到"局部马赛克"【序列】窗口的"V1"轨道中，如图 3.134 所示。

步骤 02：单选"V2"视频轨道中的素材，在【效果】功能面板中双击"变换/裁剪"视频效果，完成视频效果的添加。

步骤 03：单选"V1"视频轨道标签中的"切换轨道输出"按钮 ，暂时隐藏"V1"轨道中的素材。

步骤 04：将"时间指示器"定位到第 0 秒 0 帧位置，在【效果控件】功能面板中设置"裁剪"视频效果参数，并依次单击"裁剪"视频效果参数前面的"切换动画"按钮 ，给每个参数添加关键帧，具体参数设置如图 3.135 所示。

图 3.134 添加素材的【序列】窗口

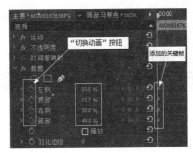

图 3.135 "裁剪"视频效果参数设置

步骤 05：设置参数和添加关键帧之后，在【节目：局部马赛克】监视器窗口中的效果如图 3.136 所示。

步骤 06：将"时间指示器"定位到第 0 秒 19 帧位置，设置"裁剪"视频效果的参数，系统自动给每个参数添加关键帧，如图 3.137 所示。

图 3.136 在【节目：局部马赛克】
监视器窗口中的效果

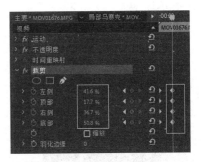

图 3.137 设置参数之后系统
自动添加的关键帧

步骤 07：调节参数之后，在【节目：局部马赛克】监视器窗口中的效果如图 3.138 所示。

步骤 08：方法同上，移动"时间指示器"，设置"裁剪"视频效果参数，使【节目：局部马赛克】监视器窗口中的效果符合用户要求，系统自动添加关键帧，添加的关键帧如图 3.139 所示。

图 3.138　在【节目：局部马赛克】监视器窗口中的效果

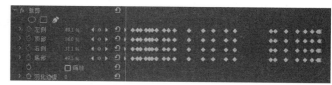

图 3.139　添加的关键帧

步骤 09：在【节目：局部马赛克】监视器窗口中的部分截图如图 3.140 所示。

图 3.140　在【节目：局部马赛克】监视器窗口中的部分截图

视频播放：关于具体介绍，请观看配套视频"任务二：对素材进行裁剪.MP4"。

任务三：给裁剪之后的素材添加马赛克效果

步骤 01：单选"V2"视频轨道中的素材，在【效果】功能面板中双击"风格化/马赛克"视频效果，完成视频效果的添加。

步骤 02：确保"V2"视频轨道中的素材被选中，在【效果控件】功能面板中设置"马赛克"视频效果参数，具体参数设置如图 3.141 所示。在【节目：局部马赛克】监视器窗口中的效果如图 3.142 所示。

图 3.141　"马赛克"视频效果参数设置

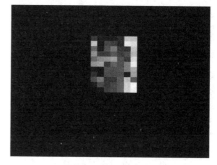

图 3.142　在【节目：局部马赛克】监视器窗口中的效果

步骤 03：单选【局部马赛克】序列标题中"V1"轨道中的"切换轨道输出"按钮，将"V1"轨道中的素材显示出来，在【节目：局部马赛克】监视器窗口中的部分截图如图 3.143 所示。

第 3 章　视频效果综合应用

图 3.143　在【节目：局部马赛克】监视器窗口中的部分截图

视频播放：关于具体介绍，请观看配套视频"任务三：给裁剪之后的素材添加马赛克效果.MP4"。

七、拓展训练

利用本案例所学知识以及本书提供的素材图片，制作如下图所示的局部马赛克效果。

学习笔记：

案例 10　制作其他视频效果

一、案例内容简介

本案例介绍如何给一大批图片素材分别添加"实用程序"类视频效果、"杂色与颗粒"类视频效果、"沉浸式视频"类视频效果、"视频"类视频效果、"调整"类视频效果、"过时"类视频效果、"过渡"类视频效果、"通道"类视频效果和"颜色校正"类视频效果。

二、案例效果欣赏

三、案例制作（步骤）流程

任务一：创建新项目和导入素材 ➡ 任务二："实用程序"类视频效果的作用

任务四："沉浸式视频"类视频效果的作用 ⬅ 任务三："杂色与颗粒"类视频效果的作用

任务五："视频"类视频效果的作用 ➡ 任务六："调整"类视频效果的作用

任务八："过渡"类视频效果的作用 ⬅ 任务七："过时"类视频效果的作用

任务九："通道"类视频效果的作用 ➡ 任务十："颜色校正"类视频效果的作用

四、制作目的

（1）了解"实用程序"类视频效果中的每个视频效果的功能和用法。
（2）了解"杂色与颗粒"类视频效果中的每个视频效果的功能和用法。
（3）了解"沉浸式视频"类视频效果中的每个视频效果的功能和用法。
（4）了解"视频"类视频效果中的每个视频效果的功能和用法。
（5）了解"调整"类视频效果中的每个视频效果的功能和用法。
（6）了解"过时"类视频效果中的每个视频效果的功能和用法。
（7）了解"过渡"类视频效果中的每个视频效果的功能和用法。
（8）了解"通道"类视频效果中的每个视频效果的功能和用法。
（9）了解"颜色校正"类视频效果中的每个视频效果的功能和用法。

五、制作过程中需要解决的问题

（1）"实用程序"类视频效果的作用和参数设置。
（2）"杂色与颗粒"类视频效果的作用和参数设置。
（3）"沉浸式视频"类视频效果的作用和参数设置。
（4）"视频"类视频效果的作用和参数设置。
（5）"调整"类视频效果的作用和参数设置。
（6）"过时"类视频效果的作用和参数设置。
（7）"过渡"类视频效果的作用和参数设置。
（8）"通道"类视频效果的作用和参数设置。
（9）"颜色校正"类视频效果的作用和参数设置。

六、详细操作步骤

任务一：创建新项目和导入素材

步骤01：启动 Premiere Pro 2020 软件，创建一个名为"局部马赛克.prproj"的项目文件。

步骤02：利用前面所学知识导入本书提供的配套素材。

步骤03：新建一个名为"实用程序"的序列文件，尺寸为"720×576"。

视频播放：关于具体介绍，请观看配套视频"任务一：创建新项目和导入素材.MP4"。

任务二："实用程序"类视频效果的作用

"实用程序"类视频效果的作用是通过对素材画面中的像素进行转换，调节素材画面的视觉效果，它只有一个"Cineon 转换器"视频效果。

"Cineon 转换器"视频效果的主要作用是通过改变画面的明度、色调、高光和灰度等改变素材画面效果，"Cineon 转换器"视频效果参数设置前后画面效果对比，如图 3.144 所示。

图 3.144 "Cineon 转换器"视频效果参数设置前后画面效果对比

视频播放：关于具体介绍，请观看配套视频"任务二："实用程序"类视频效果的作用.MP4"。

任务三："杂色与颗粒"类视频效果的作用

"杂色与颗粒"类视频效果的主要作用是给素材画面添加颗粒或为素材画面去除颗粒，"杂色与颗粒"类视频效果主要包括"中间值（旧版）""杂色""杂色 Alpha""杂色 HLS""杂色 HLS 自动""蒙尘与划痕"6 个视频效果。

1．"中间值（旧版）"视频效果

"中间值（旧版）"视频效果的主要作用是在素材中用指定半径范围内像素的平均值取代图像的所有像素。如果指定的半径范围比较小，可以去除素材画面中的颗粒；如果指定的半径较大，可以模拟画笔的效果。"中间值（旧版）"视频效果参数设置前后画面效果对比如图 3.145 所示。

图 3.145 "中间值（旧版）"视频效果参数设置前后画面效果对比

2．"杂色"视频效果

"杂色"视频效果的主要作用是给素材画面添加混杂不纯的颜色颗粒。"杂色"视频效果参数设置前后画面效果对比如图 3.146 所示。

第 3 章 视频效果综合应用

图 3.146 "杂色"视频效果参数设置前后画面效果对比

3. "杂色 Alpha"视频效果

"杂色 Alpha"视频效果的主要作用是使素材画面产生不同大小的单色颗粒。"杂色 Alpha"视频效果参数设置前后画面效果对比如图 3.147 所示。

图 3.147 "杂色 Alpha"视频效果参数设置前后画面效果对比

4. "杂色 HLS"视频效果

"杂色 HLS"视频效果的主要作用是通过改变杂色的色相、亮度、饱和度和颗粒大小改变素材画面效果。"杂色 HLS"视频效果参数设置前后画面效果对比如图 3.148 所示。

图 3.148 "杂色 HLS"视频效果参数设置前后画面效果对比

5. "杂色 HLS 自动"视频效果

"杂色 HLS 自动"视频效果的主要作用与"杂色 HLS"视频效果类似。"杂色 HLS 自动"视频效果参数设置前后画面效果对比如图 3.149 所示。

图 3.149 "杂色 HLS 自动"视频效果参数设置前后画面效果对比

6. "蒙尘与划痕"视频效果

"蒙尘与划痕"视频效果的主要作用是通过改变像素柔化素材画面。"蒙尘与划痕"视频效果参数设置前后画面效果对比如图 3.150 所示。

图 3.150 "蒙尘与划痕"视频效果参数设置前后画面效果对比

视频播放：关于具体介绍，请观看配套视频"任务三："杂色与颗粒"类视频效果的作用.MP4"。

任务四："沉浸式视频"类视频效果的作用

"沉浸式视频"类视频效果的主要作用是以沉浸的方式对素材画面进行处理。"沉浸式视频"类视频效果主要包括"VR 分形杂色""VR 发光""VR 平面到球面""VR 投影""VR 数字故障""VR 旋转球面""VR 模糊""VR 色差""VR 锐化""VR 降噪""VR 颜色渐变"11 个视频效果。

1. "VR 分形杂色"视频效果

"VR 分形杂色"视频效果的主要作用是用于沉浸式分形杂色效果的应用。"VR 分形杂色"视频效果参数设置前后画面效果对比如图 3.151 所示。

第 3 章 视频效果综合应用

图 3.151 "VR 分形杂色" 视频效果参数设置前后画面效果对比

2. "VR 发光" 视频效果

"VR 发光" 视频效果主要用于制作 VR 沉浸式发光效果。"VR 发光" 视频效果参数设置前后画面效果对比如图 3.152 所示。

图 3.152 "VR 发光" 视频效果参数设置前后画面效果对比

3. "VR 平面到球面" 视频效果

"VR 平面到球面" 视频效果主要用于 VR 沉浸式效果中图像从平面到球面的效果处理。"VR 平面到球面" 视频效果参数设置前后画面效果对比如图 3.153 所示。

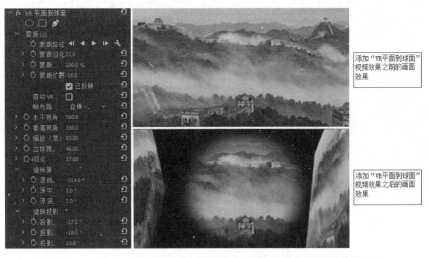

图 3.153 "VR 平面到球面" 视频效果参数设置前后画面效果对比

4. "VR 投影"视频效果

"VR 投影"视频效果的主要用于制作 VR 沉浸式投影效果。"VR 投影"视频效果参数设置前后画面效果对比如图 3.154 所示。

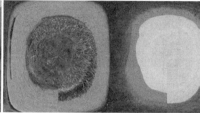

图 3.154 "VR 投影"视频效果参数设置前后画面效果对比

5. "VR 数字故障"视频效果

"VR 数字故障"视频效果主要用于 VR 沉浸式效果中的数字故障处理。"VR 数字故障"视频效果参数设置前后画面效果对比如图 3.155 所示。

图 3.155 "VR 数字故障"视频效果参数设置前后画面效果对比

第 3 章 视频效果综合应用

6. "VR 旋转球面" 视频效果

"VR 旋转球面" 视频效果主要用于 VR 沉浸式效果中旋转球面效果的制作。"VR 旋转球面" 视频效果参数设置前后画面效果对比如图 3.156 所示。

图 3.156 "VR 旋转球面影" 视频效果参数设置前后画面效果对比

7. "VR 模糊" 视频效果

"VR 模糊" 视频效果主要用于 VR 沉浸式效果中模糊效果的制作。"VR 模糊" 视频效果参数设置前后画面效果对比如图 3.157 所示。

图 3.157 "VR 模糊" 视频效果参数设置前后画面效果对比

8. "VR 色差" 视频效果

"VR 色差" 视频效果主要用于 VR 沉浸式效果中图像颜色的校正。"VR 色差" 视频效果参数设置前后画面效果对比如图 3.158 所示。

图 3.158 "VR 色差" 视频效果参数设置前后画面效果对比

9. "VR 锐化"视频效果

"VR 锐化"视频效果主要用于 VR 沉浸式效果中图像的锐化处理。"VR 锐化"视频效果参数设置前后画面效果对比如图 3.159 所示。

图 3.159 "VR 锐化"视频效果参数设置前后画面效果对比

10. "VR 降噪"视频效果

"VR 降噪"视频效果主要用于 VR 沉浸式效果中的降噪处理。"VR 降噪"视频效果参数设置前后画面效果对比如图 3.160 所示。

图 3.160 "VR 降噪"视频效果参数设置前后画面效果对比

11. "VR 颜色渐变"视频效果

"VR 颜色渐变"视频效果主要用于 VR 沉浸式效果中图像颜色的渐变处理。"VR 颜色渐变"视频效果参数设置前后画面效果对比如图 3.161 所示。

图 3.161 "VR 颜色渐变"视频效果参数设置前后画面效果对比

第 3 章 视频效果综合应用

视频播放：关于具体介绍，请观看配套视频"任务四："沉浸式视频"类视频效果的作用.MP4"。

任务五："视频"类视频效果的作用

"视频"类视频效果的主要作用是调节素材画面的亮度和对比度，给素材添加时间码，添加文本，获取素材名称。"视频"类视频效果主要包括"SDR 遵从情况""剪辑名称""时间码""简单文本"4 个视频效果。

1. "SDR 遵从情况"视频效果

"SDR 遵从情况"视频效果的主要作用是调节素材画面的亮度、对比度及阈值。"SDR 遵从情况"视频效果参数设置前后画面效果对比如图 3.162 所示。

图 3.162 "SDR 遵从情况"视频效果参数设置前后画面效果对比

2. "剪辑名称"视频效果

"剪辑名称"视频效果的主要作用是获取素材的名称并显示在素材画面中。"剪辑名称"视频效果参数设置前后画面效果对比如图 3.163 所示。

图 3.163 "剪辑名称"视频效果参数设置前后画面效果对比

3. "时间码"视频效果

"时间码"视频效果的主要作用是在素材画面中显示"时间指示器"当前位置的时间码。"时间码"视频效果参数设置前后画面效果对比如图 3.164 所示。

图3.164 "时间码"视频效果参数设置前后画面效果对比

4. "简单文本"视频效果

"简单文本"视频效果的主要作用是在素材画面上添加简单文本,也可以对所添加的简单文本进行编辑。"简单文本"视频效果参数设置前后画面效果对比如图3.165所示。

图3.165 "简单文本"视频效果参数设置前后画面效果对比

视频播放:关于具体介绍,请观看配套视频"任务五:"视频"类视频效果的作用.MP4"。

任务六:"调整"类视频效果的作用

"调整"类视频效果的主要作用是调节素材画面的颜色。"调整"类视频效果主要包括"ProcAMP""光照效果""卷积内核""提取""色阶"5个视频效果。

1. "ProcAMP"视频效果

"ProcAMP"视频效果主要用于调节素材画面的亮度、对比度、色相和饱和度。"ProcAMP"视频效果参数设置前后画面效果对比如图3.166所示。

图3.166 "ProcAMP"视频效果参数设置前后画面效果对比

第3章 视频效果综合应用

2. "光照效果"视频效果

"光照效果"视频效果主要用于模拟光照射在物体上的形状。"光照效果"视频效果参数设置前后画面效果对比如图 3.167 所示。

图 3.167 "光照效果"视频效果参数设置前后画面效果对比

3. "卷积内核"视频效果

"卷积内核"视频效果的主要作用是通过设置参数调整素材画面的色阶。"卷积内核"视频效果参数设置前后画面效果对比如图 3.168 所示。

图 3.168 "卷积内核"视频效果参数设置前后画面效果对比

4. "提取"视频效果

"提取"视频效果的主要作用是将素材画面转化为黑白效果。"提取"视频效果参数设置前后画面效果对比如图 3.169 所示。

图 3.169 "卷积内核"视频效果参数设置前后画面效果对比

5. "色阶"视频效果

"色阶"视频效果主要用于调节素材画面的明暗层次关系。"色阶"视频效果参数设置前后画面效果对比如图 3.170 所示。

图 3.170 "色阶"视频效果参数设置前后画面效果对比

视频播放：关于具体介绍，请观看配套视频"任务六："调整"类视频效果的作用.MP4"。

任务七："过时"类视频效果的作用

"过时"类视频效果主要用于调节素材画面的亮度、对比度、色阶、色彩校正和阴影等，"过时"类视频效果主要包括"RGB 曲线""RGB 颜色校正""三向颜色校正""亮度曲线""亮度校正器""快速模糊""快速颜色校正""自动对比度""自动色阶""自动颜色""视频限幅器（旧版）""阴影/高光"12 个视频效果。

1. "RGB 曲线"视频效果

"RGB 曲线"视频效果的主要作用是通过调节颜色通道曲线改变素材画面效果。"RGB 曲线"视频效果参数设置前后画面效果对比如图 3.171 所示。

图 3.171 "RGB 曲线"视频效果参数设置前后画面效果对比

2. "RGB 颜色校正器"视频效果

"RGB 颜色校正器"视频效果主要用于调节素材画面的颜色效果。"RGB 颜色校正器"视频效果参数设置前后画面效果对比如图 3.172 所示。

图 3.172 "RGB 颜色矫正器"视频效果参数设置前后画面效果对比

3. "三向颜色校正器"视频效果

"三向颜色校正器"视频效果的主要作用是对素材文件的阴影、高光和中间调进行调整。"三向颜色校正器"视频效果参数设置前后画面效果对比如图 3.173 所示。

图 3.173 "三向颜色校正器"视频效果参数设置前后画面效果对比

4. "亮度曲线" 视频效果

"亮度曲线"视频效果的主要作用是通过曲线调节素材的亮度。"亮度曲线"视频效果参数设置前后画面效果对比如图 3.174 所示。

图 3.174 "亮度曲线"视频效果参数设置前后画面效果对比

5. "亮度校正器" 视频效果

"亮度校正器"视频效果的主要作用是调节素材画面的亮度、对比度和灰度值。"亮度校正器"视频效果参数设置前后画面效果对比如图 3.175 所示。

图 3.175 "亮度校正器"视频效果参数设置前后画面效果对比

6. "快速模糊" 视频效果

"快速模糊"视频效果的主要作用是根据所设置的模糊数值控制画面的模糊程度。"快速模糊"视频效果参数设置前后画面效果对比如图 3.176 所示。

图 3.176 "快速模糊"视频效果参数设置前后画面效果对比

7. "快速颜色校正器"视频效果

"快速颜色校正器"视频效果的主要作用是通过色相、饱和度调节素材画面的颜色。"快速颜色校正器"视频效果参数设置前后画面效果对比如图 3.177 所示。

图 3.177 "快速颜色校正器"视频效果参数设置前后画面效果对比

8. "自动对比度"视频效果

"自动对比度"视频效果的主要作用是自动调节素材的对比度。"自动对比度"视频效果参数设置前后画面效果对比如图 3.178 所示。

图 3.178 "快速颜色校正器"视频效果参数设置前后画面效果对比

9. "自动色阶"视频效果

"自动色阶"视频效果的主要作用是自动调节素材画面色阶。"自动色阶"视频效果参数设置前后画面效果对比如图 3.179 所示。

图 3.179 "自动色阶"视频效果参数设置前后画面效果对比

10. "自动颜色"视频效果

"自动颜色"视频效果的主要作用是自动调节素材画面的颜色。"自动颜色"视频效果参数设置前后画面效果对比如图 3.180 所示。

图 3.180 "自动颜色"视频效果参数设置前后画面效果对比

11. "视频限幅器(旧版)"视频效果

"视频限幅器(旧版)"视频效果的主要作用是限制素材画面的亮度和颜色,让制作输出的视频在广播级范围内,"视频限幅器(旧版)"视频效果参数设置前后画面效果对比,如图 3.181 所示。

图 3.181 "视频限幅器(旧版)"视频效果参数设置前后画面效果对比

12. "阴影/高光"视频效果

"阴影/高光"视频效果的主要作用是调节素材画面的阴影和高光部分,"阴影/高光"视频效果参数设置前后画面效果对比,如图 3.182 所示。

第 3 章 视频效果综合应用

图 3.182 "阴影/高光"视频效果参数设置前后画面效果对比

视频播放：关于具体介绍，请观看配套视频"任务七："过时"类视频效果的作用.MP4"。

任务八："过渡"类视频效果的作用

"过渡"类视频效果主要作用是通过采用过渡的方法对素材画面进行处理，以达到某种特殊的素材画面效果。使用"过渡"类视频效果可以实现前后素材画面的过渡效果，但该类效果只对当前素材画面有效。如果要实现前后素材画面的流畅过渡，需要将两段素材分别放在上下两个视频轨道中，通过参数设置才能实现流畅过渡。"过渡"类视频效果主要包括"块溶解""径向擦除""渐变擦除""百叶窗"和"线性擦除"5个视频效果。

1. "块溶解"视频效果

"块溶解"视频效果的主要作用是通过方块形式对素材画面进行透明处理并显示出下面轨道中的素材画面。"块溶解"视频效果参数设置前后画面效果对比如图 3.183 所示。

图 3.183 "块溶解"视频效果参数设置前后画面效果对比

2. "径向擦除"视频效果

"径向擦除"视频效果的主要作用是通过时针的运动方式对素材画面进行透明处理，并显示出下面视频轨道中的素材画面。"径向擦除"视频效果参数设置前后画面效果对比如图 3.184 所示。

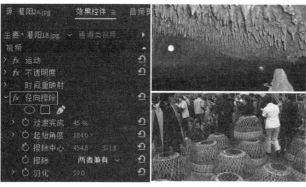

1. 左上图为"V2"轨道中添加"径向擦除"视频效果之前的画面效果
2. 左下图为"V1"轨道中添加"径向擦除"视频效果之前的画面效果
3. 右上图为"V2"添加"径向擦除"视频效果之后的合成画面效果

图 3.184 "径向擦除"视频效果参数设置前后画面效果对比

3. "渐变擦除"视频效果

"渐变擦除"视频效果的主要作用是通过对素材画面进行渐变透明处理,并显示出下面视频轨道中的素材画面。"渐变擦除"视频效果参数设置前后画面效果对比如图 3.185 所示。

1. 左上图为"V2"轨道中添加"渐变擦除"视频效果之前的画面效果
2. 左下图为"V1"轨道中添加"渐变擦除"视频效果之前的画面效果
3. 右上图为"V2"添加"渐变擦除"视频效果之后的合成画面效果

图 3.185 "渐变擦除"视频效果参数设置前后画面效果对比

4. "百叶窗"视频效果

"百叶窗"视频效果的主要作用是以百叶窗的形式对素材画面进行透明擦除,并显示出下面视频轨道中的素材画面。"百叶窗"视频效果参数设置前后画面效果对比如图 3.186 所示。

5. "线性擦除"视频效果

"线性擦除"视频效果的主要作用是以设定的角度为起点对素材画面进行线性透明擦除处理,并显示出下面视频轨道中的素材画面。"线性擦除"视频效果参数设置前后画面效果对比如图 3.187 所示。

图 3.186 "百叶窗"视频效果参数设置前后画面效果对比

图 3.187 "线性擦除"视频效果参数设置前后画面效果对比

视频播放：关于具体介绍，请观看配套视频"任务八："过渡"类视频效果的作用.MP4"。

任务九："通道"类视频效果的作用

"通道"类视频效果主要通过调节素材画面的各个通道来调节画面色调，如 RGG 通道、透明通道（Alpha 通道）和颜色属性通道（色调、饱和度和亮度）等。"通道"类视频效果主要包括"反转""复合运算""混合""算术""纯色合成""计算""设置遮罩"7 个视频效果。

1. "反转"视频效果

"反转"视频效果的主要作用是将当前通道中的颜色转换成对应的补色。"反转"视频效果参数设置前后画面效果对比如图 3.188 所示。

2. "复合运算"视频效果

"复合运算"视频效果的主要作用是将原始素材通道与指定轨道中的素材通道进行混合，从而产生一种特殊的画面视觉效果。"复合运算"视频效果参数设置前后画面效果对比如图 3.189 所示。

图 3.188 "反转"视频效果参数设置前后画面效果对比

图 3.189 "复合运算"视频效果参数设置前后画面效果对比

3. "混合"视频效果

"混合"视频效果的主要作用是通过一个指定的视频轨道与原素材进行混合,从而产生特殊的视觉画面效果。"混合"视频效果参数设置前后画面效果对比如图 3.190 所示。

图 3.190 "混合"视频效果参数设置前后画面效果对比

4. "算术"视频效果

"算术"视频效果的主要作用是通过调节素材画面颜色的 RGB 通道值改变素材画面的色调。"算术"视频效果参数设置前后画面效果对比如图 3.191 所示。

第 3 章　视频效果综合应用

图 3.191　"算术"视频效果参数设置前后画面效果对比

5．"纯色合成"视频效果

"纯色合成"视频效果的主要作用是把指定素材与所选颜色进行混合。"纯色合成"视频效果参数设置前后画面效果对比如图 3.192 所示。

图 3.192　"纯色合成"视频效果参数设置和前后画面效果对比

6．"计算"视频效果

"计算"视频效果的主要作用是把指定一种素材画面与原素材画面进行通道混合。"计算"视频效果参数设置前后画面效果对比如图 3.193 所示。

图 3.193　"计算"视频效果参数设置前后画面效果对比

7．"设置遮罩"视频效果

"设置遮罩"视频效果的主要作用是以指定的素材画面颜色的通道作为遮罩与原素材

画面颜色通道进行混合，从而产生特殊的视觉画面效果。"计算"视频效果参数设置前后画面效果对比如图 3.194 所示。

图 3.194　"设置遮罩"视频效果参数设置前后画面效果对比

视频播放：关于具体介绍，请观看配套视频"任务九："通道"类视频效果的作用.MP4"。

任务十："颜色校正"类视频效果的作用

"颜色校正"类视频效果主要作用是通过调节素材画面的亮度、对比度、色彩以及通道等对素材画面进行色彩处理，弥补素材画面中的默写缺陷或增加素材画面中的视觉画面效果。"颜色校正"类视频效果主要包括"ASC DCL""Lumetri 颜色""亮度与对比度""保留颜色""均衡""更改为颜色""更改颜色""色彩""视频限制器""通道混合器""颜色平衡"和"颜色平衡（HLS）"12 个视频效果。

1. "ASC CDL"视频效果

"ASC CDL"视频效果的主要作用是对素材画面进行红、绿、蓝 3 种色相及饱和度的调整，"ASC CDL"视频效果参数设置前后画面效果对比如图 3.195 所示。

图 3.195　"设置遮罩"视频效果参数设置前后画面效果对比

2. "Lumetri 颜色"视频效果

"Lumetri 颜色"视频效果的主要作用是在通道中对素材画面进行颜色调节。"Lumetri 颜色"视频效果参数设置前后画面效果对比如图 3.196 所示。

图 3.196 "Lumetri 颜色"视频效果参数设置前后画面效果对比

3. "亮度与对比度"视频效果

"亮度与对比度"视频效果的主要作用是调节素材画面的亮度和对比度参数。"亮度与对比度"视频效果参数设置前后画面效果对比如图 3.197 所示。

图 3.197 "亮度与对比度"视频效果参数设置前后画面效果对比

4. "保留颜色"视频效果

"保留颜色"视频效果的主要作用是选择一种想要保留的颜色,将其他颜色的饱和度降低。"保留颜色"视频效果参数设置前后画面效果对比如图 3.198 所示。

图 3.198 "保留颜色"视频效果参数设置前后画面效果对比

5. "均衡"视频效果

"均衡"视频效果的主要作用是通过 RGB、亮度、Photoshop 样式自动调节素材画面的颜色。"均衡"视频效果参数设置前后画面效果对比如图 3.199 所示。

图 3.199 "均衡"视频效果参数设置前后画面效果对比

6. "更改为颜色"视频效果

"更改为颜色"视频效果的主要作用是将素材画面中的一种颜色变为另一种颜色。"更改为颜色"视频效果参数设置前后画面效果对比如图 3.200 所示。

图 3.200 "更改为颜色"视频效果参数设置前后画面效果对比

7. "更改颜色"视频效果

"更改颜色"视频效果的主要作用与"更改为颜色"相似,可将颜色更改替换。"更改颜色"视频效果参数设置前后画面效果对比如图 3.201 所示。

图 3.201 "更改颜色"视频效果参数设置前后画面效果对比

第 3 章 视频效果综合应用

8. "色彩"视频效果

"色彩"视频效果的主要作用是通过所更改的颜色对图像进行颜色的变换处理。"色彩"视频效果参数设置前后画面效果对比如图 3.202 所示。

图 3.202 "色彩"视频效果参数设置前后画面效果对比

9. "视频限制器"视频效果

"视频限制器"视频效果的主要作用是对素材画面的颜色值进行限幅调节。"视频限制器"视频效果参数设置前后画面效果对比如图 3.203 所示。

图 3.203 "视频限制器"视频效果参数设置前后画面效果对比

10. "通道混合器"视频效果

"通道混合器"视频效果主要用于修改素材画面中的颜色。"通道混合器"视频效果参数设置前后画面效果对比如图 3.204 所示。

图 3.204 "通道混合器"视频效果参数设置前后画面效果对比

11. "颜色平衡"视频效果

"颜色平衡"视频效果的主要作用是调节素材画面中阴影红绿蓝、中间调红绿蓝和高光红绿蓝所占的比例。"颜色平衡"视频效果参数设置前后画面效果对比如图 3.205 所示。

图 3.205 "颜色平衡"视频效果参数设置前后画面效果对比

12. "颜色平衡（HLS）"视频效果

"颜色平衡（HLS）"视频效果的主要作用是通过设置素材画面的色相、亮度和饱和度等参数调节素材画面色调。"颜色平衡（HLS）"视频效果参数设置前后画面效果对比如图 3.206 所示。

图 3.206 "颜色平衡（HLS）"视频效果参数设置前后画面效果对比

视频播放： 关于具体介绍，请观看配套视频"任务十："颜色校正"类视频效果的作用.MP4"。

七、拓展训练

利用本案例所学知识以及本书提供的素材图片，制作如下图所示的画面效果。

学习笔记：

第4章 音频效果应用

知识点：

案例1 音频的基本操作
案例2 各种声道之间的转换
案例3 音频效果的使用
案例4 音调与音速的改变
案例5 音轨混合器
案例6 创建5.1声道音频

说明：

本章主要通过6个案例介绍音频效果的应用，包括音频的基本操作、各种声道的相互转换、音调与音速的改变、音轨混合器，以及创建5.1声道音频的操作流程和技巧等。

教学建议课时数：

一般情况下需要8课时，其中理论3课时，实际操作5课时（特殊情况下可做相应调整）。

第 4 章　音频效果应用

一部好的影视作品应该是声画艺术的完美结合。前 3 章已经详细介绍了视频的相关编辑，以及视频过渡效果和各类视频效果的作用、使用方法与相关参数的设置。本章介绍音频的基本操作、音频过渡效果和音频效果的使用方法与参数设置。

案例 1　音频的基本操作

一、案例内容简介

本案例介绍如何给一段音频素材（包括优美背景音乐、配乐解说、野生动物和鸭子叫声等）添加音频过渡效果。

二、案例效果欣赏

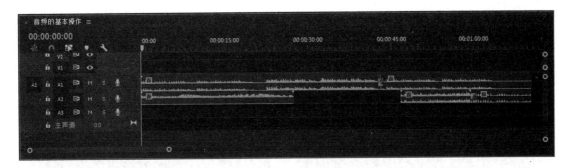

三、案例制作（步骤）流程

四、制作目的

（1）了解音频过渡效果的功能和使用方法。
（2）熟练掌握音频的基本操作步骤。

五、制作过程中需要解决的问题

（1）什么是单声道、双声道和 5.1 声道？
（2）如何查看音频单位？
（3）如何了解音频相关信息？
（4）如何对音频进行剪辑？
（5）如何添加音频过渡效果？音频过渡效果有什么作用？

六、详细操作步骤

任务一：创建新项目和导入素材

步骤 01：启动 Premiere Pro 2020 软件，创建一个名为"音频的基本操作.prproj"的项目文件。

步骤 02：利用前面所学知识导入素材。

步骤 03：新建一个名为"音频的基本操作"的序列文件，尺寸为"720×480"。

视频播放：关于具体介绍，请观看配套视频"任务一：创建新项目和导入素材.MP4"。

任务二：了解音频文件

音频文件主要有单声道、双声道（立体声）和 5.1 声道。可以通过【源】监视器窗口了解音频文件。

步骤 01：在【节目：音频的基本操作】监视器窗口中双击"优美音乐.MP3"音频文件，在【源：优美音乐.MP3】监视器窗口中显示音频文件的波形图，如图 4.1 所示。

提示：根据图 4.1 可以判断，该音频文件为立体声，上面的波形图属于左声道，下面的波形图属于右声道，并且两个波形图完全相同，说明左右声道发出的声音完全相同。

步骤 02：在【节目：音频的基本操作】监视器窗口中双击"小狗声音.wav"音频文件，在【源：小狗声音.wav】监视器窗口中显示音频文件的波形图，如图 4.2 所示。

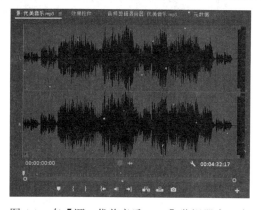
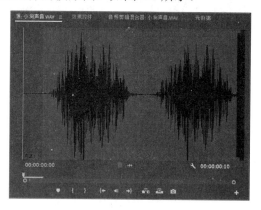

图 4.1 在【源：优美音乐.MP3】监视器窗口中显示音频文件的波形图　　图 4.2 在【源：小狗声音.wav】监视器窗口中显示音频文件的波形图

提示：根据图 4.2 可以判断，该音频为单声道，包含两个间断的声音，因为它只有一个波形图且被分成两段。

步骤 03：在【节目：音频的基本操作】监视器窗口中双击"野外配音 02.wav"音频文件，在【源：野外配音 02.wav】监视器窗口中显示音频文件的波形图，如图 4.3 所示。

提示：根据图 4.3 可以判断，该音频文件为双声道，并且只有左声道发出声音，右声道不发出声音，因为没有右声道的波形图。

第 4 章 音频效果应用

步骤 04：在【节目：音频的基本操作】监视器窗口中双击"配音解说.MPG"音频文件，在【源：配音解说.MPG】监视器窗口中显示视频文件画面，如图 4.4 所示。

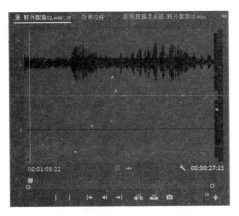

图 4.3 在【源：野外配音 02.wav】监视器窗口中显示音频文件的波形图

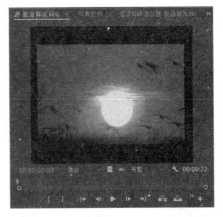

图 4.4 在【源：配音解说.MPG】监视器窗口中显示视频文件画面

步骤 05：单击【节目：音频的基本操作】监视器窗口中"仅拖动音频"按钮，在【源：配音解说.MPG】监视器窗口中显示视频素材的音频波形图，如图 4.5 所示。

提示：根据图 4.5 可以判断，"配音解说.MPG"视频文件为立体声，左声道播放解说词，总共有 6 句话，因为它有 6 段波形图；右声道播放背景音乐。

视频播放：关于具体介绍，请观看配套视频"任务二：了解音频文件.MP4"。

任务三：查看音频单位和了解音频相关信息

1. 查看音频单位

将导入的音频文件分别拖到"A1"和"A2"轨道中，如图 4.6 所示，此时的"时间标尺"以视频单位显示。

图 4.5 在【源：配音解说.MPG】监视器窗口中显示视频素材的音频波形图

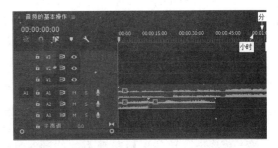

图 4.6 "音频的基本操作"【序列】窗口

215

单击"音频的基本操作"【序列】窗口右边的图标或在时间标尺上单击鼠标右键，弹出快捷菜单，在弹出的快捷菜单中单击【显示音频时间单位】命令，此时显示的时间标尺单位为音频采样率，如图4.7所示。

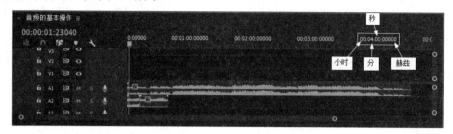

图4.7　时间标尺的单位显示

从图4.7还可以看出，当前音频采样率为48000Hz，即1秒由48000个最小单位组成，因此比视频单位中的1秒由25个最小单位组成更为精确。按键盘上的"="键将时间放大，可以看到"时间指示器"从"0：00000"向右移动一个单位，即1/10000秒，显示效果如图4.8所示。

图4.8　"时间指示器"移动一个单位的显示效果

提示：一般情况下，无须对音频进行过于精细的编辑，单击【序列】窗口标题右侧的图标或在时间标尺上单击鼠标右键，弹出快捷菜单。在弹出的快捷菜单中单击【显示音频时间单位】命令，取消该命令前面的"√"，显示的时间标尺以"帧"为最小单位。

2．了解音频相关信息

音频文件的相关信息可以从【节目】监视器窗口和【序列】窗口中了解。

步骤01：将光标移到需要了解信息的音频素材标签上，此时，弹出一个显示框，在该显示框中显示音频素材的名称、持续时间和声道等相关信息，如图4.9所示。

步骤02：将光标移到"音频的基本操作"【序列】窗口音频轨道中的素材上，此时，弹出一个显示框，在该显示框中显示音频素材的名称、开始时间、结束时间和持续时间，如图4.10所示。

步骤03：将光标移到【节目：音频的基本操作】监视器窗口右侧的边缘，此时，光标变成形态。按住鼠标左键不放的同时向右拖动，将【节目：音频的基本操作】监视器窗口拉宽，如图4.11所示。

第 4 章 音频效果应用

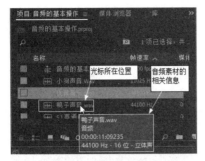 

图 4.9 步骤 01 光标所在位置音频素材的信息　　图 4.10 步骤 02 光标所在位置音频素材的信息

图 4.11 拉宽之后的【节目：音频的基本操作】监视器窗口

提示：从图 4.11 中，可以了解音频素材的所有信息。若还有信息项没有显示出来，可以通过移动【节目：音频的基本操作】监视器窗口下方的滑块显示音频素材的信息。

视频播放：关于具体介绍，请观看配套视频"任务三：查看音频单位和了解音频相关信息.MP4"。

任务四：对音频素材进行剪辑

下面以剪辑名称为"优美音乐.MP3"的音频文件为例，介绍音频素材的剪辑操作。具体编辑要求是：

（1）将"优美音乐.MP3"音频中间段唱歌音乐删除，只保留音频的前后段伴奏音乐。
（2）在所保留的音频前后段伴奏音乐之间添加过渡效果。
（3）在"音频 2"轨道中添加野外动物和鸭子的音频文件。

步骤 01：将"优美音乐.MP3"音频文件拖到"A1"轨道中，在"A1"轨道标题右侧空白处双击，展开音频的波形图，如图 4.12 所示。

图 4.12 展开的波形图

步骤 02：按键盘上的"空格键"，对"A1"轨道中的音频素材进行播放操作，可知，"优美音乐.MP3"的前 43 秒 2 帧为音乐的前伴奏部分，从第 4 分 5 秒 8 帧到素材的出点为后伴奏部分。

步骤 03：将"时间指示器"定位到第 43 秒 2 帧位置，使用"剃刀工具（C）"，将音频沿着"时间指示器"位置分割为两段音频素材，如图 4.13 所示。

步骤 04：将"时间指示器"定位到第 4 分 5 秒 2 帧位置，使用"剃刀工具（C）"，将音频沿着"时间指示器"位置分割为两段音频素材，如图 4.14 所示。

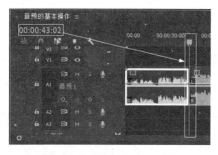
图 4.13 在第 43 秒 2 帧位置分割之后的两段音频素材

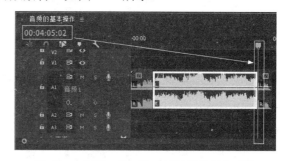
图 4.14 在第 4 分 5 秒 2 帧位置分割之后的两段音频素材

步骤 05：将光标移到"A1"轨道中的第 2 段音频素材上，单击鼠标右键，弹出快捷菜单。在弹出的快捷菜单中单击【波纹删除】命令，将第 2 段音频素材删除，第 3 段音频素材自动连接到第 1 段音频素材之后，如图 4.15 所示。

步骤 06：将"野外配音 01.wav""野外配音 02.wav"和"鸭子声音.wav"3 段音频素材拖到"A2"轨道中，添加音频素材之后的效果如图 4.16 所示。

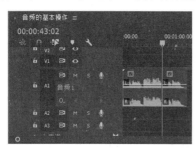
图 4.15 删除第 2 段音频素材之后的效果

图 4.16 添加音频素材之后的效果

步骤 07：在【效果】功能面板中，将"交叉淡化/恒定功率"音频效果拖到两段音频素材的连接处。然后，松开鼠标左键，即可为这两段相邻的音频素材添加一个音频过渡效果，如图 4.17 所示。

提示："优美音乐.MP3"的主旋律被剪切了，添加【恒定功率】音频过渡效果的目的是使前后两段伴奏音乐过渡自然流畅。

步骤 08：单击"A1"轨道中添加的【恒定功率】音频过渡效果，此时，在【效果控件】功能面板中显示【恒定功率】音频过渡效果的相关信息，如图 4.18 所示。

第 4 章 音频效果应用

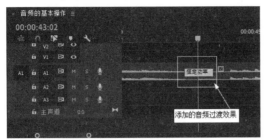

图 4.17 添加的音频过渡效果

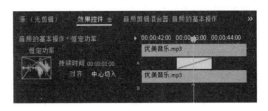

图 4.18 【恒定功率】音频过渡效果相关信息显示

提示：给两段前后相邻的音频素材添加音频过渡效果，可以将两段音频柔和地衔接在一起，这与视频中默认的淡入切换是一个道理；也可以在音频的入点和出点处添加音频过渡效果，会使音频产生渐起和渐落的效果。

步骤 09：方法同上，给"A2"轨道中相邻的两段音频素材添加音频过渡效果，最终效果如图 4.19 所示。

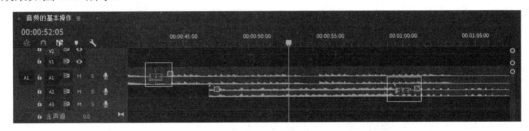

图 4.19 最终效果

视频播放：关于具体介绍，请观看配套视频"任务四：对音频素材进行剪辑.MP4"。

七、拓展训练

利用本例所学知识，收集一些音频素材并进行编辑操作练习。

学习笔记：

案例 2　各种声道之间的转换

一、案例内容简介

本案例介绍如何处理音频素材在各种声道之间的转换。

二、案例效果欣赏

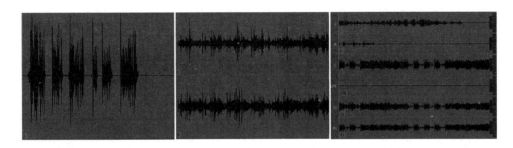

三、案例制作（步骤）流程

任务一：创建新项目和导入素材 ➡ 任务二：音频轨道的相关编辑 ➡ 任务三：各种声道之间的相互转换

四、制作目的

（1）了解音频素材和音频轨道的类型。
（2）掌握如何添加和删除音频轨道。
（3）掌握音频素材如何在各种声道之间相互转换的基本操作步骤。

五、制作过程中需要解决的问题

（1）音频轨道类型有几种？音频素材类型有几种？
（2）如何将单声道音频素材转换成双声道（立体声道）或 5.1 声道音频素材？
（3）如何将立体声道音频素材转换成单声道或 5.1 声道音频素材？
（4）如何将立体声道或 5.1 声道素材分离为单声道音频素材？
（5）如何添加和删除各种音频轨道？
（6）对音频轨道主要进行哪些操作？

六、详细操作步骤

任务一：创建新项目和导入素材

步骤 01：启动 Premiere Pro 2020 软件，创建一个名为"各种声道之间的转换.prproj"的项目文件。

步骤 02：利用前面所学知识导入素材。
步骤 03：新建一个名为"各种声道之间的转换"的序列文件，尺寸为"720×480"。
视频播放：关于具体介绍，请观看配套视频"任务一：创建新项目和导入素材.MP4"。

任务二：音频轨道的相关编辑

音频素材主要有单声道、立体声（双声道）和 5.1 声道 3 种音频类型，对应的音频轨道也有单声道、立体声和 5.1 声道音频轨道类型。不同的音频轨道类型只能播放对应的音频素材类型。

在 Premiere Pro 2020 中，允许用户添加或删除各种类型的音频轨道。

1. 添加各种类型的音频轨道

1）通过单击右键添加或删除音频轨道

步骤 01：将光标移到【序列】窗口音频轨道名称的图标上，单击鼠标右键，弹出的快捷菜单如图 4.20 所示。

步骤 02：在弹出的快捷菜单中单击【添加轨道…】命令，弹出【添加轨道】对话框。根据要求设置该对话框参数，具体参数设置如图 4.21 所示。设置完毕，单击【确定】按钮，即可添加音频轨道，如图 4.22 所示。

图 4.20 弹出的快捷菜单

图 4.21 【添加轨道】参数设置

提示：可以通过音频轨道右上角的图标判断音频轨道的类型。例如，■图标表示该音频轨道为立体声（双声道）类型，■图标表示该音频轨道为单声道类型，■图标表示该音频轨道为 5.1 声道类型，如图 4.23 所示。

步骤 03：双声道和 5.1 声道音频轨道的添加方法与单声道音频轨道的添加方法相同，只须在【添加轨道】对话框中单击【轨道类型】右侧的■按钮，弹出下拉菜单，如图 4.24 所示。在该下拉菜单中单击相应的轨道类型，设置其参数；单击【确定】按钮，即可创建对应的音频轨道。

第 4 章 音频效果应用

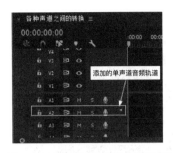

图 4.22 添加的单声道音频轨道

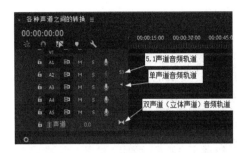

图 4.23 音频轨道的类型

2）通过菜单栏添加音频轨道

步骤 01：在菜单栏中单击【序列】→【添加轨道（T）…】命令，弹出【添加轨道】对话框。

步骤 02：根据项目要求设置【添加轨道】对话框参数，设置完毕，单击【确定】按钮即可。

3）通过拖放音频素材添加音频轨道

步骤 01：将【节目：各种声道之间的转换】监视器窗口中的音频素材拖到【序列】窗口中音频轨道下方的空白处，出现如图 4.25 所示的图标。

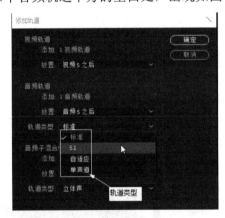

图 4.24 选择音频轨道类型

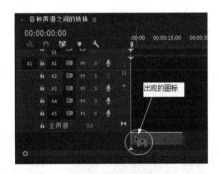

图 4.25 出现的图标

步骤 02：松开鼠标左键，添加一个与音频素材类型相匹配的音频轨道，同时音频素材也被添加到音频轨道中，如图 4.26 所示。

2．删除音频轨道

1）通过快捷键删除音频轨道

步骤 01：将光标移到【序列】窗口音频轨道的标题上，单击鼠标右键，弹出快捷菜单。

步骤 02：在弹出的快捷菜单中，单击【删除轨道…】命令，弹出【删除轨道】对话框如图 4.27 所示，。单击该对话框中【所有空轨道】右侧的 按钮，弹出下拉菜单，该下拉菜单列出了所有的音频轨道，选择需要删除的音频轨道，单击【确定】按钮即可。

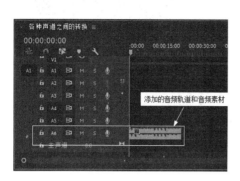

图 4.26 添加的音频轨道和音频素材

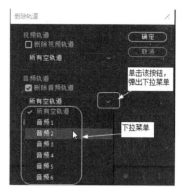

图 4.27 【删除轨道】对话框

2）通过菜单栏删除音频轨道

步骤 01：在菜单栏中单击【序列（S）】→【删除轨道（K）…】命令，弹出【删除轨道】对话框。

步骤 02：根据项目要求设置【删除轨道】对话框参数，设置完毕，单击【确定】按钮即可。

3. 给音频轨道重命名

在影视动画后期剪辑中，有可能多人合作，而且使用的配音比较多，相应的音频轨道也比较多。为了方便操作，可以对各个音频轨道进行重命名。

步骤 01：在需要进行重命名的音频轨道标题空白处双击，展开该音频轨道。这里，双击"A4"轨道标题空白处，展开"A4"轨道，如图 4.28 所示。

步骤 02：将光标移到"音频 4"轨道上，单击鼠标右键，弹出快捷菜单，如图 4.29 所示。在弹出的快捷菜单中单击【重命名】命令，此时"音频 4"以蓝色显示（见本书配套视频），直接输入名称"野外配音"，按"Enter"键完成重命名，如图 4.30 所示。

图 4.28 展开的"A4"轨道

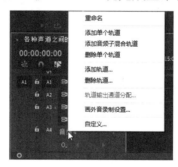

图 4.29 弹出的快捷菜单

图 4.30 重命名效果

4. 展开音频轨道和调节音频轨道的宽度

在后期影视动画剪辑中，经常通过监听音频播放与观看音频波形图对素材进行剪辑。为了更清楚地观看音频波形图，需要将素材所在的音频轨道展开和调宽。

步骤01：在需要展开的音频轨道标题右侧的空白处双击，即可展开音频轨道。在此，以展开"A1"轨道为例。将光标移到"A1"轨道标题右侧的空白处双击，展开该轨道，如图4.31所示。

步骤02：将光标移到"A1"与"A2"轨道之间，此时，光标变成形态。按住鼠标左键不放进行上下移动，即可改变"A1"轨道的宽度，如图4.32所示。

图4.31 展开的音频轨道

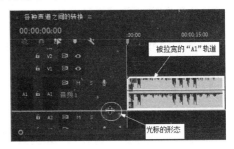
图4.32 被拉宽的"A1"轨道

5. 锁定/解锁音频轨道

在后期影视动画剪辑中，为了防止对音频轨道进行误操作，可以将音频轨道锁定，操作完成之后再解除锁定。

步骤01：锁定音频轨道。单击需要锁定的音频轨道标题处的（切换轨道锁定）按钮，此时，（切换轨道锁定）按钮变成形态，如图4.33所示。

步骤02：解除锁定音频轨道。单击需要解锁的音频轨道标题处的（切换轨道锁定）按钮，此时，（切换轨道锁定）按钮变成形态，如图4.34所示。

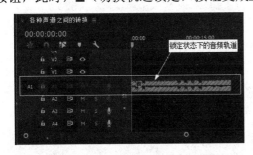
图4.33 锁定状态下的音频轨道

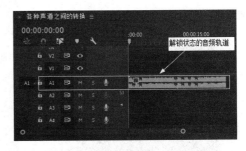
图4.34 解锁状态下的音频轨道

视频播放：关于具体介绍，请观看配套视频"任务二：音频轨道的相关编辑.MP4"。

任务三：各种声道之间的相互转换

各种声道之间主要有7种转换方式：
（1）由单声道转换为立体声道（双声道）。
（2）由单声道转换为5.1声道。
（3）由立体声道转换为单声道。

（4）由立体声道转换为 5.1 声道。

（5）由 5.1 声道转换为单声道。

（6）由 5.1 声道转换为立体声道。

（7）将立体声道分离成独立的单声道。

（8）左右声道对调。

下面具体介绍几种声道转换方式。

1. 由单声道转换为立体声道

步骤 01：在【项目：各种声道之间的转换】窗口中，单选需要转换为单声道的音频文件。这里，单选"单声道音频.wav"音频文件，如图 4.35 所示。

步骤 02：在菜单栏中单击【剪辑（C）】→【修改】→【音频声道…】命令或按键盘上的"Shift+G"组合键，弹出【修改剪辑】对话框。

步骤 03：根据要求设置该对话框参数，具体参数设置如图 4.36 所示。

图 4.35 选择的单声道音频文件

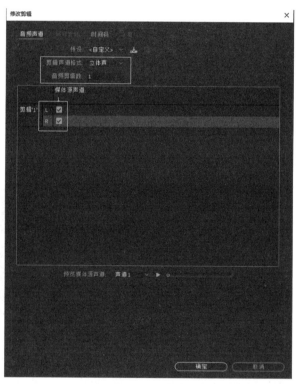

图 4.36 【修改剪辑】对话框参数设置

步骤 04：参数设置完毕，单击【确定】按钮，完成单声道的转换，转换之后的音频波形图如图 4.37 所示。

提示：有时【修改剪辑】对话框中的"预设""剪辑声道格式""音频剪辑数"选项的参数设置文本框呈灰色，如图 4.38 所示。这是因为被选中的音频素材文件已经在轨道中被使用，所以不能进行转换。如果需要进行转换，就必须将音频素材从音频轨道中删除或重新导入【节目】监视器窗口才能进行转换。

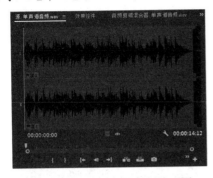

图 4.37 转换之后的音频波形图

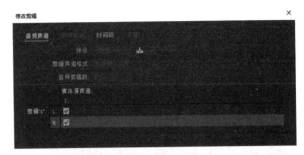

图 4.38 呈灰色的【修改剪辑】对话框中的选项

2. 由立体声道转换为单声道

立体声音频文件不能被直接拖到单声道音频轨道中。由于项目的要求，可能要将立体声音频文件拖到单声道音频轨道中。此时，需要将立体声音频文件转换为单声道音频文件。

步骤 01：在【节目：各种声道之间的转换】监视器窗口中单选立体声音频文件，如图 4.39 所示。

步骤 02：在菜单栏中单击【剪辑（C）】→【修改】→【音频声道…】命令或按键盘上的"Shift+G"组合键，弹出【修改剪辑】对话框。

步骤 03：根据要求设置该对话框参数，具体参数设置如图 4.40 所示。

图 4.39 选择的立体声道音频

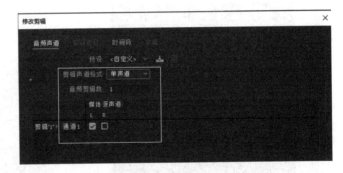

图 4.40 【修改剪辑】对话框参数设置

步骤 04：单击【确定】按钮，完成立体声道音频文件的转换。

提示：转换为单声道的音频文件只能放到单声道的音频轨道中，而不能放到立体声轨道中。

3. 由立体声音频素材中的某一个声道转换为单声道

步骤 01：在【节目：各种声道之间的转换】监视器窗口中单选立体声音频素材文件。

步骤 02：在菜单栏中单击【剪辑（C）】→【修改】→【音频声道…】命令或按键盘上的"Shift+G"组合键，弹出【修改剪辑】对话框。设置该对话框参数，具体参数设置如图 4.41 所示。单击【确定】按钮，完成声道的转换，转换之后的音频波形图如图 4.42 所示。

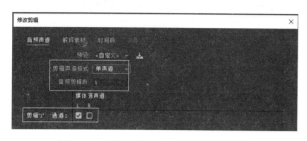

图 4.41　【修改剪辑】对话框参数设置

图 4.42　转换之后的音频波形图

4. 左右声道对调

在 Premiere Pro 2020 中，还可以将立体声道中的左右两个声道音频进行对调。

步骤 01：单选"配音解说.MPG"素材，其音频波形图如图 4.43 所示。

步骤 02：在菜单栏中单击【剪辑（C）】→【修改】→【音频声道…】命令或按键盘上的"Shift+G"组合键，弹出【修改剪辑】对话框。设置该对话框参数，具体参数设置如图 4.44 所示。

图 4.43　左右声道音频对调之前的音频波形图

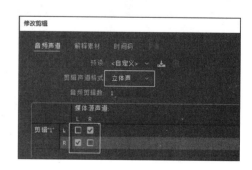

图 4.44　【修改剪辑】对话框参数设置

步骤 03：单击【确定】按钮，完成左右声道音频的对调，对调之后的音频波形图如图 4.45 所示。

5. 由立体声道分离成独立的单声道

以上介绍的将立体声转换为单声道的方法只保留选中的声道音频文件，没有选中的声道音频文件将丢失。在 Premiere Pro 2020 中，可以由立体声道分离出单声道，也就是说，在保留原来的音频素材文件不变的情况下，还会产生两个新的单声道音频文件。分离出来的音频文件像 Premiere Pro 2020 中的字幕一样保存于 Premiere Pro 2020【节目】监视器窗口中，而无须命名并保存到磁盘中。

步骤 01：单选"配音解说.MPG"文件。

步骤 02：在菜单栏中单击【剪辑（C）】→【音频选项（A）】→【拆分为单声道（B）】命令，分离出两个单声道音频文件，如图 4.46 所示。

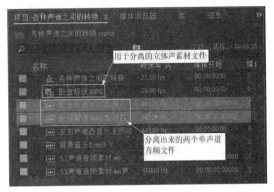

图 4.45 左右声道音频对调之后的音频波形图　　图 4.46 分离出来的两个单声道音频文件

步骤 03：分离出来的两个单声道音频文件的波形图如图 4.47 所示。

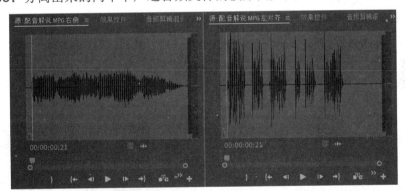

图 4.47 分离出来的两个单声道音频文件的波形图

提示：如果选择的是视频文件，那么分离出来的单声道音频文件只包含音频文件，视频画面丢失。

6. 由立体声道或单声道转换为 5.1 声道

由立体声或单声道转换为 5.1 声道的方法比较简单，具体操作步骤如下：

步骤 01：在【节目：各种声道之间的转换】监视器窗口中，单选"背景音乐.MP3"音频素材，该音频素材的波形图如图 4.48 所示。

步骤 02：在菜单栏中单击【剪辑（C）】→【修改】→【音频声道…】命令或按键盘

上的"Shift+G"组合键，弹出【修改剪辑】对话框。设置该对话框参数，具体参数设置如图 4.49 所示。

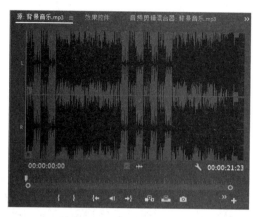

图 4.48　音频素材的波形图

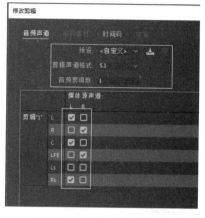

图 4.49　【修改剪辑】对话框参数设置

步骤 03：参数设置完毕，单击【确定】按钮，完成声道的转换。转换之后的音频波形图，如图 4.50 所示。

7. 由 5.1 声道转换为立体声道或单声道

在 Premiere Pro 2020 中，可以获取 5.1 声道音频素材中的某一声轨的音频文件，还可以将 5.1 声道音频文件转换为立体声道或单声道，转换之后的音频文件就可以将其拖到立体声道或单声道轨道中。

1）由 5.1 声道转换为立体声道

步骤 01：在【项目：各种声道之间的转换】窗口中单选"5.1 声道音频素材.avi"文件，该素材的音频波形图如图 4.51 所示。

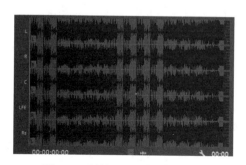

图 4.50　转换之后的音频波形图

图 4.51　"5.1 声道音频素材"的音频波形图

步骤02：在菜单栏中单击【剪辑（C）】→【修改】→【音频声道…】命令或按键盘上的"Shift+G"组合键，弹出【修改剪辑】对话框。设置该对话框参数，具体参数设置如图4.52所示。

步骤03：参数设置完毕，单击【确定】按键，完成声道的转换。转换之后的立体声音频波形图如图4.53所示。

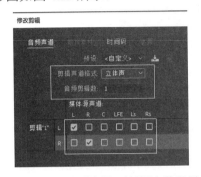

图4.52 【修改剪辑】对话框参数设置

图4.53 转换之后的立体声音频波形图

2）由5.1声道转换为单声道

步骤01：在【项目：各种声道之间的转换】窗口中，单选"5.1声道音频素材.avi"文件。

步骤02：在菜单栏中单击【剪辑（C）】→【修改】→【音频声道…】命令（或按键盘上的"Shift+G"组合键），弹出【修改剪辑】对话框。设置该对话框参数，具体参数设置如图4.54所示。

步骤03：参数设置完毕，单击【确定】按键，完成声道的转换。转换之后的单声道音频波形图如图4.55所示。

图4.54 【修改剪辑】对话框参数设置

图4.55 转换之后的单声道音频波形图

3）从5.1声道音频文件中分离出多个独立的音频文件

步骤01：在【项目：各种声道之间的转换】窗口中单选"5.1声道音频素材.avi"文件。

步骤02：在菜单栏中单击【剪辑（C）】→【音频选项（A）】→【拆分为单声道（B）】命令，将5.1声道音频文件中分离出6个独立的音频文件，如图4.56所示。

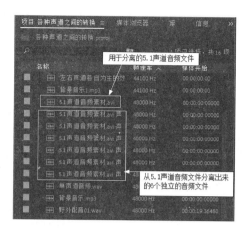

图 4.56 分离出的 6 个独立音频文件

视频播放：关于具体介绍，请观看配套视频"任务三：各种声道之间的相互转换.MP4"。

七、拓展训练

利用本例所学知识，收集一些单声道、双声道（立体声）和 5.1 声道音频素材，练习各种声道之间的转换和编辑。

学习笔记：

第4章 音频效果应用

案例3 音频效果的使用

一、案例内容简介

本案例介绍如何在一段音频素材中添加音频效果。

二、案例效果欣赏

三、案例制作（步骤）流程

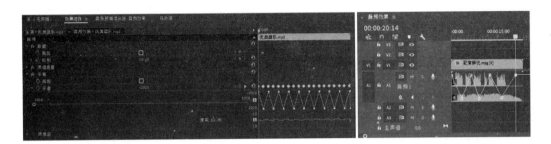

四、制作目的

（1）了解本例中音频效果的功能和使用方法。
（2）熟练掌握音频效果的使用方法和步骤。

五、制作过程中需要解决的问题

（1）熟悉音频效果的分类方法。
（2）如何使用和设置音频效果参数？
（3）哪些音频效果属于立体声独有的音频效果？
（4）音频效果是否可以叠加？

六、详细操作步骤

任务一：创建新项目和导入素材

步骤01：启动 Premiere Pro 2020 软件，创建一个名为"音频效果.prproj"的项目文件。
步骤02：利用前面所学知识导入素材。
步骤03：新建一个名为"音频效果"的序列文件，尺寸为"720×480"。

视频播放：关于具体介绍，请观看配套视频"任务一：创建新项目和导入素材.MP4"。

任务二：了解音频

声音是物体振动时产生的声波，它以空气、水、固体等为介质，传播到人或动物的耳朵中。人或动物会根据声音的音调、音色、音频及响度等辨别声音的类型，声音是人类或大多数动物沟通的重要形式。在影视动画作品中，可以通过声音的不同效果渲染剧情和传递情感。

1. 音频的概念

音频的形式很多，例如，说话、歌声、噪声、乐器声等一切与声音有关的声波都属于音频范畴。不同音频的振动特点有所不同。Premiere Pro 2020 作为一款视频/音频编辑软件，音频编辑的功能很强大，通过音频效果可以模拟出各种不同声音效果。用户可以根据不同画面模拟不同的声音效果。

2.【效果控件】中默认音频效果的作用

将音频文件拖到音频轨道中，单选音频轨道中的音频素材。此时，在【效果控件】功能面板中有"音量""声道音量"和"声像器"3 个音频效果参数供用户设置，如图 4.57 所示。

（1）【旁路】：控制"音量"和"声道音量"的参数是否起作用。若勾选【旁路】选项，则参数有效；若不勾选该选项，则参数失效。

（2）【级别】：调节音频的音量大小。

（3）【左】：调节左声道音频的音量大小。

（4）【右】：调节右声道音频的音量大小。

（5）【平衡】：调节音频（声像位置）左右声道的偏移。当数值为-100 时，只输出左声道的音频；当数值为 100 时，只输出右声道的音频。

3. 制作淡入淡出的声音效果

步骤 01：默认情况下，在【序列】窗口中音频轨道的关键帧为隐藏状态，双击"A1"轨道右侧的空白位置，展开"A1"轨道。此时，关键帧按钮显示出来，如图 4.58 所示。

图 4.57 【效果控件】功能面板中音频效果参数设置

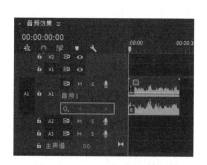

图 4.58 显示的关键帧按钮

第 4 章 音频效果应用

步骤 02：在展开的"A1"音频轨道的标题中单击 图标，弹出快捷菜单。在弹出的快捷菜单中单击【剪辑关键帧】命令，显示"音量"关键帧编辑线，如图 4.59 所示。

步骤 03：将"时间指示器"移到第 0 秒 0 帧位置。单击"添加-移除关键帧"按钮 ，完成关键帧的添加，如图 4.60 所示。

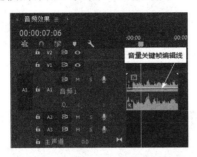
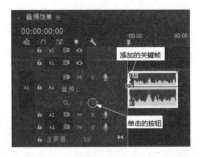

图 4.59　"音量"关键帧编辑线　　　　　图 4.60　步骤 03 添加的关键帧

步骤 04：方法同上，移动"时间指示器"到第 1 秒 0 帧位置和第 2 秒 0 帧位置，依次单击"添加"和"移除关键帧"按钮 ，完成关键帧的添加，如图 4.61 所示。

步骤 05：调节关键帧的位置，具体调节如图 4.62 所示，完成淡入淡出的音效效果。

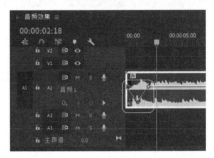

图 4.61　步骤 04 添加的关键帧　　　　　图 4.62　关键帧的位置调节

步骤 06：删除关键帧。将光标移到需要删除的关键帧上，单击鼠标右键，弹出快捷菜单。在弹出的快捷菜单中，单击【删除】命令即可。

4．制作左右声道偏移效果

步骤 01：将"配音解说.MPG"素材拖到"V1"轨道中。

步骤 02：双击"A1"轨道标题右侧的空白处，展开"A1"轨道，如图 4.63 所示。

步骤 03：在展开的"A1"轨道的标题中单击 图标，弹出快捷菜单。在弹出的快捷菜单中单击【轨道声像器】→【平衡】命令，显示"平衡"关键帧编辑线，如图 4.64 所示。

步骤 04：将"时间指示器"分别移到第 0 秒 0 帧、第 3 秒 5 帧、第 6 秒 8 帧、第 8 秒 21 帧、第 12 秒 9 帧、第 16 秒 5 帧和第 20 秒 14 帧位置，依次单击"添加"和"移除关键帧"按钮 ，完成关键帧的添加，如图 4.65 所示。

步骤 05：调节添加关键帧的位置，调节位置之后的效果如图 4.66 所示。

图 4.63　展开的"A1"轨道

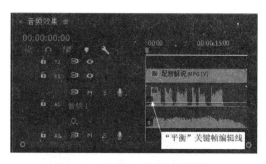

图 4.64　"平衡"关键帧编辑线

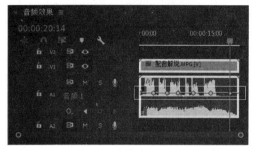

图 4.65　依次添加的关键帧

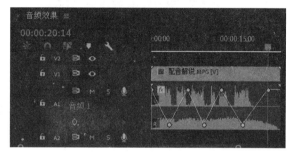

图 4.66　调节关键帧位置之后的效果

步骤 06：按键盘上的空格键播放音频，即可听出左右声道偏移。

视频播放：关于具体介绍，请观看配套视频"任务二：了解音频.MP4"。

任务三：音频效果的作用

在 Premiere Pro 2020 中，有 54 个音频效果，每个音频效果产生的声音效果各不相同，每个音频效果的参数也很多。建议读者对每个音频效果的参数进行修改并试听，感受每个音频效果参数变化带来的声音效果，加深印象。

在使用单声道的音频文件时，建议先将其转换为立体声道，再进行音频效果的添加和编辑，使音频编辑达到最佳效果。

各个音频效果的作用如下。

（1）过时的音频效果组：在音频效果组中包括了 Premiere 2017 之前版本的音频效果，总计 15 个音频效果。目的是方便 Premiere 老用户的使用。

（2）【吉他套件】音频效果：主要用来模拟吉他弹奏的效果，使音质更加浑厚。

（3）【通道混合器】音频效果：主要作用是对声道进行单独调节和混合处理。

（4）【多功能延迟】音频效果：主要作用是在原音频素材基础上制作延迟音效的回声效果。

（5）【多频段压缩器】音频效果：主要作用是将不同频率的音频进行适当的压缩。

（6）【模拟延迟】音频效果：主要作用是为音频制作缓慢的回音。

（7）【带通】音频效果：主要作用是移除在指定范围外发生的频率或频段。

(8)【用右侧填充左侧】音频效果：主要作用是清空右声道信息，同时复制音频的左声道信息，并把它存放于右声道中作为新的右声道信息。该音频效果只可用于立体声剪辑。

(9)【用左侧填充右侧】音频效果：主要作用是清空左声道信息，同时复制音频的右声道信息，并把它存放于右声道中作为新的左声道信息。该音频效果只可用于立体声剪辑。

(10)【电子管键模压缩器】音频效果：主要用于单声道和立体声道剪辑，可适当压缩电子管键模的频率。

(11)【强制限幅】音频效果：主要作用是控制音频素材的频率。

(12)【Binauralizer-Ambisonics】音频效果：主要作用是用于 Premiere Pro 2020 音频效果中的原场传声器设置。

(13)【FFT 滤波器】音频效果：主要用于音频的频率输出设置。

(14)【降噪】音频效果：主要作用是减除音频中的噪声。

(15)【扭曲】音频效果：主要作用是模拟鸣响的汽车扬声器、消音的麦克风或过载的放大器效果。

(16)【低通】音频效果：主要用于删除高于指定频率的其他频率信息，与【高通】音频效果相反。

(17)【低音】音频效果：主要作用是增大或减小低频。

(18)【Panner-Ambisonics】音频效果：主要用于调整音频信号的定调，适用于立体声编辑。

(19)【平衡】音频效果：主要作用是精确地控制左右声道的相对音量。

(20)【单频段压缩器】音频效果：主要用于设置单频段的波段压缩设置。

(21)【镶边】音频效果：主要用于混合与原始信号大致等比例变化的延迟时间及频率周期变化信号。

(22)【陷波滤波器】音频效果：主要作用是迅速衰减音频信号，属于带阻滤波器的一种。

(23)【卷积混响】音频效果：主要作用是在一个位置录制掌声，然后将音响效果应用到不同的录制内容，使它听起来像在原始环境中录制的那样。

(24)【静音】音频效果：主要作用是将指定音频部分制作出消音效果。

(25)【简单的陷波滤波器】音频效果：主要作用是阻碍频率信号。

(26)【简单的参数均衡】音频效果：主要作用是增加或减少特定频率邻近的音频频率，使音调在一定范围内达到均衡。

(27)【互换声道】音频效果：主要用于交换左右声道的信息内容。

(28)【人声增强】音频效果：主要作用是使音频中的声音更加偏向于男性声音或女性声音，突出人声特点。

(29)【减少混响】音频效果：主要作用是减少音频中的混响效果。

(30)【动态】音频效果：主要作用是增强或减弱一定范围内的音频信号，使音调更加灵活。

(31)【动态处理】音频效果：主要用于模拟乐器声，将音频素材制作出人声与乐器声同时存在的音效。

（32）【参数均衡器】音频效果：主要作用是增大或减小位于指定中心频率附近的频率。

（33）【反转】音频效果：主要作用是反转所有声道。

（34）【和声/镶边】音频效果：主要作用是模拟乐器制作出音频的混合效果。

（35）【图形均衡器（10 段）】音频效果：主要作用是调节各频段信号的增益值。

（36）【图形均衡器（20 段）】音频效果：主要作用是精细地调节各频段信号的增益值。

（37）【图形均衡器（30 段）】音频效果：主要作用是更加精准地调节各频段信号的增益值，调整范围相对较大。

（38）【增幅】音频效果：主要作用是对左右声道的分贝进行控制。

（39）【声道音量】音频效果：主要用于独立控制立体声道、5.1 声道的剪辑或音频轨道中每条声道的音量。

（40）【室内混响】音频效果：主要作用是模拟在室内演奏时的混响音乐效果。

（41）【延迟】音频效果：主要用于添加回声效果，可在指定时间之后播放。

（42）【母带处理】音频效果：主要作用是将录制的人声与乐器声混合，常用于光盘或磁带中。

（43）【消除锯齿】音频效果：主要作用是消除在前期录制中产生的刺耳齿音。

（44）【消除嗡嗡声】音频效果：主要作用是去除音频中因录制时混入的杂音而产生的嗡嗡声。

（45）【环绕声混响】音频效果：主要作用是模拟声音在房间中反射的效果和氛围。

（46）【科学滤波器】音频效果：主要作用是控制左右两侧立体声的音量比。

（47）【移相器】音频效果：主要作用是通过频率改变声音，从而模拟出另一种声音效果。

（48）【立体声扩展器】音频效果：主要作用是控制立体声音的动态范围。

（49）【自动咔嗒声移除】音频效果：主要作用是消除前期录制的音频中存在的咔嗒声。

（50）【雷达响度计】音频效果：主要作用是以雷达的形式显示各种响度信息，可调节音频的音量大小，适用于广播、电影、电视的后期制作处理。

（51）【音量】音频效果：主要作用是使用音量效果替代固定音量效果。正值表示增加音量，负值表示降低音量。

（52）【高音换挡器】音频效果：主要作用是将音效进行伸展，从而进行音频换挡。

（53）【高通】音频效果：主要用于删除低于指定频率界限的其他频率。

（54）【高音】音频效果：主要用于增高或降低高频。

视频播放：关于具体介绍，请观看配套视频"任务三：音频效果的作用.MP4"。

任务四：音频效果的使用方法

在本任务中主要介绍【平衡】和【声道音量】两个音频效果的使用方法和参数设置。

第 4 章 音频效果应用

1. 使用【平衡】音频效果制作音频左右声道偏移

步骤 01：将导入的"优美音乐.MP3"音频素材拖到"A1"轨道中。

步骤 02：将"平衡"音频效果拖到"A1"轨道中的素材上。在【效果控件】功能面板中添加的音频效果如图 4.67 所示。

步骤 03：在【音频效果】序列文件中将"时间指示器"移到第 0 秒 0 帧位置，在【效果控件】功能面板中将平衡参数设置为"-100"，单击"动画切换"按钮，添加关键帧，如图 4.68 所示。

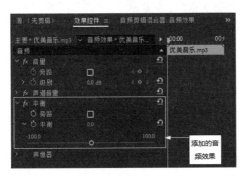

图 4.67 添加的音频效果

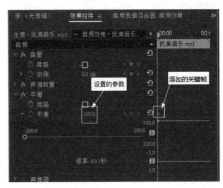

图 4.68 参数设置和添加的关键帧

步骤 04：将"时间指示器"移到第 15 秒 0 帧位置，在【效果控件】功能面板中将"平衡"参数设置为"-100"，系统自动添加关键帧，如图 4.69 所示。

步骤 05：将"时间指示器"移到第 30 秒 0 帧位置，在【效果控件】功能面板中将"平衡"参数设置为"100"，系统自动添加关键帧，如图 4.70 所示。

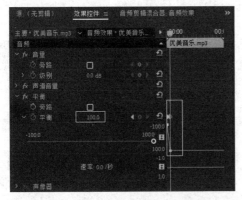

图 4.69 第 15 秒 0 帧位置的"平衡"
音频效果参数设置

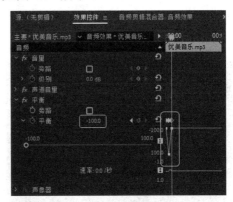

图 04.70 第 30 秒 0 帧位置的"平衡"
音频效果参数设置

步骤 06：将"时间指示器"移到第 45 秒 0 帧位置，在【效果控件】功能面板中将"平衡"参数设置为"100"，系统自动添加关键帧。

步骤 07：方法同上，每隔 15 秒，设置"平衡"参数，"平衡"参数为"-100"和"100"，两个值循环设置。添加的关键帧和设置参数后的效果如图 4.71 所示。

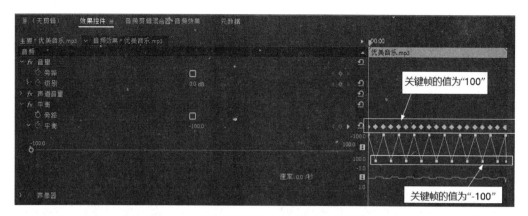

图 4.71　添加关键帧的和设置参数后的效果

2. 使用"声道音量"音频效果来调节左右声道的音量

"平衡"音频效果主要用来控制左右声道之间的偏移，而"声道音量"音频效果主要用来调节左右声道的音量。具体操作步骤如下。

步骤 01：新建"声道音量改变"序列，将"配音解说.MPG"素材拖到"V1"轨道中，该音频被自动添加到"A1"轨道中，如图 4.72 所示。

步骤 02：在【项目：音频效果】窗口中双击"配音解说.MPG"素材，在【源：配音解说.MPG】监视器窗口中显示的音频效果如图 4.73 所示。

图 4.72　素材在"V1"和"A1"
　　　　　轨道中的效果

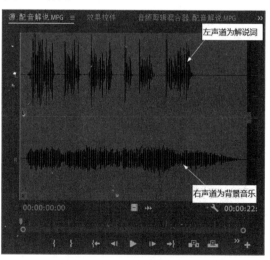
图 4.73　在【源：配音解说.MPG】监视器
　　　　　窗口中显示的音频效果

步骤 03：将"声道音量"音频效果拖到"A1"轨道中，单选"A1"轨道中的素材，在【效果控件】功能面板中显示"声道音量"音频效果参数，如图 4.74 所示。

步骤 04：直接移动滑块上的 ◯ 图标，即可改变声道的音量，同时添加关键帧。

步骤05：将"时间指示器"移到第 7 秒 0 帧位置和第 12 秒 0 帧位置，分别将◎图标移到滑块最右端；将"时间指示器"移到第 9 秒 0 帧和第 14 秒 0 帧位置，分别将滑块移到滑块最左端，效果如图 4.75 所示。

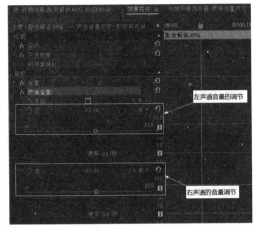 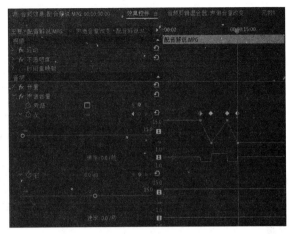

图 4.74 "声道音量"音频效果参数　　图 4.75 调节"声道音量"音频效果参数之后的效果

提示："声道音量"音频效果中的◎图标在滑块中心位置时，音量值为正常值。当它向左滑动到数值为负时，音量变小；当它滑到最左端即数值为"−∞"时，音量值为 0。当它向右滑动时，音量值为正值；当它滑到最右端即数值为 15 时，音量值达到最大。

视频播放：关于具体介绍，请观看配套视频"任务四：音频效果的使用方法.MP4"。

七、拓展训练

利用本案例所学知识，收集一些音频素材，练习各个音频效果的使用方法和参数设置，如回响效果、多重延迟效果、重音效果、高音效果和模拟卡通角色声音效果等。

学习笔记：

案例4 音调与音速的改变

一、案例内容简介

本案例以一段优美的、配有背景音乐的视频为例，介绍如何用音频效果来调节视频的音调和音速。

二、案例效果欣赏

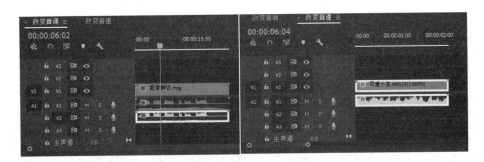

三、案例制作（步骤）流程

任务一：创建新项目和导入素材 ➡ 任务二：改变声音的音调 ➡ 任务三：改变声音的速度

四、制作目的

（1）了解使用音频效果调节音频素材中的音调与音速的方法和步骤。

（2）熟练掌握调节音调与音速的操作步骤。

五、制作过程中需要解决的问题

（1）什么是音调？如何改变声音的音调？

（2）如何调节声音的速度（或音速）？

（3）如何对素材进行倒放？

六、详细操作步骤

任务一：创建新项目和导入素材

步骤01：启动 Premiere Pro 2020 软件，创建一个名为"音调与音速的改变.prproj"的项目文件。

步骤02：利用前面所学知识导入素材。

步骤03：新建一个名为"音调与音速的改变"的序列文件，尺寸为"720×480"。

视频播放：关于具体介绍，请观看配套视频"任务一：创建新项目和导入素材.MP4"。

任务二：改变声音的音调

在前面的案例中详细介绍了各种音频效果的作用和参数设置，现在使用音频效果调节音调，以加深读者对音频效果的理解。

步骤 01：在【项目：音调与音速的改变】窗口中双击"配音解说.MPG"素材文件，该素材在【源：配音解说.MPG】监视器窗口中的视频画面效果如图 4.76 所示。

步骤 02：在【源：配音解说.MPG】监视器窗口的下方单击"仅拖动音频"按钮，切换到音频显示状态，如图 4.77 所示。

步骤 03：新建一个名为"改变音调"的序列文件，将"配音解说.MPG"素材拖到"改变音调"【序列】窗口中的"V1"轨道中，如图 4.78 所示。

图 4.76 视频画面效果　　图 4.77 切换到音频显示状态　　图 4.78 在【序列】窗口中的素材

步骤 04：将光标移到"改变音调"【序列】窗口"A1"轨道的素材上，单击鼠标右键，弹出快捷菜单，在弹出的快捷菜单中单击【取消链接】命令，取消素材中的音频与视频之间的链接关系。

步骤 05：将"平衡"音频效果拖到"A1"轨道的素材上，在【效果控件】功能面板中把【平衡】音频效果中的"平衡"参数设为 100。此时，只有背景音乐，具体参数设置如图 4.79 所示。

步骤 06：将"时间指示器"移到第 0 秒 0 帧位置，单选"A1"轨道中的素材，按键盘上的"Ctrl+C"组合键，复制"A1"轨道中的音频素材。

步骤 07：单选"A2"轨道，按键盘上的"Ctrl+C"组合键，将"A1"轨道中的素材复制一份放到"A2"轨道中，如图 4.80 所示。

步骤 08：单选"A2"轨道中的素材，在【效果控件】功能面板中把【平衡】音频效果中的"音频"参数设为"-100"。此时，"A2"轨道中只有解说词的声音，删除了背景音乐，完成解说词和背景音乐的分离操作。

步骤 09：将"音高换挡器"音频效果拖到"A2"轨道中，单选"A2"轨道中添加"音高换挡器"音频效果的音频素材。

步骤 10：在【效果控件】功能面板中调节"音高换挡器"音频效果的参数，可以模拟出各种声音效果。例如，将"变调比率"参数设为最大值"2"，如图 4.81 示，可以模拟出动画角色的声音效果。

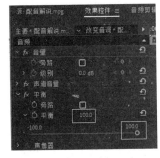 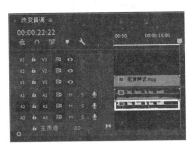 

图 4.79 "平衡"音频效果　　　图 4.80　复制的素材　　　图 4.81　"音高换挡器"
　　　参数设置　　　　　　　　　　　　　　　　　　　　　音频效果参数设置

提示：通过设置"音高换挡器"参数，可以模拟出男低音、女高音、动画角色声音以及其他不同的声音效果。该音频效果的工作原理是通过改变音频的音调来改变声音效果。

视频播放：关于具体介绍，请观看配套视频"任务二：改变声音的音调.MP4"。

任务三：改变声音的速度

为了方便操作，在这里新建一个"改变音速"序列文件。将素材拖到"改变音速"【序列】窗口的"A1"轨道中，进行音速调整。具体操作步骤如下。

步骤 01：在菜单栏中单击【文件（F）】→【新建（N）】→【序列（S）…】命令或按键盘上的"Ctrl+N"组合键，弹出【新建序列】对话框。在该对话框中的"序列名称"右边的文本框中输入"改变音速"，单击【确定】按钮，完成序列的创建。

步骤 02：将"可爱小宝.MPG"素材拖到"改变音速"【序列】窗口的轨道中，音频效果如图 4.82 所示。

步骤 03：单选"V1"轨道中的素材，在菜单栏中单击【剪辑（C）】→【音速/持续时间（S）】命令或按键盘上的"Ctrl+R"组合键，弹出【剪辑速度/持续时间】对话框。设置该对话框参数，具体参数设置如图 4.83 所示。

步骤 04：单击【确定】按钮完成设置，然后监听播放效果。"可爱小宝.MPG"的视频和音频的速度变快，同时音调变高，声音速度变快，声音变尖。

步骤 05：将"音速"改为"50%"，具体参数设置如图 4.84 所示，设置完毕，单击【确定】按钮。然后监听播放效果，"可爱小宝.MPG"的视频和音频的速度变慢，同时音调被降低，声音变得缓慢而低沉，轨道中的素材播放时间被拉长。

可以对变速选项进行修改，使得在音频被改变速度时仍保持原有的音调。单选"V1"轨道中的素材，在菜单栏中单击【剪辑（C）】→【音速/持续时间（S）】命令，弹出【剪辑速度/持续时间】对话框。该对话框的具体参数设置如图 4.85 所示，设置完毕，单击【确定】按钮。监听播放效果时可以发现，"可爱小宝.MPG"视频和音频速度都变快，同时音调被提高，说话语速变快，但声音的音调不变。如果勾选"倒放速度"选项，那么视频和音频都进行倒放，如图4.86所示。

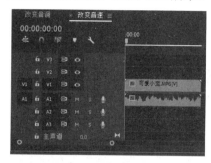

图4.82 "改变音速"【序列】窗口中的音频效果

图4.83 步骤04【剪辑速度/持续时间】对话框参数设置

图4.84 步骤05【剪辑速度/持续时间】对话框参数设置

图4.85 勾选"保持音频音调"选项

图4.86 勾选"倒放速度"选项

提示：从上面的案例介绍可知，改变视频和音频的速度时，其素材时间长度也一起发生改变。相对于视频来说，音频更为敏感，音频速度的变化更引人注意。大多数情况下，为了保持原始的音频效果，应尽量避免音频速度的变化，一般情况下，在对视频和音频进行变速处理时，应将音频分离出来后，单独处理视频，然后再对音频和视频进行对位。

视频播放：关于具体介绍，请观看配套视频"任务三：改变声音的速度.MP4"。

七、拓展训练

利用本案例所学知识，收集一些音频素材，用于练习声音的变调和变速操作。

学习笔记：

案例5　音轨混合器

一、案例内容简介

本案例通过在【音轨混合器】中给一段"优美音乐.MP3"音频素材添加音频效果和子混合效果，介绍【音轨混合器】的基本组成、使用方法和技巧。

二、案例效果欣赏

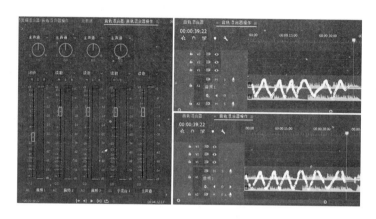

三、案例制作（步骤）流程

任务一：创建新项目和导入素材 ➡ 任务二：了解【音轨混合器】 ➡ 任务三：【音轨混合器】的具体介绍
⬇
任务四：【音轨混合器】的相关操作

四、制作目的

（1）了解【音轨混合器】中的音频素材添加效果和子混合效果的功能和用法。
（2）熟练掌握【音轨混合器】的基本组成、使用方法和技巧。

五、制作过程中需要解决的问题

（1）【音轨混合器】主要由哪几部分组成？
（2）【音轨混合器】主要作用是什么？
（3）如何使用【音轨混合器】？
（4）在【音轨混合器】中给音频素材添加音频效果与在【效果控件】功能面板中添加音频效果有什么区别？

第4章 音频效果应用

六、详细操作步骤

任务一：创建新项目和导入素材

步骤01：启动 Premiere Pro 2020 软件，创建一个名为"音轨混合器.prproj"的项目文件。

步骤02：导入音频素材。

视频播放：关于具体介绍，请观看配套视频"任务一：创建新项目和导入素材.MP4"。

任务二：了解【音轨混合器】

1. 音频素材的两种编辑方式

在 Premiere Pro 2020 中，主要使用两种方式对音频素材进行编辑：第一种方式是前面介绍的通过【效果控件】功能面板对音频素材进行编辑，第二种方式是通过【音轨混合器】功能面板对音频素材进行编辑。

以上两种方式编辑的作用范围有所不同。

通过【效果控件】功能面板设置参数只对选中的某一段音频素材起作用，而音频轨道中的其他素材不受影响；通过【音轨混合器】功能面板设置参数，则对当前整个音频轨道起作用。也就是说，不管当前音频轨道上有多少个独立的音频素材，都接受【音轨混合器】功能面板设置的参数统一控制。

2. 打开【音轨混合器】功能面板并了解它的基本组成

Premiere Pro 2020 中的【音轨混合器】功能面板是一个可视化编辑窗口。通过【音轨混合器】功能面板可以直观、方便地设置各个参数。该功能面板将【序列】窗口中的音频轨道有序地排列在一起。与录影棚中的控制台非常相似，通过【音轨混合器】功能面板可以对多个音频轨道进行编辑。例如，给音频轨道添加音频效果、自动化操作和调节音频轨道的子混合等。

1) 打开【音轨混合器】功能面板

步骤01：在菜单栏中单击【窗口（W）】→【音轨混合器】命令，即可将【音轨混合器】功能面板打开，如图4.87所示。

提示：如果该项目中有多个【序列】窗口，可在菜单栏中单击【窗口】→【音轨混合器】命令，弹出二级子菜单，如图4.88所示。二级子菜单显示出所有【序列】窗口的名称，单击选中的【序列】窗口名称，即可打开相应的【音轨混合器】功能面板。

步骤02：在打开的【音轨混合器】功能面板中单击 ▤ 图标，弹出快捷菜单，显示所有序列的【音轨混合器】列表，如图4.89所示。单击需要打开的"序列"名称列表命令，如图4.90所示。

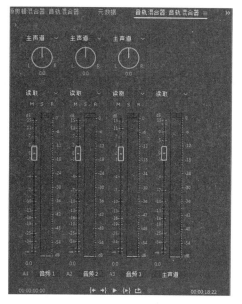

图 4.87 【音轨混合器】功能面板

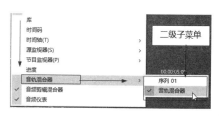

图 4.88 二级子菜单

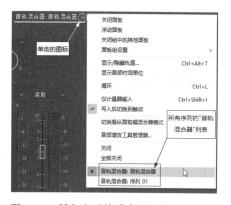

图 4.89 所有序列的【音轨混合器】列表

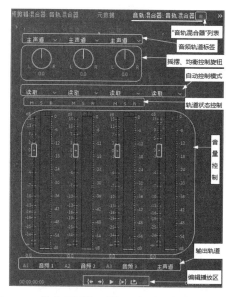

图 4.90 单击需要打开的"序列"名称列表命令

提示：在 Premiere Pro 2020 中，【音轨混合器】不能共用，每一个序列对应一个【音轨混合器】。

【音轨混合器】功能面板主要由"音轨混合器列表""音频轨道标签""摇摆、均衡控制旋钮""自动控制模式""轨道状态控制""音量控制""输出轨道""编辑播放区"组成。

视频播放：关于具体介绍，请观看配套视频"任务二：了解【音轨混合器】.MP4"。

任务三：【音轨混合器】的具体介绍

1. 【音轨混合器】列表

【音轨混合器】列表主要由【音轨混合器】列表栏、当前时间码和总时码 3 部分组成，如图 4.91 所示。

（1）【音轨混合器】列表栏：主要是用于快速切换不同序列的【音轨混合器】功能面板。

（2）当前时间码：主要用于快速定位编辑点。

（3）总时码：主要用于显示当前【序列】窗口中音频的总时长。

2. 音频轨道标签

音频轨道标签主要用于显示【序列】窗口中的音频轨道数量和对音频轨道进行编辑，其结果与在【序列】窗口中对音频轨道进行编辑的结果一样。

1）对轨道标签进行重命名，方法如下。

步骤 01：选择需要重命名的音频轨道标签，此时，选中的标签呈蓝色（参考本书配套视频）。

步骤 02：输入名称，在这里输入"配音"，按"Enter"键即可，重命名的音频轨道如图 4.92 所示。

3. 自动控制模式

自动控制模式主要有"关""读取""闭锁""触动""写入"5 种模式，如图 4.93 所示。

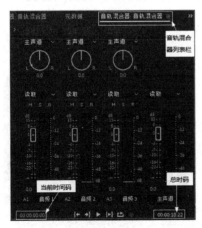
图 4.91 【音轨混合器】列表栏

图 4.92 重命名的音频轨道

图 4.93 自动控制模式

（1）"关"模式：选择该模式，则忽略所有自动控制的操作。

（2）"读取"模式：选择该模式，只执行先前对音频轨道修改的变化值，对当前的操作忽略不计。

（3）"闭锁"模式：选择该模式，对音频轨道的修改都会被记录成关键帧动画，且保持最后一个关键帧的状态到下一次编辑操作的开始。

（4）"触动"模式：选择该模式，对音频轨道的修改都会被记录成关键帧动画，且在最后一次编辑操作结束时，自动回到"触动"编辑前的状态。

（5）"写入"模式：选择该模式，对音频轨道的修改都会被记录成关键帧动画，且在最后一次编辑操作结束时，自动将"写入"模式切换到"触动"模式，等待继续编辑。

4. 摇摆、均衡控制

摇摆、均衡控制区如图 4.94 所示，其包括一个旋转指针和一个参数调节区。

将鼠标光标移到旋转指针上，按住鼠标左键进行上下移动，即可调节摇摆指针偏左还是偏右，以此调节音频左右声道的平衡；也可以直接在参数调节区输入数值，调节音频左右声道的平衡，输入负值，则向左声道偏移；输入正值，则向右声道偏移。

5. 轨道状态

轨道状态包括"静音轨道" M 、"独奏轨道" S 和"启用轨道以进行录制" R 3 个按钮，如图 4.95 所示。

（1）"静音轨道"按钮 M：单击该按钮，将当前的音频轨道设置为静音状态。

（2）"独奏轨道"按钮 S：单击该按钮，将当前音频轨道之外的其他音频轨道设置为静音状态。

（3）"启用轨道以进行录制"按钮 R：单击该按钮，将外部音频设备输入的音频信号录制到当前音频轨道中。

6. 音量控制

音量控制主要用于对当前轨道的音量进行调节，上下移动"音量滑块" ，即可实时控制当前音频轨道的音量，如图 4.96 所示。

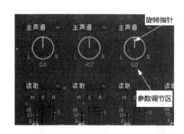
图 4.94 摇摆、均衡控制区

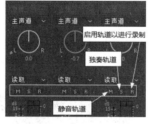
图 4.95 轨道状态

图 4.96 音量控制

7. 轨道输出

轨道输出主要用于控制轨道的状态，单击 主声道 按钮，弹出下拉菜单。在弹出的下拉菜单中可以将当前音频轨道指定输出到一个子混合轨道或主音频轨道中。

第 4 章　音频效果应用

8. 编辑播放

编辑播放主要用于控制音频的播放状态，编辑播放区各种按钮如图 4.97 所示。

（1）"转到入点（Shift+I）"按钮：单击该按钮，将"时间指示器"移到入点位置。

（2）"转到出点（Shift+O）"按钮：单击该按钮，将"时间指示器"移到出点位置。

（3）"播放-停止切换（Space）"按钮：单击该按钮，开始播放音频；再次单击，则停止播放。

（4）"从入点到出点播放视频"按钮：单击该按钮，播放入点、出点位置的音频。

（5）"循环"按钮：单击该按钮，循环播放入点、出点位置的音频。

（6）"录制"按钮：单击该按钮，开始录制音频设备输入的信号。

9. 面板菜单

通过面板菜单可对当前【音轨混合器】窗口进行设置。单击【音轨混合器】窗口右上角的按钮，弹出下拉菜单，如图 4.98 所示。

（1）【显示/隐藏轨道…】选项：主要用来调节当前【音轨混合器】窗口中轨道的可见状态。单击该选项，弹出【显示/隐藏轨道】对话框，根据项目要求，选择需要显示或隐藏的音频轨道，单击【确定】按钮即可，如图 4.99 所示。

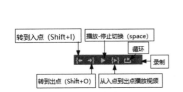

图 4.97　编辑播放区各种按钮

图 4.98　下拉菜单

图 4.99　【显示/隐藏轨道】对话框

（2）【显示音频时间单位】选项：勾选此项，序列窗口中时间标尺以音频显示。

（3）【循环】选项：勾选此项，播放音频时，循环播放。

（4）【仅计量器输入】选项：勾选此项，只显示主音频轨道的电平、隐藏其他音频轨道和控制器。

（5）【写入后切换到触动】选项：勾选此项，在写入模式状态时，对音频轨道写入操作完成后将自动切换到触动模式。

10. 效果设置区

在【音轨混合器】窗口中单击"显示/隐藏效果和发送"按钮，打开效果设置区，如图 4.100 所示。

在"音频效果添加区"最多可以为音频轨道添加5个音频效果,在"音频子混合设置区"也最多可以设置5个子混合。

子混合轨道是当前序列的音频输出到主音频轨道的过渡轨道。当对多个音频轨道使用相同的音频效果时,常使用子混合轨道来实现,如图4.101所示。

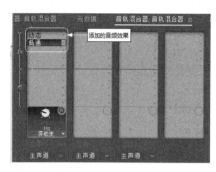

图4.100 效果设置区

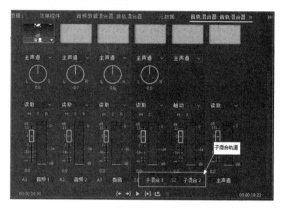

图4.101 子混合轨道

提示: "子混合轨道"可以接受多个音频轨道的输出,且"子混合轨道"之间可以混合输出。

视频播放: 关于具体介绍,请观看配套视频"任务三:【音轨混合器】的具体介绍.MP4"。

任务四:【音轨混合器】的相关操作

【音轨混合器】的应用主要包括给音频轨道添加音频效果、给音频轨道添加子混合轨道、编辑音频轨道效果和子混合轨道、删除音频效果和子混合轨道,以及自动控制的实际操作。

1. 给音频轨道添加音频效果

步骤01: 创建一个名为"音轨混合器操作"序列。

步骤02: 将"优美音乐.MP3"音频文件拖到"A1"轨道中,如图4.102所示。

步骤03: 在【音轨混合器】功能面板中单击"显示/隐藏效果和发送"按钮,打开效果设置区,如图4.103所示。

图4.102 在"A1"轨道中的素材

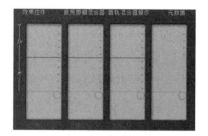

图4.103 效果设置区

步骤 04：单击"音频 1"轨道中效果设置区的"效果选择"按钮，弹出下拉菜单。将光标移到"声道音量"选项上，如图 4.104 所示。单击鼠标左键，即可将"声道音量"效果添加到"音频1"轨道中，如图 4.105 所示。

提示：这样添加的音频效果对"音频 1"轨道中的所有音频素材起作用。

步骤 05：方法同上。可以继续为"音频 1"轨道添加多个音频效果，如图 4.106 所示。

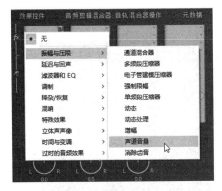

图 4.104　在下拉菜单中选择"声道音量"　　图 4.105　添加"音频 1"轨道中音频效果　　图 4.106　添加的多个音频效果

2. 给音频轨道添加子混合轨道

步骤 01：在"音频 1"下面的音频效果区单击"发送分配选择"按钮，弹出下拉菜单，如图 4.107 所示。

步骤 02：将光标移到"创建立体声子混合"选项上单击，即可完成音频子混合的添加，创建的子混合轨道如图 4.108 所示。

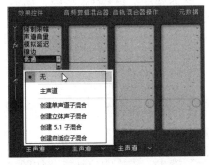
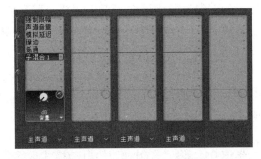

图 4.107　弹出的下拉菜单　　　　　　　图 4.108　创建的子混合轨道

步骤 03：方法同上，可以继续为"音频 1"轨道添加最多 5 个音频子混合轨道。

3. 编辑音频轨道效果和子混合轨道

音频轨道效果的编辑与子混合轨道的编辑方法相同，在这里，以编辑音频轨道效果为例，具体操作步骤如下。

步骤 01：在音频特效区单击需要编辑的音频效果。

步骤 02：在参数编辑区单击■按钮，弹出下拉菜单，在弹出的下拉菜单中单击需要编辑的音频参数选项，如图 4.109 所示。

步骤 03：在参数编辑区对选中的参数进行调节，具体调节如图 4.110 所示。

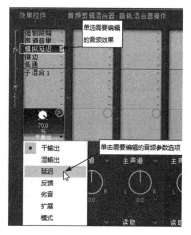

图 4.109　单击需要编辑的音频参数选项　　　　图 4.110　参数的调节

步骤 04：方法同上，可以对添加的任一音频效果和子混合轨道参数进行调节。

4．删除音频效果及子混合轨道

删除音频效果与删除子混合轨道的方法完全相同。在这里以删除子混合轨道为例，具体操作步骤如下。

步骤 01：单击"音频 1"轨道中效果设置区的"效果选择"按钮■，弹出下拉菜单。在弹出的下拉菜单中单击"无"选项，即可将"音频 1"轨道中的音频效果删除。

步骤 02：方法同上，删除任一音频效果和子混合轨道。

5．自动控制的实际操作

每一个音频轨道都有 5 种自动控制模式，默认情况下都为"读取"模式。在这里，对其中 3 种模式分别进行对比讲解。

1）"写入"模式

步骤 01：将"音频 1"的自动模式设置为"写入"模式，选择的控制模式如图 4.111 所示。

步骤 02：按键盘上的空格键播放视频、音频轨道中的素材，同时，在【音轨混合器】功能面板中上下移动"音频 1"轨道中的"音量滑块"■，然后释放鼠标。播放结束后，"音频 1"音频轨道中记录音量变化的关键帧即"写入"模式下添加的关键帧如图 4.112 所示。

步骤 03：按键盘上的空格键播放，在【音轨混合器】功能面板中可以看到"音频 1"轨道中"音量滑块"■根据记录的关键帧进行上下移动。

第4章 音频效果应用

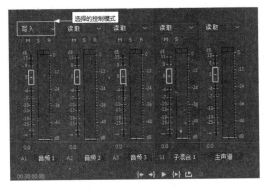

图4.111 选择的控制模式

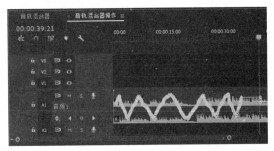

图4.112 "写入"模式下添加的关键帧

2)"触动"模式

步骤01：将"音频1"的自动模式设置为"触动"模式。

步骤02：按键盘上的空格键播放视频、音频轨道中的素材，同时在【音轨混合器】功能面板中上下移动"音频1"轨道中的"音量滑块"，然后释放鼠标。播放结束后，"音频1"音频轨道中记录音量变化的关键帧即"触动"模式下添加的关键帧如图4.113所示。

提示："触动"模式与"写入"模式相比，"写入"模式从播放开始记录音量变化的关键帧，而"触动"模式从数值改变处开始记录音量变化的关键帧。如果播放后数值没有改变，就不记录。此外在记录过程中释放鼠标时，"写入"的数值保持不变，而"触动"模式的数值则会自动回到原来的数值。

3)"闭锁"模式

步骤01：将"音频1"的自动控制模式设置为"闭锁"模式。

步骤02：按键盘上的空格键播放视频、音频轨道中的素材，同时，在【音轨混合器】功能面板中上下移动"音频1"轨道中的"音量滑块"，然后释放鼠标。播放结束后，"音频1"音频轨道中记录音量变化的关键帧即"闭锁"模式下添加的关键帧如图4.114所示。

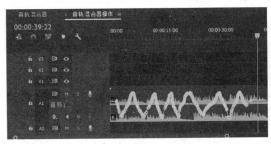

图4.113 "触动"模式下添加的关键帧

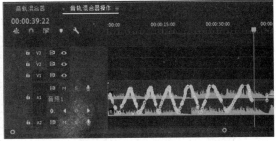

图4.114 "闭锁"模式下添加的关键帧

提示："闭锁"模式与"写入"模式相比，"写入"模式从播放时开始记录音量变化的关键帧，而"闭锁"模式与"触动"模式一样从有数值改变处开始记录。在记录过程中释放鼠标，"闭锁"模式又与"写入"模式一样，数值保持不变，但又不同于"触动"模式自动放回到原来的数值。这 3 种自动控制模式不仅可以记录音量操作，还可以记录声音的平衡及打开或关闭当前音频轨道声音的操作。

视频播放：关于具体介绍，请观看配套视频"任务四:【音轨混合器】的相关操作.MP4"。

七、拓展训练

利用本案例所学的知识，收集一些音频素材，练习【音轨混合器】的相关操作。

学习笔记：

案例 6 创建 5.1 声道音频

一、案例内容简介

本案例将一段"优美音乐.MP3"立体声道音频素材转换成 5.1 声道音频素材，通过分割、重新分配与输出得到所需要的 5.1 声道音频效果。

二、案例效果欣赏

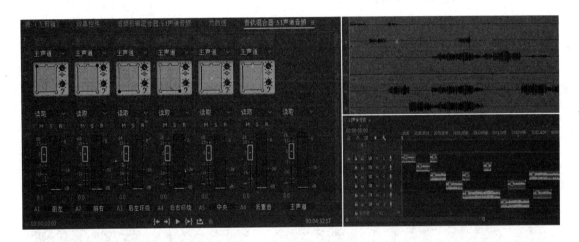

三、案例制作（步骤）流程

任务一：创建新项目和导入素材 ➡ 任务二：创建5.1声道音频序列

任务五：输出5.1声道音频文件 ⬅ 任务四：分配5.1声道的声音 ⬅ 任务三：将音频文件分配到音频轨道中

四、制作目的

（1）了解 5.1 声道音频的功能和使用方法。
（2）熟练掌握创建 5.1 声道音频的操作流程和技巧。

五、制作过程中需要解决的问题

（1）如何创建 5.1 声道音频序列？
（2）如何改变音频文件的声道？
（3）如何将单声道音频文件分配到音频轨道中？
（4）如何分配 5.1 声道的声音？
（5）如何设置输出 5.1 声道音频文件的参数？

六、详细操作步骤

任务一：创建新项目和导入素材

步骤 01：启动 Premiere Pro 2020 软件，创建一个名为 "5.1 声道音频的创建.prproj" 的项目文件。

步骤 02：导入音频素材。

视频播放：关于具体介绍，请观看配套视频"任务一：创建新项目和导入素材.MP4"。

任务二：创建 5.1 声道音频序列

步骤 01：在菜单栏中单击【文件（F）】→【新建（N）】→【序列（S）…】命令或按键盘上的"Ctrl+N"组合键，弹出【新建序列】对话框。

步骤 02：设置【新建序列】对话框参数，具体参数设置如图 4.115 所示。设置完毕，单击【确定】按钮，完成 5.1 声道音频序列的创建，如图 4.116 所示。

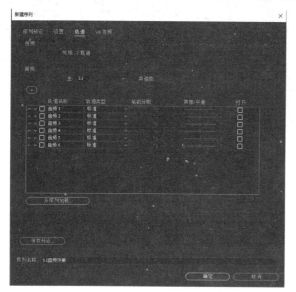

图 4.115 【新建序列】对话框参数设置　　图 4.116 创建的 5.1 声道音频序列

步骤 03：单击【音轨混合器：5.1 声道音频】功能面板标签，显示该功能面板，如图 4.117 所示。

步骤 04：在【音轨混合器：5.1 声道音频】功能面板中对音频轨道进行重命名，从"音频 1"到"音频 6"依次重命名为"前左""前右""后左环绕""后右环绕""中央""低重音"，如图 4.118 所示。

步骤 05：重命名完毕之后，【5.1 音频效果】窗口中的音频轨道名称也相应改变，如图 4.119 所示。

步骤 06：导入的音频文件如图 4.120 所示。

第 4 章 音频效果应用

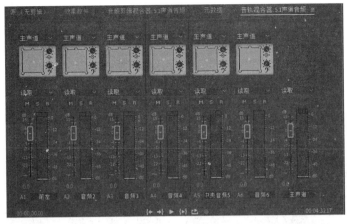

图 4.117 【音轨混合器：5.1 声道音频】功能面板

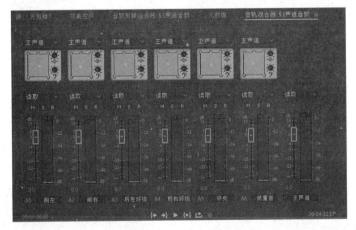

图 4.118 重命名后的【音轨混合器：5.1 声道音频】功能面板

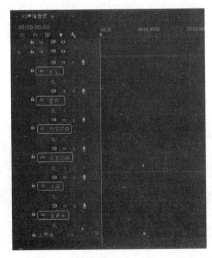

图 4.119 【5.1 声道音频】窗口中的音频轨道名称

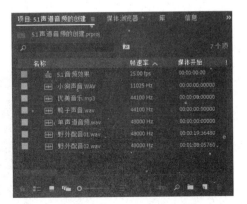

图 4.120 导入的音频文件

视频播放：关于具体介绍，请观看配套视频"任务二：创建 5.1 声道音频序列.MP4"。

任务三：将音频文件分配到音频轨道中

步骤 01：将"优美音乐.MP3"音频素材拖到"A1"（前左）音频轨道中，如图 4.121 所示。

步骤 02：使用"剃刀工具（C）" ，将"A1"（前左）音频轨道中的素材分割成 8 段，如图 4.122 所示。

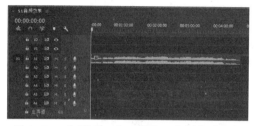
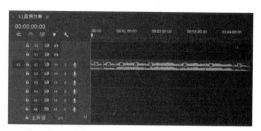

图 4.121　拖到"A1"（前左）音频轨道中的音频素材　　　图 4.122　被分割成 8 段的音频素材

步骤 03：将 8 段素材分配到不同的音频轨道中，如图 4.123 所示。

步骤 04：单选"A1"（前左）音频轨道中的第 2 段素材，按键盘上的"Ctrl+C"组合键复制该段素材，将"时间指示器"移到第 4 分 4 秒 18 帧的位置（第 2 段素材的入点位置）。

步骤 05：使用"Ctrl+C"组合键和"Ctrl+V"组合键复制和粘贴素材，如图 4.124 所示。

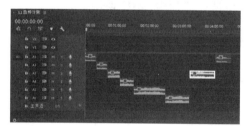
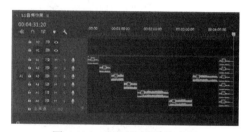

图 4.123　分配到不同音频轨道的素材　　　图 4.124　复制和粘贴的素材

步骤 06：分别将其他已导入的音频素材转换为单声道，再把它们拖到选定的音频轨道中，如图 4.125 所示。

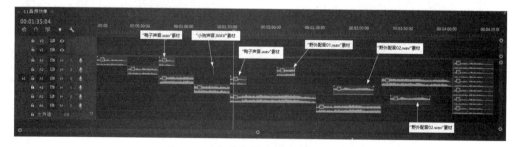

图 4.125　其他音频素材所在音频轨道

第 4 章 音频效果应用

提示：读者可以根据自己的要求，将其他音频素材拖到不同的音频轨道中，不一定要按上面的介绍放置音频素材。

视频播放：关于具体介绍，请观看配套视频"任务三：将音频文件分配到音频轨道中.MP4"。

任务四：分配 5.1 声道的声音

步骤 01：将光标移到【音轨混合器：5.1 声道音频】窗口"前左"音频下的"5.1 声像器控制点"图标上，如图 4.126 所示。

步骤 02：按住鼠标左键不放的同时将"5.1 声像器控制点"图标移到左上角的半圆内，然后释放鼠标，其位置如图 4.127 所示。

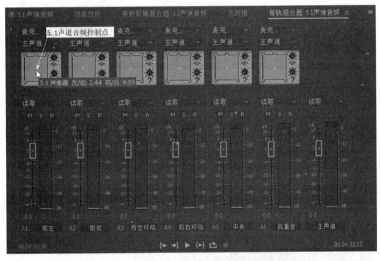

图 4.126 【音轨混合器：5.1 声道音频】窗口选项

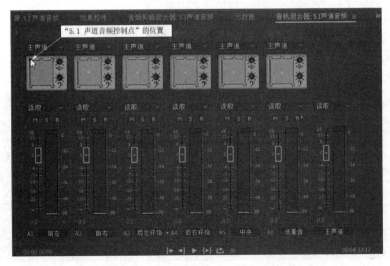

图 4.127 "5.1 声像器控制点"的位置

步骤 03：方法同上，在【音轨混合器：5.1 声道音频】窗口对其他音轨下的"5.1 声像器控制点"图标 进行调节，最终效果如图 4.128 所示。

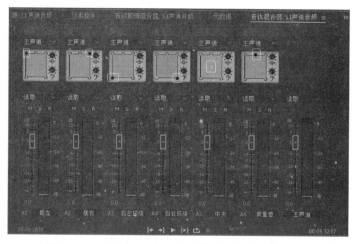

图 4.128 调节完 "5.1 声像器控制点" 的最终效果

视频播放：关于具体介绍，请观看配套视频"任务四：分配 5.1 声道的声音.MP4"。

任务五：输出 5.1 声道音频文件

步骤 01：在菜单栏中单击【文件（F）】→【导出（E）】→【媒体（M）…】命令或按"Ctrl+M"组合键，弹出【导出设置】对话框。

步骤 02：设置【导出设置】对话框参数，具体参数设置如图 4.129 所示。

步骤 03：参数设置完毕，单击【导出】按钮，导出的波形图如图 4.130 所示。

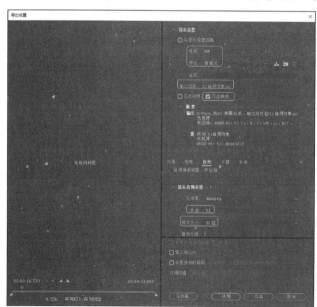

图 4.129 【导出设置】对话框参数设置

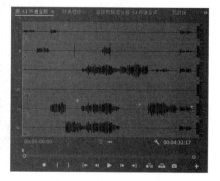

图 4.130 导出的波形图

视频播放：关于具体介绍，请观看配套视频"任务五：输出 5.1 声道音频文件.MP4"。

七、拓展训练

新建一个名为"5.1 声道音频文件练习.prproj"的项目文件，导入音频素材，使用本案例所学知识，制作一个 5.1 声道音频效果文件。

学习笔记：

第 5 章　字幕应用

知识点：

案例 1　【字幕】窗口
案例 2　制作滚动字幕
案例 3　字幕排版技术
案例 4　应用模板创建图形
案例 5　绘制字幕图形

说明：

　　本章主要通过 5 个案例介绍字幕应用，包括字幕中的滚动文字、动物剪辑图案、企业标志等图形的绘制方法，字幕的排版方法，【字幕】窗口的组成、各种绘制工具的功能和用法，以及各种参数的设置等。

教学建议课时数：

　　一般情况下需要 8 课时，其中理论 3 课时，实际操作 5 课时（特殊情况下可做相应调整）。

第 5 章 字幕应用

在影视作品中,字幕是一种非常重要的视觉元素,通过字幕观众可以了解更多画面以外的信息。字幕主要包括文字和图形两部分,字幕的应用非常广泛,如纪录片的解说词、电影和电视节目的台词、演职表、MVT 的歌词、插入语和画外音等。制作各种精美的字幕可为影视作品增加更强的视觉效果。

在 Premiere Pro 2020 中,字幕和图形都被设计成模块,极大地增强了字幕和图形的创建以及编辑能力。通过【字幕】窗口可以快速设计出丰富的图形和字幕元素,并实时集成到【项目】窗口中。本章介绍其中的部分应用。

案例 1 【字幕】窗口

一、案例内容简介

本案例介绍【字幕】窗口的组成、工具、字幕样式的应用和字幕属性参数的设置等,并以一段音频素材为例,介绍如何添加背景图片、背景音乐、在图片上添加文字,如何给添加的文字内外描边、制作阴影效果。

二、案例效果欣赏

三、案例制作（步骤）流程

任务一：创建新项目和导入素材 ➡ 任务二：打开【字幕】窗口 ➡ 任务三：字幕类型控制区

任务六：字幕编辑区和字幕样式区 ⬅ 任务五：对齐、居中和分布 ⬅ 任务四：字幕工具栏

任务七：字幕参数控制区

四、制作目的

（1）了解【字幕】窗口的定义、作用和构成。

（2）掌握预制字幕样式的应用。

（3）掌握创建路径文字、图形对象、添加字幕背景、音乐，以及制作各种文字效果的方法。

（4）熟练掌握【字幕】窗口应用的基础知识、操作步骤。

五、制作过程中需要解决的问题

（1）什么是【字幕】窗口？【字幕】窗口的主要作用是什么？

（2）【字幕】窗口主要由哪几部分组成？各部分的主要作用是什么？

（3）如何创建路径文字？

（4）可以创建哪些图形对象？

（5）如何应用预制字幕样式？

（6）如何创建字幕背景？

六、详细操作步骤

任务一：创建新项目和导入素材

步骤 01：启动 Premiere Pro 2020 软件，创建一个名为 "【字幕】窗口.prproj" 的项目工程文件。

步骤 02：利用前面所学知识导入素材。

步骤 03：新建一个名为 "【字幕】窗口" 的序列文件，尺寸为 "720×576"。

视频播放：关于具体介绍，请观看配套视频 "任务一：创建新项目和导入素材.MP4"。

任务二：打开【字幕】窗口

打开【字幕】窗口的前提是先要创建一个项目工程文件，在 Premiere Pro 2020 中，字幕与其他素材一样，可以裁切和拉伸，也可以添加各种效果和设置持续时间。

步骤 01：根据项目要求创建一个项目工程文件。

步骤 02：在菜单栏中单击【文件（F）】→【新建（N）】→【旧版标题（T）…】命令，

第 5 章 字幕应用

弹出【新建字幕】对话框。根据要求设置该对话框参数，具体参数设置如图 5.1 所示。

步骤 03：参数设置完毕，单击【确定】按钮，弹出【字幕】窗口，如图 5.2 所示。

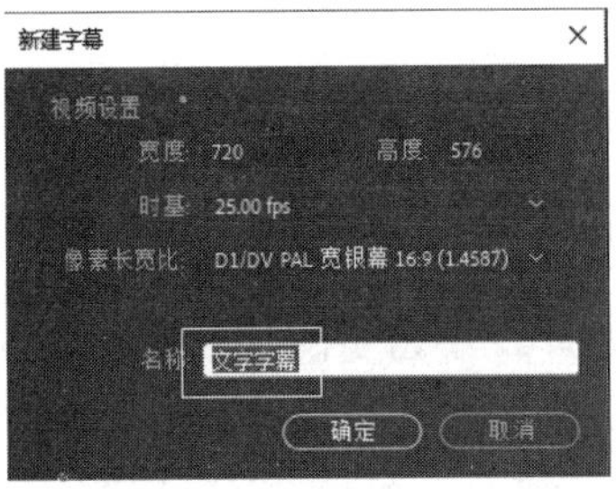

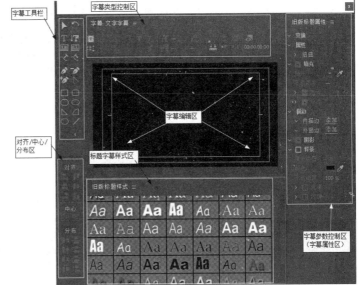

图 5.1 【新建字幕】对话框参数设置

图 5.2 【字幕】窗口

从图 5.2 中可以看出，【字幕】窗口主要有"字幕类型控制区""字幕工具栏""对齐/中心/分布区""字幕编辑区"和"字幕参数控制区（字幕属性区）" 6 大区。

提示：为了防止字幕在回放时被自动裁剪，Premiere Pro 2020 提供了"字幕安全框"，只要把字幕放在"字幕安全框"内，即可保证字幕不被裁剪。

视频播放：关于具体介绍，请观看配套视频"任务二：打开【字幕】窗口.MP4"。

任务三：字幕类型控制区

该区域主要用来新建字幕、调节字幕的运动、设置字体、选择对齐方式和调节视频背景等，字幕类型控制区如图 5.3 所示。

1. 字幕类型控制区各个图标的功能

（1）▣（基于当前字幕新建字幕）图标：主要作用是在当前【字幕】窗口中新建一个字幕文件。

步骤 01：单击▣（基于当前字幕新建字幕）图标，弹出【新建字幕】对话框。设置该对话框参数，具体参数设置如图 5.4 所示。

步骤 02：参数设置完毕，单击【确定】按钮，即可新建一个字幕，如图 5.5 所示。

图5.3 字幕类型控制区

图5.4 【新建字幕】对话框参数设置

提示：单击 图（基于当前字幕新建字幕）图标，创建的字幕包括当前字幕中的内容。用户在此基础上修改文字，即可制作与前字幕相同属性的字幕。

（2）图（滚动/游动选项）图标：主要作用是调节当前字幕在字幕编辑区的运动属性。

步骤01：单击图（滚动/游动选项）图标，弹出【滚动/游动选项】对话框，如图 5.6 所示。

步骤02：根据实际要求在该对话框设置参数，参数设置完毕，单击【确定】按钮，即可制作一个运动式字幕文件。

2. 编辑字幕图标功能

（1）图（粗体）/图（斜体）/图（下画线）图标：单击该图标，即可给选中的字体设置成粗体/斜体/下画线。

（2）图（字体列表）图标：单击"字体列表"右侧的图按钮，弹出如图 5.7 所示的字体下拉列表。将光标移到需要的字体上单击，即可为选择的字幕设置字体。

图5.5 新建一个字幕

图5.6 【滚动/游动选项】对话框

图5.7 字体下拉列表

（3）图（大小）图标：主要用来调节字幕的文字大小。
（4）图（字偶间距）图标：主要用来调节文字之间的距离。
（5）图（行距）图标：主要用来调节字幕段落的行间距。
（6）图（字幕段落的对齐方式）图标：主要用来调节字幕段落的对齐方式。

（7）■（制表位）图标：主要用来设置制表位，【制表位】对话框如图 5.8 所示。

提示：制表位的设置方法在后面范例中会详细介绍。

（8）■（显示背景视频）图标：单击该图标，隐藏背景视频；再单击一次，显示背景视频。因此它是一个切换按钮。

视频播放：关于具体介绍，请观看配套视频"任务三：字幕类型控制区.MP4"。

任务四：字幕工具栏

字幕工具栏的主要作用是提供创建字幕、编辑字幕和创建图形的各种工具，字幕工具栏如图 5.9 所示。

（1）■（选择工具）图标：主要用来选择字幕或图形对象。对字幕或图形进行移动、删除和设置属性之前，先要使用■（选择工具）图标选择对象。被选中的对象四周会出现控制点，拖动这些控制点可以改变对象的形状或大小，前后效果对比如图 5.10 所示。

图 5.8　【制表位】对话框　　图 5.9　字幕工具栏　　图 5.10　前后效果对比

提示：使用■（选择工具）图标时，如果按住键盘上的 Shift 键可以加选多个对象；如果在窗口拖出一个选择框，方框内的所有对象被选中；如果按"Ctrl+A"组合键，可选中当前【字幕】窗口中的所有对象；使用键盘中的上、下、左、右键，可以对选择对象进行微调。

（2）■（旋转工具）图标：主要用来对选中的对象进行旋转。旋转前后效果对比如图 5.11 所示。

（3）■（文字工具）图标：主要用来输入横排文字。

步骤 01：在工具箱中单选■（文字工具），将光标移到字幕编辑区中需要输入横排文字的地方，出现■图标。

步骤 02：单击鼠标右键即可输入横排文字，如图 5.12 所示。

提示：如果需要对已有的横排字幕进行修改（删除或添加字幕），先要使用■（文字工具）图标激活横排字幕。

图 5.11　旋转前后效果对比

（4）（垂直文字工具）图标：主要用来输入竖排文字。

步骤 01：在工具箱中单选 ■（垂直文字工具），将光标移到字幕编辑区中需要输入竖排文字的地方，出现 ■ 图标。

步骤 02：单击鼠标左键，即可输入竖排文字，如图 5.13 所示。

图 5.12　输入的横排文字　　　　　　　　图 5.13　输入的竖排文字

（5）■（区域文字工具）图标：主要用来在字幕编辑区输入段落横排文字。

步骤 01：在工具箱中单选 ■（区域文字工具），将光标移到字幕编辑区中输入段落横排文字的起始位置，出现 ■ 图标。

步骤 02：按住鼠标左键不放，拉出一个段落文字输入框，如图 5.14 所示。

步骤 03：在输入框中输入段落文字或粘贴段落文字，如图 5.15 所示。

图 5.14　段落文字输入框　　　　　　　　图 5.15　输入或粘贴段落文字

提示：段落文字可以输入，也可以从其他软件复制粘贴过来。在"段落文字输入框"右下角出现⊞图标时，表示输入或复制粘贴的段落文字没有完全显示出来。通过调节"段落文字输入框"的大小，即可显示隐藏的段落文字。

（6）▥（垂直区域文字工具）图标：主要用来在字幕编辑区输入段落竖排文字。

步骤01：在工具箱中单选▥（垂直区域文字工具）图标，将光标移到字幕编辑区中输入段落文字的起始位置，出现▥图标。

步骤02：按住鼠标左键不放，拉出一个竖排段落文字输入框，如图5.16所示。输入的竖排段落文字如图5.17所示。

图5.16 竖排段落文字输入框

图5.17 输入的竖排段落文字

（7）◿（路径文字工具）图标：主要用来输入路径文字。

步骤01：在工具箱中单选◿（路径文字工具）图标，将光标移到字幕编辑区，光标变成◿形态，在字幕编辑区绘制文字的路径，如图5.18所示。

步骤02：再次在工具箱中单选◿（路径文字工具）图标，将光标移到创建的文字路径上。此时，光标变成◿形态，单击即可输入文字，文字效果如图5.19所示。

图5.18 绘制的文字路径

图5.19 文字效果

（8）◣（垂直路径文字工具）图标：主要用来输入垂直路径文字。

◣（垂直路径文字工具）图标的使用方法与◿（路径文字工具）图标的使用方法相同，请读者参考◿（路径文字工具）图标的使用方法。垂直路径和文字效果如图5.20所示。

（9）✎（钢笔工具）图标：主要用来绘制自由路径并对路径上的锚点进行移动等操作。

步骤01：选择需要调节的锚点，如图5.21所示。

步骤02：在工具箱中单选✎（钢笔工具）图标，将光标移到路径上需要移动的锚点上，按住鼠标左键不放的同时进行移动，被移动了的锚点如图 5.22 所示。

图 5.20　垂直路径和文字效果

图 5.21　选择需要调节的锚点

图 5.22　被移动了的锚点

（10）（删除锚点工具）图标：主要用来删除路径上的锚点。

步骤 01：选择需要删除锚点的路径，如图 5.23 所示。

步骤 02：在工具箱中单选（删除锚点工具）图标，将光标移到需要删除的锚点上单击，即可删除锚点，删除两个锚点后的路径如图 5.24 所示。

图 5.23　选择需要删除锚点的路径

图 5.24　删除两个锚点后的路径

（11）（添加锚点工具）图标：主要用来在路径上添加锚点。

步骤 01：选择需要添加锚点的路径，这里，选择前面删除锚点的路径。

步骤 02：在工具箱中单选（添加锚点工具）图标，将光标移到需要添加锚点的路径上，单击鼠标左键，即可添加一个锚点（如果单击并按住鼠标左键不放的同时进行移到，还可创建锚点并调节其位置）。添加并移动锚点位置之后的路径如图 5.25 所示。

第 5 章 字幕应用

（12） ▣（转换锚点工具）：主要用来调节路径的锚点类型和路径的样条曲线。

步骤 01：单选上面添加并移动锚点之后的路径。

步骤 02：在工具栏单选▣（转换锚点工具）图标，将光标移到需要调节的锚点上，按住鼠标左键不放的同时进行移动，即可进行调节，调节锚点之后的路径如图 5.26 所示。

图 5.25 添加并移动锚点位置之后的路径

图 5.26 调节锚点之后的路径

提示：路径的锚点主要有尖角、贝塞尔切线和贝塞尔节点 3 种，可以使用▣（转换锚点工具）图标对路径的锚点进行类型转换。在绘制复杂的路径时，▣（转换锚点工具）图标是一个非常重要的造型工具。

（13）图形绘制工具主要包括▣（矩形工具）、▣（圆角矩形工具）、▣（切角矩形工具）、▣（圆角矩形工具）、▣（楔形工具）、▣（弧形工具）、▣（椭圆工具）和▣（直线），共 8 个图形绘制工具，这些图形绘制工具的使用方法基本相同。

步骤 01：在工具栏中单击图形绘制工具，以▣（矩形工具）为例。

步骤 02：将光标移到"字幕编辑区"，按住鼠标左键不放拖动一段距离后，松开鼠标左键即可，绘制的矩形如图 5.27 所示。

步骤 03：其他图形绘制工具的使用方法相同，绘制的多种图形如图 5.28 所示。

视频播放：关于具体介绍，请观看配套视频"任务四：字幕工具栏.MP4"。

任务五：对齐、居中和分布

该区域的主要作用是对字幕和图形进行各种对齐操作，由对齐区、居中区和分布区 3 部分组成，如图 5.29 所示。

图 5.27 绘制的矩形

图 5.28 绘制的多种图形

图 5.29 对齐、中心和分布

1. 对齐区

对齐区主要包括 ▦（水平靠左）、▦（垂直靠上）、▦（水平居中）、▦（垂直居中）、▦（水平靠右）和 ▦（垂直靠下）6 种对齐方式。

（1）▦（水平靠左）：主要作用是将所选对象在水平方向按物体的左边界对齐排列。
（2）▦（垂直靠上）：主要作用是将所选对象在垂直方向按物体的顶边界对齐排列。
（3）▦（水平居中）：主要作用是将所选对象在水平方向按物体的中心点居中对齐排列。
（4）▦（垂直居中）：主要作用是将所选对象在垂直方向按物体的中心点居中对齐片列。
（5）▦：（水平靠右）：主要作用是将所选对象在水平方向按物体的右边界对齐排列。
（6）▦（垂直靠下）：主要作用是将所选对象在垂直方向按物体的底边界对齐排列。

2. 居中区

中心区包括 ▦（垂直居中）和 ▦（水平居中）2 种对齐方式。

（1）▦（垂直居中）：主要作用是将所选对象按屏幕中心垂直居中对齐。
（2）▦（水平居中）：主要作用是将所选对象按屏幕中心水平居中对齐。

3. 分布区

分布区包括 ▦（水平靠左）、▦（垂直靠上）、▦（水平居中）、▦（垂直居中）、▦（水平靠右）、▦（垂直靠下）、▦（水平等距间隔）和 ▦（垂直等距间隔）8 种分布方式。

（1）▦（水平靠左）：主要作用是将所选对象在水平方向按物体的左边界平均分布。
（2）▦（垂直靠上）：主要作用是将所选对象在垂直方向按物体的顶边界平均分布。
（3）▦（水平居中）：主要作用是将所选对象在水平方向按物体的中心点居中平均分布。
（4）▦（垂直居中）：主要作用是将所选对象在垂直方向按物体的中心点居中平均分布。
（5）▦（水平靠右）：主要作用是将所选对象在水平方向按物体的右边界平均分布。
（6）▦（垂直靠下）：主要作用是将所选对象在垂直方向按物体的底边界平均分布。
（7）▦（水平等距间隔）：主要作用是将所选对象在水平方向平均分布。
（8）▦（垂直等距间隔）：主要作用是将所选对象在垂直方向平均分布。

视频播放：关于具体介绍，请观看配套视频"任务五：对齐、居中和分布.MP4"。

任务六：字幕编辑区和字幕样式区

1. 字幕编辑区

该区域的主要作用是显示已创建的字幕和图形，字幕编辑区如图 5.30 所示。字幕编辑区是【字幕】窗口的核心区域，字幕或图形的创建、编辑和预览主要通过该区域来完成。

2. 字幕样式区

该区域的主要作用是为用户提供 Premiere Pro 2020 自带的各种精彩的字幕样式，也可以将用户自定义的字幕样式存储为新的样式。字幕样式区如图 5.31 所示。

第 5 章 字幕应用

图 5.30 字幕编辑区　　　　　　　　图 5.31 字幕样式区

字幕样式的具体应用步骤如下。

步骤 01：在"字幕编辑区"中单选需要应用字幕样式的字幕对象，如图 5.32 所示。

步骤 02：在"字幕样式区"中单选需要应用的字幕样式，如图 5.33 所示。

图 5.32 单选的字幕对象　　　　　　图 5.33 单选的字幕样式

步骤 03：单击预制字幕样式之后的效果如图 5.34 所示。

步骤 04：在使用预制字幕样式的基础上设置字幕样式属性参数，具体参数设置如图 5.35 所示，参数设置之后的效果如图 5.36 所示。

图 5.34 单选预制字幕　　　图 5.35 字幕样式　　　图 5.36 设置字幕样式属性参数
样式之后的效果　　　　属性参数设置　　　　　之后的效果

视频播放：关于具体介绍，请观看配套视频"任务六：字幕编辑区和字幕样式区.MP4"。

任务七：字幕参数控制区

该区域的主要作用是调节字幕的大小、颜色、阴影、描边和坐标位置等相关属性。字幕参数控制区主要有字幕属性的变换、属性、填充、描边、阴影和背景6个参数组，如图5.37所示。

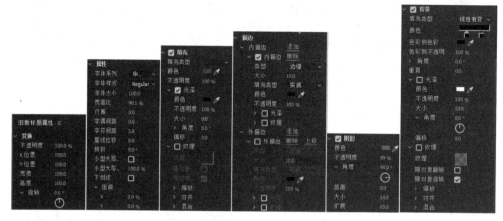

图5.37 "字幕参数控制区"参数组

参数组中各参数的具体设置步骤如下。

步骤01：在字幕编辑区中单选需要设置属性的字幕或图形。

步骤02：在字幕参数控制区中设置相应参数。

1. "变换"参数组

"变换"参数组各参数主要用来调节对象的位置、宽度、高度和旋转角度等属性，其各参数的作用如下。

（1）"不透明度"参数：主要用来调节选定对象的透明度。调节透明度前后效果对比如图5.38所示。

图5.38 调节透明度前后效果对比

（2）"X位置/Y位置"参数：主要用来调节选定对象在X轴（水平方向）/Y轴（垂直

方向）上的位置。

（3）"宽度/高度"参数：主要用来调节选定对象的宽度/高度数值。

（4）"旋转"参数：主要用来对选定对象进行旋转调节。调节"变换"参数组各参数前后效果对比如图 5.39 所示。

图 5.39　调节"变换"参数组各参数前后效果对比

2．"属性"参数组

"属性"参数组各参数主要用来调节字幕的字体类型、字间距、行间距和扭曲程度等属性，其各个参数的作用如下。

（1）"字体系列"参数：主要用来调节字幕的字体。单击"字体系列"右侧的■按钮，弹出下拉菜单，在弹出的下拉菜单中单击需要的字体即可。"字体系列"列表如图 5.40 所示。

（2）"字体样式"参数：主要用来调节字幕的字体样式。

提示："属性"参数组中的"字体系列"和"字体样式"参数的作用与"字幕类型控制区"中的"字体"和"字体样式"参数的作用完全相同。

（3）"字体大小"参数：主要用来调节字幕的大小。不同"字体大小"参数下的效果如图 5.41 所示。

图 5.40　"字体系列"列表

图 5.41　不同"字体大小"参数下的效果

（4）"宽高比"参数：主要用来调节字幕的宽度与高度的比例大小。不同"宽高比"参数下的效果如图 5.42 所示。

（5）"行距"参数：主要用来调节字幕的行间距。不同"行距"参数下的效果如图 5.43 所示。

图 5.42　不同"宽高比"参数下的效果

图 5.43　不同"行距"参数下的效果

（6）"字偶间距"参数：主要用来调节字与字之间的距离。不同"字偶间距"参数下的效果如图 5.44 所示。

（7）"字符间距"参数：主要作用是在字距设置的基础上进一步设置文字的字距。

（8）"基线位移"参数：主要用来调节文字的基线位置。不同"基线位移"参数下的效果如图 5.45 所示。

图 5.44　不同"字偶间距"参数下的效果

图 5.45　不同"基线位移"参数下的效果

提示： 在横排文字中，当"基线位移"参数值为正时文字，向上偏移；当"基线位移"参数值为负时，文字向下偏移。在竖排文字中，当"基线位移"参数值为正时，文字向右偏移；当"基线位移"参数值为负时，文字向左偏移。

（9）"倾斜"参数：主要用来调节文字的倾斜度。不同"倾斜"参数下的效如图 5.46 所示。

（10）"小型大写字母"参数：勾选此项，将字幕中的小写字母修改为大写字母。

（11）"小型大写字母大小"参数：主要用来调节小写字母被修改为大写字母的与原始字母大小的比例。不同"小型大写字母大小"参数下的效果如图 5.47 所示。

第5章 字幕应用

图5.46 不同"倾斜"参数下的效果

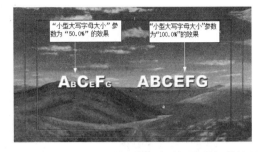

图5.47 不同"小型大写字母大小"参数下的效果

（12）"下画线"参数：勾选此项，为选择的文字添加下画线。勾选"下画线"前后的效果如图5.48所示。

（13）"扭曲"参数：主要作用是将文字或形状图形沿X轴或Y轴进行扭曲变形。不同"扭曲"参数下的效果如图5.49所示。

图5.48 勾选"下画线"前后的效果

图5.49 不同"扭曲"参数下的效果

3．"填充"属性参数组

"填充"属性主要用来调节对象的颜色、光泽度和纹理等属性，其各参数的作用如下。

1）"填充类型"参数

主要用来选择对象的填充类型。单击"填充类型"右侧的 按钮，弹出下拉菜单，显示"填充类型"参数列表，如图5.50所示。

（1）"实体"：为默认填充类型，主要使用单一颜色对对象进行填充。

（2）"线性渐变"：主要使用线性渐变的方式对对象进行填充。

（3）"径向渐变"：主要使用两种颜色放射渐变的方式对对象进行填充。

（4）"四色渐变"：主要使用4种颜色填充对象。

（5）"斜面"填充：主要通过颜色的变化生成一个斜面，使对象产生浮雕效果。

（6）"消除"填充：主要将对象的实体部分删除，只保留描边框和阴影框。该填充类型没有参数，通常与"描边"和"阴影"参数配合使用。

（7）"重影"填充：主要将对象的实体部分删除，只保留描边框和阴影框。该填充类型没有参数，通常与"描边"和"阴影"参数配合使用。

各种不同"填充类型"的效果如图5.51所示。

图 5.50 "填充类型"参数列表

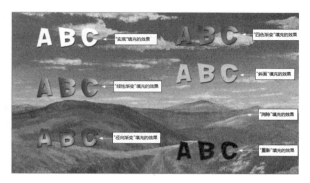

图 5.51 各种不同"填充类型"的效果

2)"颜色"参数

"颜色"参数主要用来调节填充的颜色。

3)"不透明度"参数

"不透明度"参数主要用来调节填充颜色的透明度。

4)"光泽"参数组

"光泽"参数组,勾选此项,为对象添加光照效果,该参数组各参数如图 5.52 所示。

(1)"颜色"参数:主要用来调节光泽效果的颜色。

(2)"不透明度"参数:主要用来调节光泽效果的透明度。

(3)"大小"参数:主要用来调节光泽效果的大小。

(4)"角度"参数:主要用来调节光泽效果的偏移方向。

5)"纹理"参数组

勾选此项,可为选定对象填充一种材质效果,该参数组各参数如图 5.53 所示。

图 5.52 "光泽"参数组各参数

图 5.53 "纹理"参数组各参数

(1)"纹理"参数:主要为选定对象填充材质。单击"纹理"右侧的■图标,弹出【选择纹理图像】对话框,在该对话框中选择作为纹理的图像,如图 5.54 所示。单击【打开(O)】按钮,即可为选定的对象添加材质。添加纹理的字幕效果如图 5.55 所示。

第 5 章　字幕应用

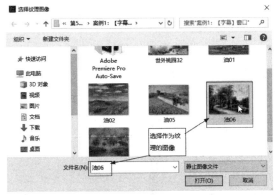

图 5.54　在【选择纹理图像】对话框中选择作为纹理的图像　　　　图 5.55　添加纹理的字幕效果

（2）"随对象翻转"参数：勾选此项，添加的材质图案将随对象同步翻转。

（3）"随对象旋转"参数：勾选此项，添加的材质图案将随对象同步旋转。

（4）"缩放"参数组：主要用来调节材质图案在水平方向上的填充方式，包括"纹理""切面""面""扩展字符"4 种填充方式。

（5）"对齐"参数组：主要用来调节材质图案的对齐方式。

（6）"混合"参数组：主要用来调节材质图案与填充的混合方式。

4．"描边"参数组

主要包括"内描边"和"外描边"两大类参数，用来调节对象内外侧的描边效果，其参数如图 5.56 所示。

（1）"内描边"参数：单击"内描边"参数右侧的"添加"按钮，即可为选定对象添加一个内描边效果。

（2）"类型"参数：主要用来调节内描边的类型，包括"深度""边缘""凹进"3 种内描边效果。

（3）"大小"参数：主要用来调节内描边的宽度。

（4）"填充类型"参数：主要用来调节内描边的填充类型，包括 7 种填充类型，如图 5.57 所示。

图 5.56　"描边"参数组各参数　　　　图 5.57　填充类型

（5）"颜色"参数：主要用来调节内描边的边框颜色。

（6）"不透明度"参数：主要用来调节内描边的边框透明度。

（7）"光泽/纹理"参数组：主要用来调节内描边的光照效果或纹理填充效果。

提示：内描边的"光泽"参数和"纹理"参数组中的各参数与前面介绍的"填充"参数组中的"光泽"参数和"纹理"参数组的作用和调节方法完全相同。在此就不再详细介绍。

提示："外描边"参数组主要用来调节外侧描边的效果，"外描边"参数组中的参数与"内描边"参数组中的参数完全相同，在此就不再详细介绍。

"内描边"和"外描边"效果参数设置实例如图 5.58 所示，效果如图 5.59 所示。

图 5.58　"内描边"和"外描边"效果参数设置实例　　图 5.59　设置内描边"和"外描边"参数之后的效果

5."阴影"参数组

该参数组主要用来调节对象的阴影效果，勾选此项，即可为选定对象添加阴影效果，该参数组各参数如图 5.60 所示。

（1）"颜色"参数：主要用来调节阴影的颜色。

（2）"不透明度"参数：主要用来调节阴影的透明度。

（3）"角度"参数：主要用来调节阴影的投射角度。

（4）"距离"参数：　主要用来调节阴影与对象之间的距离。

（5）"大小"参数：主要用来调节阴影的宽度大小。

（6）"扩展"参数：主要用来调节阴影的羽化程度。

给选定对象添加阴影的参数设置和效果如图 5.61 所示。

图 5.60　"阴影"参数组各参数　　　　图 5.61　"阴影"参数设置和效果

第 5 章　字幕应用

6. "背景"参数组

主要用来调节背景的颜色、角度、重复、光泽和纹理等参数，其参数如图 5.62 所示，各参数的作用如下。

（1）"填充类型"参数：主要用来调节背景的填充类型，包括"实底""线性渐变""径向渐变""四色渐变""斜面""消除""重影"7 种填充类型。

（2）"颜色"参数：主要用来调节背景的填充颜色。

（3）"不透明度"参数：主要用来调节背景填充颜色的透明度。

（4）"光泽/纹理"参数组：主要用来调节背景填充的光泽或纹理填充效果。

勾选"背景"参数组并设置"背景"参数组各参数，"背景"参数设置和效果如图 5.63 所示。

图 5.62　"背景"参数组各参数

图 5.63　"背景"参数设置和效果

视频播放：关于具体介绍，请观看配套视频"任务七：字幕参数控制区.MP4"。

七、拓展训练

利用本案例所学知识，制作如下图所示的字幕效果。

学习笔记:

第5章 字幕应用

案例2 制作滚动字幕

一、案例内容简介

本案例介绍如何为一段音频素材添加美丽的山水背景图片、优美的背景音乐、在图片上添加文字，并将添加的文字制作成具有滚动播出效果的短视频。

二、案例效果欣赏

三、案例制作（步骤）流程

任务一：创建新项目和导入素材 ➡ 任务二：将背景图片和背景音乐添加到轨道中 ➡ 任务三：制作滚动字幕

任务五：【滚动/游动选项】对话框参数介绍 ⬅ 任务四：制作遮挡字幕并添加视频效果

四、制作目的

（1）了解滚动字幕的定义、作用、制作方法、技巧以及滚动字幕面板参数的作用。

（2）熟练掌握制作滚动字幕的基础知识、制作步骤。

五、制作过程中需要解决的问题

（1）如何创建滚动字幕？

（2）如何创建游动字幕？

（3）滚动字幕与游动字幕有什么区别？

（4）【滚动/游动选项】对话框中主要有哪些参数？

六、详细操作步骤

任务一：创建新项目和导入素材

步骤01：启动 Premiere Pro 2020 软件，创建一个名为"滚动字幕的制作.prproj"的项目文件。

步骤02：利用前面所学知识导入素材。

步骤 03：新建一个名为"滚动字幕"的序列文件，尺寸为"720×576"。

视频播放：关于具体介绍，请观看配套视频"任务一：创建新项目和导入素材.MP4"。

任务二：将背景图片和背景音乐添加到轨道中

步骤 01：将导入的背景图片一次性拖到"滚动字幕"【序列】窗口的"V1"视频轨道中。添加了背景图片的视频轨道如图 5.64 所示。

图 5.64　添加了背景图片的视频轨道

步骤 02：将"溶解"类视频过渡效果中的"叠加溶解""白场过渡""交叉溶解"过渡效果添加到图片相连处，并设置过渡效果的"持续时间"为 3 秒。添加了视频过渡效果的视频轨道如图 5.65 所示。

图 5.65　添加了视频过渡效果的视频轨道

步骤 03：将"背景音乐 1.MP3"音频素材拖到"A1"音频轨道中。添加了音频素材的音频轨道如图 5.66 所示。

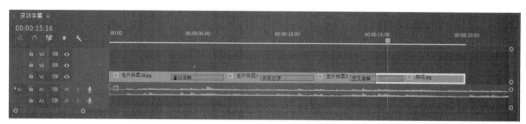

图 5.66　添加了音频素材的音频轨道

步骤 04：将"时间指示器"定位到第 20 秒 0 帧位置，使用"剃刀工具"将"A1"轨道中的音频沿"时间指示器"位置分割成两段素材，并将分割之后的第 2 段素材删除。

分割音频素材和删除多余音频素材之后的效果如图 5.67 所示。

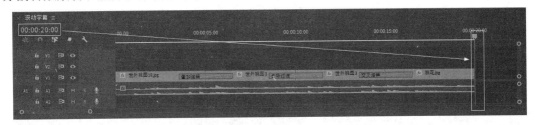

图 5.67　分割音频素材和删除多余音频素材之后的效果

视频播放：关于具体介绍，请观看配套视频"任务二：将背景图片和背景音乐添加到轨道中.MP4"。

任务三：制作滚动字幕

步骤 01：在菜单栏中单击【文件（F）】→【新建（N）】→【旧版标题（T）…】命令，弹出【新建字幕】对话框，具体参数设置如图 5.68 所示。

步骤 02：单击【确定】按钮，弹出【字幕】窗口。

步骤 03：在【字幕】窗口中单击"垂直区域文字工具"按钮，在字幕编辑区拖出一个文字输入区域，如图 5.69 所示。

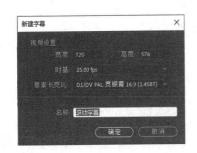

图 5.68　【新建字幕】对话框参数设置

图 5.69　拖出的垂直文字输入框

步骤 04：输入滚动的字幕文字，滚动文字的属性设置和效果如图 5.70 所示。

图 5.70　滚动文字的属性设置和效果

步骤 05：先单选设置好的字幕文字，再单击"滚动/游动选项"按钮，弹出【滚动/游动选项】对话框，具体参数设置如图 5.71 所示。

步骤06：单击【确定】按钮，即可创建一个滚动字幕。

步骤07：将创建的滚动字幕拖到"V2"轨道中，并将其拉长到与"V1"轨道中的素材出点对齐。被拖到【序列】窗口中的字幕如图5.72所示。

图5.71 【滚动/游动选项】对话框参数设置

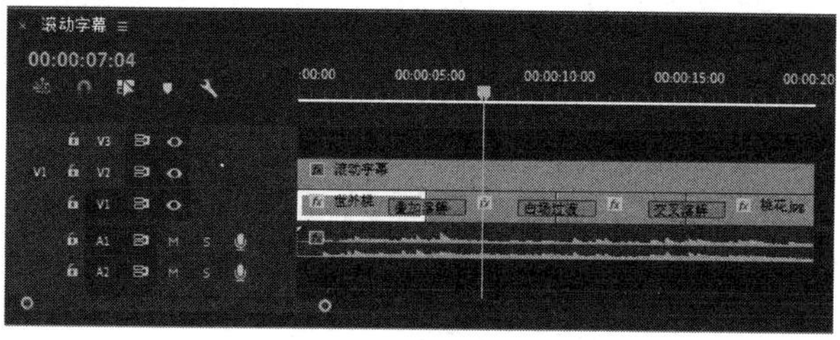

图5.72 被拖到【序列】窗口中的字幕

步骤08：在【节目：滚动字幕】监视器窗口中的部分截图效果如图5.73所示。

图5.73 在【节目：滚动字幕】监视器窗口中的部分截图效果

视频播放：关于具体介绍，请观看配套视频"任务三：制作滚动字幕.MP4"。

任务四：制作遮挡字幕并添加视频效果

步骤01：在菜单栏中单击【文件（F）】→【新建（N）】→【旧版标题（T）…】命令，弹出【新建字幕】对话框，具体参数设置如图5.74所示。

步骤02：单击【确定】按钮，弹出【字幕】窗口。

步骤03：在【字幕】窗口中使用"矩形工具"按钮■，在"字幕编辑区"绘制两个矩形，如图5.75所示。

第 5 章 字幕应用

图 5.74 【新建字幕】对话框参数设置　　　　图 5.75 绘制的两个矩形

步骤 04：将创建的遮罩字幕拖到"V3"轨道中。添加了遮罩字幕的【序列】窗口如图 5.76 所示。

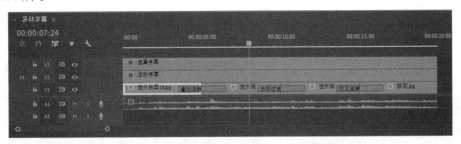

图 5.76 添加了遮罩字幕的【序列】窗口

步骤 05：单选"V2"轨道中的素材，在【效果】功能面板中双击"变换/裁剪"视频效果，完成"裁剪"视频效果的添加。

步骤 06：单选"V2"轨道中的素材，在【效果控件】功能面板中设置"裁剪"视频效果参数，具体参数设置如图 5.77 所示。在【节目：滚动字幕】监视器窗口中的截图效果如图 5.78 所示。

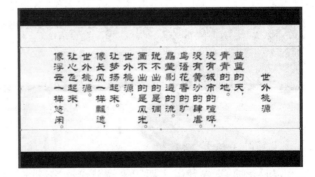

图 5.77 "裁剪"视频效果参数设置　　　图 5.78 在【节目：滚动字幕】监视器窗口中的截图效果

视频播放：关于具体介绍，请观看配套视频"任务四：制作遮挡字幕并添加视频效果.MP4"。

任务五：【滚动/游动选项】对话框参数介绍

【滚动/游动选项】对话框主要用来调节字幕的运动方式、卷入/卷出时间等。【滚动/游动选项】对话框如图 5.79 所示。

1．"字幕类型"参数组

该参数组主要用来控制字幕的运动方式，包括"静止图像""滚动""向左游动""向右游动"4 种运动方式。

（1）"静止图像"参数：勾选此项，创建的字幕为静态字幕，字幕所在的位置为用户调节字幕之后的位置。

（2）"滚动"参数：勾选此项，创建的字幕为滚动字幕，滚动方式为从屏幕顶部向屏幕的底部滚动。

（3）"向左游动"参数：勾选此项，创建的字幕为游动字幕，游动方式为从屏幕的右侧向屏幕左侧游动，"向左游动"部分截图如图 5.80 所示。

图 5.79 【滚动/游动选项】对话框　　　　图 5.80 "向左游动"部分截图

（4）"向右游动"参数：勾选此项，创建的字幕为游动字幕，游动方式为从屏幕的左侧向屏幕右侧游动，"向右游动"部分截图如图 5.81 所示。

图 5.81 "向右游动"部分截图

2．"定时（帧）"参数组

"定时（帧）"参数组主要用来调节滚动字幕的起始位置、滚入/滚出的速度，包括"开始于屏幕外""结束于屏幕外""预卷""缓入""缓出""过卷"6 个参数。各参数的具体介绍如下。

（1）"开始于屏幕外"参数：勾选此项，字幕从屏幕外开始滚动。

（2）"结束于屏幕外"参数：勾选此项，字幕滚动到屏幕外结束。

（3）"预卷"参数：主要用来调节字幕滚动停止前停留的帧数。

（4）"缓入"参数：主要用来调节字幕从滚动开始到匀速运动的帧数。

（5）"缓出"参数：主要用来调节字幕从匀速运动到滚动结束的帧数。

（6）"过卷"参数：主要用来调节字幕滚动停止后停留的帧数。

视频播放：关于具体介绍，请观看配套视频"任务五：【滚动/游动选项】对话框参数介绍.MP4"。

七、拓展训练

利用本案例所学知识，制作如下图所示的滚动字幕效果。

学习笔记：

案例 3 字幕排版技术

一、案例内容简介

本案例介绍如何一段音频素材添加字幕。所加字幕是由天马影视传媒影视工作室写的一首诗词——《世外桃源》，然后导入天马影视传媒工作室的标志 Logo 图案并对字幕进行排版。

二、案例效果欣赏

三、案例制作（步骤）流程

任务一：创建新项目和导入素材 ➡ 任务二："自动换行"命令的应用

⬇

任务四：调节对象的叠加顺序和选择叠加对象 ⬅ 任务三：使用"停止跳格"工具进行排版

⬇

任务五：在【字幕】窗口中导入Logo图案

四、制作目的

（1）了解字幕排版中的自动换行命令、停止跳格命令工具的使用方法。

（2）掌握叠加对象的选择和顺序调整。

（3）掌握叠加对象的选择方法，以及如何在字幕中导入工作室标志 Logo 图案等基础知识。

（4）熟练掌握字幕排版的基础知识、操作步骤。

五、制作过程中需要解决的问题

（1）如何对字幕文字进行自动换行？

（2）"停止跳格"工具的主要作用是什么？

（3）如何删除和查看跳格符？

（4）如何调节和选择叠加对象？

（5）什么是 Logo 图案？

（6）如何在文字块中插入和编辑 Logo 图案？

六、详细操作步骤

任务一：创建新项目和导入素材

步骤 01：启动 Premiere Pro 2020 软件，创建一个名为"字幕排版.prproj"的项目文件。

步骤 02：利用前面所学知识导入素材。

步骤 03：新建一个名为"字幕排版技术"的序列文件，尺寸为"720×576"。

视频播放：关于具体介绍，请观看配套视频"任务一：创建新项目和导入素材.MP4"。

任务二："自动换行"命令的应用

在使用"文字工具" 或"垂直文字工具" 输入字幕文字时，如果不勾选"自动换行"命令，文字内容在超出屏幕安全框时不会自动换行，如图 5.82 所示。如果勾选了"自动换行"命令，在输入文字时，到字幕安全框的位置会自动换行，如图 5.83 所示。

图 5.82　字幕不自动换行

图 5.83　字幕自动换行

"自动换行"命令的使用方法比较简单。

步骤 01：在【字幕】窗口中选择需要进行自动换行的字幕文字。

步骤 02：将光标移到选定字幕文字上，单击鼠标右键，弹出快捷菜单。在弹出的快捷菜单中单击【自动换行】命令，此时，在【自动换行】命令前出现一个 图标，选择的字幕一旦超出字幕安全框的边界时就自动换行。

提示：如果【自动换行】命令前面出现 图标，表示启动了自动换行功能。如果再次执行【自动换行】命令，则取消自动换行功能。

视频播放：关于具体介绍，请观看配套视频"任务二："自动换行"命令的应用.MP4"。

任务三：使用"停止跳格"工具进行排版

在 Premiere Pro 2020 中，"停止跳格"工具是一个非常实用的字幕辅助工具，它相当于文字处理系统中的制表位，使用"停止跳格"工具可以对字幕进行对齐和分布操作。

在一组字幕中可以制作多个不同类型的制表位。在输入文字时，按键盘上的"Tab"键，即可在制表位之间来回跳格。

1. 使用"停止跳格"工具

步骤 01：打开一个【字幕】窗口，选择的字幕对象如图 5.84 所示。

步骤 02：在【字幕】窗口中的字幕类型控制区单击"制表位"按钮，弹出【制表位】对话框，如图 5.85 所示。

图 5.84　选择的字幕对象

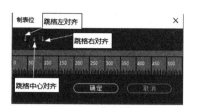

图 5.85　【制表位】对话框

步骤 03：在【制表位】对话框中单击"跳格左对齐"按钮，将光标移到【制表位】对话框标尺的上方，按住鼠标左键不放进行移动。此时，字幕出现一条黄色垂直线（参考本书配套视频），在移动的过程中黄色垂直线的位置就是左对齐的位置。确定黄色垂直线的位置之后，松开鼠标左键，如图 5.86 所示。

步骤 04：在【制表位】对话框中单击"跳格中心对齐"按钮，将光标移到【制表位】对话框标尺的上方，按住鼠标左键不放进行移动。此时，字幕出现一条黄色垂直线，在移动的过程中黄色垂直线的位置就是中心对齐的位置。确定黄色垂直线的位置之后，松开鼠标左键，如图 5.87 所示。

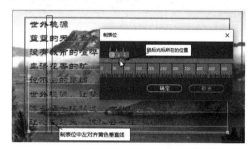

图 5.86　左对齐时黄色垂直线的位置

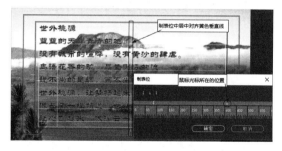

图 5.87　居中对齐时黄色垂直线的位置

步骤 05：在【制表位】对话框中单击"跳格右对齐"按钮，将光标移到【制表位】对话框标尺的上方，按住鼠标左键不放进行移动。此时，字幕出现一条黄色垂直线，在移动的过程中黄色垂直线的位置就是右对齐的位置。确定黄色垂直线的位置之后，松开鼠标左键，如图 5.88 所示。

步骤 06：跳格符设置完毕，单击【确定】按钮，退出【制表位】对话框。

步骤 07：将光标移到字幕第一句话的开头单击，如图 5.59 所示。

步骤 08：按键盘上的"Tab"键一次，此时，字幕第一句话与左对齐跳格符对齐，效果如图 5.90 所示。

步骤 09：再按键盘上"Tab"键一次，此时，字幕第一句话与居中对齐跳格符对齐，效果如图 5.91 所示。

第 5 章 字幕应用

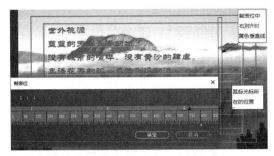
图 5.88 右对齐时黄色垂直线的位置

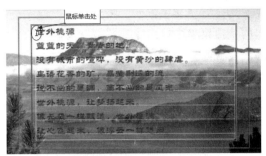
图 5.89 光标的位置

图 5.90 与左对齐跳格符对齐的效果

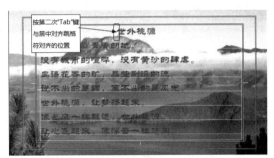
图 5.91 与居中对齐跳格符对齐的效果

步骤 10：继续按键盘上的"Tab"键一次，字幕第一句话与右对齐跳格符对齐。

步骤 11：方法同上，将其他字幕与中心跳格符对齐，效果如图 5.92 所示。

2.【制表位】对话框

该对话框主要包括"跳格左对齐" 、"跳格中心对齐" 和"跳格右对齐" 3 个按钮，各自作用如下。

（1）"跳格左对齐" ：主要用来创建一个左对齐跳格符。

（2）"跳格中心对齐" ：主要用来创建一个中心对齐跳格符。

（3）"跳格右对齐" ：主要用来创建一个右对齐跳格符。

3. 删除跳格符

跳格符的删除方法很简单。

步骤 01：单击"制表位"按钮 ，弹出【制表位】对话框。

步骤 02：将光标移到需要删除的跳格符上，按住鼠标左键不放的同时，把它拖到数字标尺外，松开鼠标左键即可将其删除。

4. 查看跳格符

在 Premiere Pro 2020 默认情况下，设置完跳格符并关闭【制表位】对话框之后，黄色垂直跳格线不在【字幕】窗口中显示，这为文字的输入带来不便。

为了方便文字输入，将光标移到选定的字幕上，单击鼠标右键，弹出快捷菜单。在弹出的快捷菜单中单击【视图】→【制表符标记】命令，即可显示黄色垂直跳格线（参考本书配套视频），如图 5.93 所示。

图 5.92 其他字幕与中心跳格符对齐的效果

图 5.93 黄色垂直跳格线

视频播放：关于具体介绍，请观看配套视频"任务三：使用"停止跳格"工具进行排版.MP4"。

任务四：调节对象的叠加顺序和选择叠加对象

1. 调节对象的叠加顺序

如果在一个【字幕】窗口中创建多个对象，那么先创建的对象总在后创建的对象下面。如果有重叠的部分，那么后创建的对象覆盖先创建的对象。在 Premiere Pro 2020 中，允许用户通过菜单栏中的命令改变它们的叠加次序，具体操作步骤如下。

步骤 01：在【字幕】窗口中单选需要改变叠加次序的对象。

步骤 02：在菜单栏中单击【图形（G）】→【排列】命令，弹出【排列】二级子菜单，如图 5.94 所示。

步骤 03：根据实际要求，将光标移到【排列】二级子菜单中的相关命令上单击即可。

【排列】二级子菜单包括 4 个调节字幕顺序的命令，各自作用如下：

（1）"移到最前"命令：单击该命令，将选择的对象置于上层。

（2）"前移"命令：单击该命令，将选择的对象与上面的对象互换层级。

（3）"后移"命令：单击该命令，将选择的对象与下面的对象互换层级。

（4）"移到最后"命令：单击该命令，将选择的对象置于底层。

2. 选择叠加对象

在一个【字幕】窗口中创建多个叠加对象，通过单击鼠标选择需要叠加的对象，难度比较大。可以通过菜单栏中的命令完成此操作，具体操作步骤如下。

步骤 01：在【字幕】窗口中任意单选一个对象。

步骤 02：在菜单栏中单击【图形（G）】→【选择】命令，弹出【选择】二级子菜单，如图 5.95 所示。

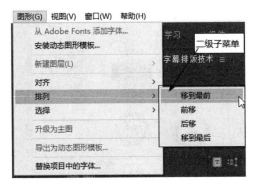

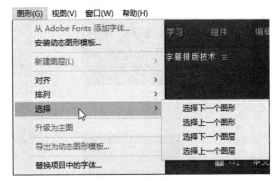

图 5.94 【排列】二级子菜单　　　　　图 5.95 【选择】二级子菜单

【选择】二级子菜单包括 4 个选择对象的命令，各自作用如下：
（1）"选择下一个图形"：单击该命令，选择当前图形上面的图形。
（2）"选择上一个图形"：单击该命令，选择当前图形下面的图形。
（3）"选择下一个图层"：单击该命令，选择当前图形上一层的图形。
（4）"选择上一个图层"：单击该命令，选择当前图形下一层的图形。

视频播放：关于具体介绍，请观看配套视频"任务四：调节对象的叠加顺序和选择叠加对象.MP4"。

任务五：在【字幕】窗口中导入 Logo 图案

在 Premiere Pro 2020 中，通过【字幕】窗口可以将其他软件创建的 Logo 图案作为标志插入【字幕】窗口的图形中。可以给 Logo 图案赋予各种样式，也可以将它进行复杂编辑。

1. 将 Logo 图案插入【字幕】窗口中

步骤 01：新建一个字幕文件，打开【字幕】窗口。

步骤 02：将光标移到"字幕编辑区"，单击鼠标右键，弹出快捷菜单。在弹出的快捷菜单中单击【图形】→【插入图形…】命令，弹出【图形】二级子菜单，如图 5.96 所示。

步骤 03：将光标移到【插入图形…】命令上单击，弹出【导入图形】对话框，选择需要导入的 Logo 图案，如图 5.97 所示。

步骤 04：单击【打开（O）】按钮，即可将选择的图形插入"字幕编辑区"，如图 5.98 所示。

步骤 05：调节已插入的 Logo 图案的位置、尺寸、不透明度、旋转方向和缩放比例等，效果如图 5.99 所示。

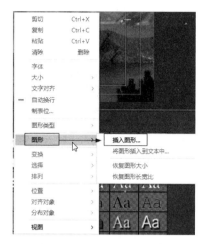

图 5.96 【图形】二级子菜单

图 5.97 选择的 Logo 图案

图 5.98 插入的 logo 图案

图 5.99 调节参数之后的 Logo 图案效果

提示：对已插入的 Logo 图案的编辑与字幕文字的编辑方法一样，可以对 Logo 图案的位置、尺寸、不透明度、旋转方向和缩放比例等进行编辑。

2. 将 Logo 图案插入文字块中

步骤 01：新建一个字幕，输入文字内容并将光标放置在需要插入 Logo 图案的位置，如图 5.100 所示。

步骤 02：单击鼠标右键，弹出快捷菜单。在弹出的快捷菜单中单击【图形】→【将图形插入到文本中…】命令，弹出【导入图形】对话框，选择需要导入的 Logo 图案，如图 5.101 所示。

步骤 03：单击【打开（O）】按钮，插入的 Logo 图案如图 5.102 所示。

3. 恢复 Logo 图案的原始大小或比例

步骤 01：选择需要恢复原始大小或比例的 Logo 图案。

步骤 02：单击鼠标右键，弹出快捷菜单。在弹出的快捷菜单中单击【图形】命令，弹出【图形】二级子菜单，如图 5.103 所示。

第 5 章 字幕应用

图 5.100 需要插入 Logo 图案的位置

图 5.101 选择需要导入的 logo 图案

图 5.102 插入的 Logo 图案

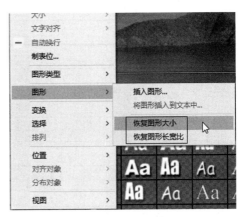

图 5.103 【图形】二级子菜单

步骤 03：将光标移到【恢复图形大小】或【恢复图形长宽比】命令上，即可将 Logo 图案恢复原始大小。

视频播放：关于具体介绍，请观看配套视频"任务五：在【字幕】窗口中导入 Logo 图案.MP4"。

七、拓展训练

利用本案例所学知识，制作如下图所示的字幕效果。

学习笔记：

案例 4 应用模板创建图形

一、案例内容简介

本案例主要介绍图形文本的创建、参数设置、动态图形库的调用和修改。

二、案例效果欣赏

三、案例制作（步骤）流程

任务一：创建新项目和导入素材 ➡ 任务二：使用"文字工具"创建文字和对文字进行修改

⬇

任务四：图形模板的应用 ⬅ 任务三：【基本图形】功能面板参数介绍

四、制作目的

（1）掌握使用工具栏中的文字工具创建文字的方法。
（2）掌握对创建的文字进行编辑的方法。
（3）掌握使用【基本图形】功能面板创建文字和编辑的方法。
（4）熟练掌握模板的应用和编辑。

五、制作过程中需要解决的问题

（1）文本的创建和修改。
（2）基本图形的创建和修改。
（3）字幕模板的应用和编辑。

六、详细操作步骤

任务一：创建新项目和导入素材

步骤 01：启动 Premiere Pro 2020 软件，创建一个名为"应用模板创建字幕.prproj"的项目文件。

步骤 02：利用前面所学知识导入素材。

步骤 03：新建一个名为"创建字幕"的序列文件，尺寸为"720×576"。

视频播放：关于具体介绍，请观看配套视频"任务一：创建新项目和导入素材.MP4"。

任务二：使用"文字工具"创建文字和对文字进行修改

在 Premiere Pro 2020 中文字工具主要包括"文字工具"和"垂直文字工具"两个，分别用来创建横排文字和竖排文字，它们的使用方法和参数基本相同。在此，以"文字工具"为例创建文字和编辑文字。

1. 创建文字

步骤 01：将"时间指示器"定位到第 0 秒 0 帧位置。

步骤 02：在"工具箱"中单选"文字工具"，将光标移到【节目：创建字幕】监视器窗口中需要输入文字的位置并单击。此时，出现一个文本输入框，如图 5.104 所示。在"创建字幕"【序列】窗口的轨道中自动添加一个"图形"文件，入点与"时间指示器"对齐，如图 5.105 所示。

图 5.104　文本输入框

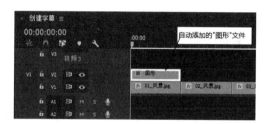
图 5.105　自动添加的"图形"文件

步骤 03：输入需要输入的文字。在此，输入"人间仙境"，如图 5.106 所示。

提示：此时，输入的文字属性沿用上一次设置的文字属性，用户可以根据项目实际要求进行修改。

2. 修改文字属性

文字属性可以通过【效果控件】功能面板中的"文本"属性进行修改，也可以通过【基本图形】功能面板进行修改。

下面介绍通过【效果控件】功能面板中的"文本"属性修改文字属性的方法。

步骤 01：在"创建字幕"【序列】窗口中，单选创建的"图形"文件。

步骤 02：在【效果控件】功能面板中设置"文本"属性，具体参数设置如图 5.106 所示。修改文字属性后的效果如图 5.108 所示。

图 5.106　在文本输入框输入文字

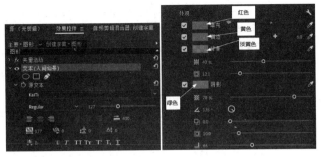

图 5.107　"文本"属性参数设置

3. "图形"文本属性

"图形"文本属性位于【效果控件】功能面板中（见图 5.108），主要用来设置文本的字体、对齐方式、字体的外观和阴影。

1）文本的基本属性

（1）"字体"文本框 ：单击"字体"文本框，弹出下拉列表。显示所有系统提供的文本字体，如图 5.109 所示。用户可以根据自己的需要，选择相应字体。

图 5.108　修改文字属性后的效果

图 5.109　"字体"下拉列表

（2）"字体"大小 ：主要用来调节字体的大小，可以直接输入字体的大小，也可以通过滑块来调节字体的大小。

（3）"文本"对齐方式 ：主要用来设置图形文本的对齐方式，包括左对齐、居中和右对齐 3 种方式。

（4）段落对齐方式 ：主要用来调节文本的段落对齐方式，包括"最后一行左对齐""最后一行居中对齐""对齐""最后一行右对齐"4 种方式。

（5）"字距调整" ：主要用来调节文本中字与字之间的距离。

（6）"字偶间距"：在"字间距"调节的基础上，继续调节字与字之间的距离。

（7）"行距"：主要用来调节段落中行与行之间的距离。

（8）"基线位移"：主要用来调节所选择字体的基线位移大小。

（9）"比例间距"：主要用来调节字与字的间距比例。

（10）字体属性：主要用来设置字体的"粗体"、"斜体"、"全部大写字母"、"小型大写字母"、"上标"、"下标"和"下画线"。

2）文本的外观属性

（1）"填充"属性：主要用来调节文本的填充颜色。

（2）"描边"属性：主要用来设置文本的描边属性和大小。

（3）"背景"属性：主要用来调节背景的颜色、透明度和大小。

（4）"阴影"属性：给文本添加阴影，调节阴影的透明度、阴影角度、阴影与文本之间的距离、阴影大小和阴影的模糊度。

视频播放：关于具体介绍，请观看配套视频"任务二：使用"文字工具"创建文字和对文字进行修改.MP4"。

任务三：【基本图形】功能面板参数介绍

在 Premiere Pro 2020 中，可以通过【基本图形】功能面板设置文本的属性、对齐与变换方式，以及调用字幕模板。在本任务中，只介绍【基本图形】功能面板参数的作用，字幕模板的应用在下一个任务中介绍。

如果【基本图形】功能面板没有在界面中显示，可以在菜单栏中单击【窗口（W）】→【基本图形】命令，将该功能面板调出。【基本图形】功能面板如图 5.110 所示。

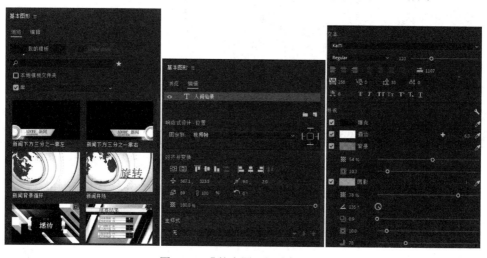

图 5.110 【基本图形】功能面板

在【基本图形】功能面板中主要有【浏览】和【编辑】两大项。

（1）【浏览】项：主要为用户提供系统自带或用户制作的图形文件模板。

（2）【编辑】项：主要用来调节图形文本的对齐、变换和文本属性。

【文本属性】介绍如下。

（1）"图形文本框"：主要作用是选择文本、显示文本、隐藏文本、创建组和创建图形层。

（2）"对齐并变换"参数组：主要用来设置图形文本的对齐方式，设置切换动画的位置，设置切换动画的锚点，进行大小调节、旋转调节和透明度调节。

（3）"文本"参数组：主要用来调节文本的对齐、字体、字体属性和外观，该参数的具体介绍请读者参考本案例任务二。

视频播放：关于具体介绍，请观看配套视频"任务三：【基本图形】功能面板参数介绍.MP4"。

任务四：图形模板的应用

在 Premiere Pro 2020 中，提供各种类型的动态图形模板，用户可以直接双击方式，应用图形模板和修改模板；也可以通过各种渠道，收集动态图形模板为自己所用。

动态图形模板的具体使用步骤如下。

步骤 01：在菜单栏中单击【窗口（W）】→【基本图形】命令，打开【基本图形】功能面板。

步骤 02：将光标移到需要添加的图形模板上。在此，以添加"新闻下方三分之一靠左"图形模板为例，将光标移到该图形模板上，如图 5.111 所示。

步骤 03：按住鼠标左键不放的同时，将该图形模板拖到"创建字幕"【序列】窗口的"V2"轨道上，并与"时间指示器"对齐，如图 5.112 所示。然后，松开鼠标左键。

图 5.111　光标所在的位置

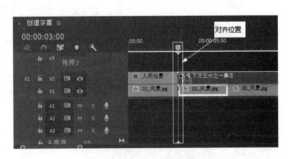
图 5.112　对齐位置

步骤 04：单选"V2"轨道中已添加的图形模板，根据要求在【效果控件】功能面板中设置"图形参数"和"运动"参数，具体参数设置如图 5.113 所示。参数设置之后，在【节目：创建字幕】监视器窗口中的效果如图 5.114 所示。

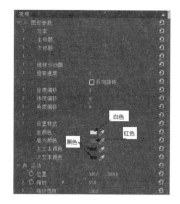

图 5.113　对已添加的动态图形模板进行参数设置

图 5.114　在【节目：创建字幕】监视器窗口中的效果

步骤 05：设置动态图形模板参数，具体参数设置如图 5.115 所示。

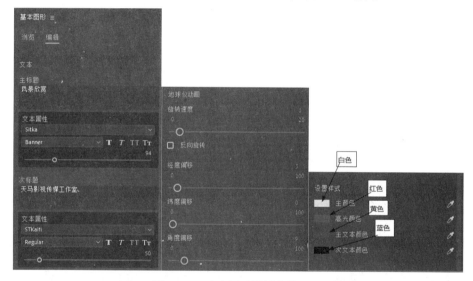

图 5.115　动态图形模板参数调节

步骤 06：参数设置之后，在【节目：创建字幕】监视器窗口中的部分截图效果如图 5.116 所示。

图 5.116　在【节目：创建字幕】监视器窗口中的部分截图效果

视频播放：关于具体介绍，请观看配套视频"任务四：图形模板的应用.MP4"。

七、拓展训练

利用本案例所学知识，制作如下图所示的动态图形效果。

学习笔记：

案例5 绘制字幕图形

一、案例内容简介

本案例介绍如何为一段音频素材的字幕添加用钢笔工具绘制的天马影视传媒影视工作室的剪影马的路径图形，如何使用图形工具绘制"bp"公司的Logo图案。

二、案例效果欣赏

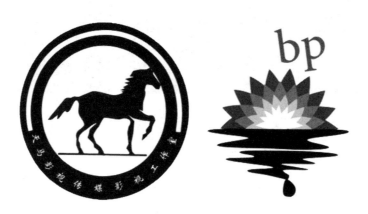

三、案例制作（步骤）流程

任务一：创建新项目 ➡ 任务二：使用钢笔工具绘制剪影马的效果

⬇

任务三：使用图形工具绘制"bp"公司Logo

四、制作目的

（1）了解【字幕】窗口中各种绘图工具的定义和作用。

（2）了解用钢笔工具绘制字幕中的剪影马图案和用图形工具绘制字幕中公司 Logo 图案以及参数设置的方法等。

（3）熟练掌握绘制字幕图形的操作流程。

五、制作过程中需要解决的问题

（1）路径工具有什么作用？怎样灵活应用路径工具绘制路径？

（2）如何快速绘制剪影马的路径？

（3）如何绘制 Logo 图案和进行路径属性参数设置？

六、详细操作步骤

任务一：创建新项目

步骤01：启动 Premiere Pro 2020 软件，创建一个名为"绘画图形.prproj"的项目文件。

步骤02：新建一个名为"马的绘制"的序列文件，尺寸为"720×576"。

视频播放：关于具体介绍，请观看配套视频"任务一：创建新项目.MP4"。

任务二：使用钢笔工具绘制剪影马的效果

剪影马效果的绘制：主要使用钢笔工具绘制出马外形轮廓的路径，再对路径进行填充，以及相关属性的设置。

步骤01：在菜单栏中单击【文件】→【新建（N）】→【旧版标题（T）…】命令，弹出【新建字幕】对话框，具体参数设置如图5.117所示。

步骤02：单击【确定】按钮，即可创建一个字幕文字。

步骤03：在工具栏中单击"钢笔工具"，在"字幕编辑区"绘制如图5.118所示的马外形轮廓的闭合路径。

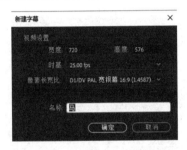

图 5.117 【新建字幕】对话框参数设置

图 5.118 绘制马的闭合路径

步骤04：使用"转换锚点工具"对马外形轮廓的路径锚点类型和形态进行调节，效果如图5.119所示。

步骤05：单选已绘制的马外形轮廓的路径并设置属性，具体参数设置如图5.120所示，效果如图5.121所示。

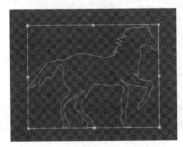

图 5.119 调节之后马外形轮廓的路径

图 5.120 路径属性参数设置

图 5.121 设置路径属性参数之后的效果

步骤06：使用"椭圆工具" ，绘制一个椭圆，具体参数设置如图5.122所示，效果如图5.123所示。

图5.122 椭圆路径属性设置

图5.123 调节"椭圆路径"属性之后的效果

步骤07：使用"直线工" ，绘制一条直线，直线的属性设置如图5.124所示，效果如图5.125所示。

图5.124 直线的属性设置

图5.125 设置属性之后的效果

步骤08：使用"钢笔工具" ，绘制路径并设置属性，路径的属性设置如图5.126所示，效果如图5.127所示。

图5.126 路径属性设置

图5.127 设置属性之后的效果

第 5 章 字幕应用

步骤 09：使用"路径文字工具" ，输入文字并设置文字属性，文字属性的具体设置如图 5.128 所示，效果如图 5.129 所示。

步骤 10：使用"椭圆工具" ，绘制一个椭圆，填充属性为白色，并把绘制的椭圆置于底层，效果如图 5.130 所示。

图 5.128　路径文字的属性设置　　　图 5.129　设置文字属性之后的效果　　　图 5.130　绘制椭圆之后的效果

视频播放：关于具体介绍，请观看配套视频"任务二：使用钢笔工具绘制剪影马的效果.MP4"。

任务三：使用图形工具绘制"bp"公司 Logo

"bp"公司 Logo 的绘制：主要使用钢笔工具绘制路径，再对路径进行属性设置。

步骤 01：在菜单栏中单击【文件】→【新建（N）】→【旧版标题（T）…】命令，弹出【新建字幕】对话，具体参数设置如图 5.131 所示。

步骤 02：单击【确定】按钮，即可创建一个字幕文字。

步骤 03：使用"钢笔工具" ，在"字幕编辑区"绘制 3 条闭合路径，如图 5.132 所示径。

步骤 04：设置闭合路径的属性参数，具体参数设置如图 5.133 所示。

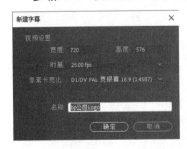
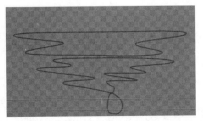

图 5.131　【新建字幕】对话框　　　图 5.132　绘制的 3 条闭合路径　　　图 5.133　闭合路径属性参数设置

步骤 05：设置路径属性参数之后的效果如图 5.134 所示。

步骤 06：使用"钢笔工具" 绘制如图 5.135 所示的闭合曲线。设置闭合曲线的填充色为"绿色"，效果如图 5.136 所示。

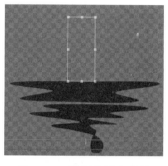

图 5.134　设置属性参数之后的效果　　图 5.135　绘制的闭合曲线　　图 5.136　填充色为绿色的效果

步骤 07：对填充为绿色的闭合曲线进行复制，复制 9 个并进行旋转和位置调节，效果如图 5.137 所示。

步骤 08：复制闭合曲线将填充色为浅绿色，进行旋转和位置调节，最终效果如图 5.138 所示。

步骤 09：继续复制图形，填充颜色为浅黄色，对复制的图形进行缩放、移动和旋转，效果如图 5.139 所示。

图 5.137　步骤 07 复制并调节之后的效果　　图 5.138　步骤 08 复制并调节之后的效果　　图 5.139　步骤 09 复制、缩放和旋转之后的效果

步骤 10：复制图形，填充色为白色，对复制的图形进行缩放、移动和旋转，效果如图 5.140 所示。

步骤 11：将最新绘制的图形置于顶层，效果如图 5.141 所示。

步骤 12：使用"文字工具"输入"bp"文字，文字颜色为绿色，效果如图 5.142 所示。

步骤 13：使用"矩形工具" ，绘制一个矩形，填充颜色为白色，将绘制的矩形置于底层，效果如图 5.143 所示

第 5 章 字幕应用

图 5.140 步骤 10 复制、缩放、旋转的效果

图 5.141 调节图形排列顺序的效果

图 5.142 输入文字的效果

图 5.143 绘制矩形和调节排列顺序之后的效果

视频播放：关于具体介绍，请观看配套视频"任务三：使用图形工具绘制"bp"公司Logo.MP4"。

七、拓展训练

利用本案例所学知识，制作如下图所示的图形效果。

学习笔记：

第 6 章　综合应用案例制作

知识点：
案例 1　电子相册制作
案例 2　电影倒计时片头制作
案例 3　画面擦除效果制作
案例 4　多视频画面效果
案例 5　画中画效果
案例 6　透视画面效果

说明：
本章主要介绍视频过渡效果、视频效果、音频效果、音频过渡效果、字幕等文字工具应用案例的制作，旨在巩固读者所学的基础知识，提高其综合应用能力。

教学建议课时数：
一般情况下需要 12 课时，其中理论 4 课时，实际操作 8 课时（特殊情况下可做相应调整）。

在前 5 章中，对 Premiere Pro 2020 的基础知识、视频过渡效果、视频效果、音频效果、音频过渡效果、字幕等知识做了详细介绍。本章将利用前 5 章介绍的知识制作一些综合案例，使读者进一步巩固所学知识，加深理解，提高综合应用能力。

案例 1　电子相册制作

一、案例内容简介

本案例以一个由室内设计图片组成的电子相册为例，介绍如何给电子相册添加中文字幕"室内设计作品展"和拼音字幕"Shi Nei She Ji Zuo Pin Zhan"。

二、案例效果欣赏

三、案例制作（步骤）流程

任务一：创建新项目和导入素材 ➡ 任务二：制作电子相册的字幕 ➡ 任务三：制作电子相册效果

四、制作目的

（1）了解如何综合应用字幕样式和视频过渡效果制作电子相册中的字幕、文字、标题，掌握制作方法和技巧。

（2）熟练掌握制作电子相册的基础知识和操作步骤。

第 6 章　综合应用案例制作

五、制作过程中需要解决的问题

（1）什么是 Logo 图案？如何在视频中插入该图案？

（2）如何综合应用字幕样式？

（3）电子相册制作包括哪些基本流程？

（4）如何合理添加视频过渡效果并进行参数设置？

六、详细操作步骤

任务一：创建新项目和导入素材

步骤 01：启动 Premiere Pro 2020 软件，创建一个名为"电子相册.prproj"的项目文件。

步骤 02：利用前面所学知识导入素材。

步骤 03：新建一个名为"电子相册"的序列文件，尺寸为"720×576"。

视频播放：关于具体介绍，请观看配套视频"任务一：创建新项目和导入素材.MP4"。

任务二：制作电子相册的字幕

电子相册的字幕主要包括矩形条、标题和 Logo 图案等。

1. 制作拼音标题字幕

步骤 01：在菜单栏中单击【文件（F）】→【新建（N）】→【旧版标题（T）…】命令，弹出【新建字幕】对话框，根据要求设置该对话框参数，具体参数设置如图 6.1 所示。

步骤 02：参数设置完毕，单击【确定】按钮，弹出【字幕】窗口。

步骤 03：使用"文字工具" ，在"字幕编辑区"输入"Shi Nei She Ji Zuo Pin Zhan"拼音字幕，具体文字参数设置如图 6.2 所示，设置参数后的效果如图 6.3 所示。

图 6.1 【新建字幕】对话框参数设置

图 6.2 文字参数设置

图 6.3 设置参数后的效果

2. 制作中文标题字幕

步骤 01：创建一个名为"中文标题"的字幕。

步骤 02：使用"文字工具" ，在"字幕编辑区"输入文字，文字参数设置和效果如图 6.4 所示。

图 6.4　文字参数设置和效果

3. 制作图片标记字幕

步骤 01：新建一个名为"室内作品 01"的字幕。

步骤 02：使用"矩形工具"绘制一个矩形，如图 6.5 所示。

步骤 03：单选已绘制的矩形，在"旧版标题样式"区单击"Times New Roman Regular red glow" 样式。添加了红色标题样式后的效果如图 6.6 所示（参考本书配套视频）。

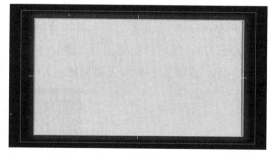

图 6.5　绘制的矩形　　　　　　　　图 6.6　添加了标题样式后的效果

步骤 04：在"字幕属性编辑区"单击"填充"参数组下"纹理"参数右边的图标，弹出【选择纹理图像】对话框，在该对话框选择如图 6.7 所示的纹理图像。

步骤 05：单击【打开（O）】按钮，完成纹理图像的添加，效果如图 6.8 所示。

步骤 06：设置图形属性参数，具体参数设置如图 6.9 所示，设置参数后的图形效果如图 6.10 所示。

步骤 07：方法同上，继续新建 7 个字幕文件，分别导入纹理图像并添加字幕样式。新建的 7 个字幕效果如图 6.11 所示。

视频播放：关于具体介绍，请观看配套视频"任务二：制作电子相册的字幕.MP4"。

第6章 综合应用案例制作

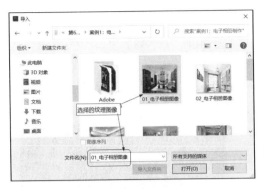

图 6.7 选择的纹理图像

图 6.8 添加了纹理图像的效果

图 6.9 图形属性参数设置

图 6.10 设置参数后的图形效果

图 6.11 新建的 7 个字幕效果

任务三：制作电子相册效果

步骤 01：将"背景音乐.MP3"音频素材拖到"电子相册"【序列】窗口中的"A1"轨道，如图 6.12 所示。

步骤 02：将"时间指示器"移到第 0 帧 0 秒位置，将"图层 2/图层 2 模板 01.psd"图片拖到"V1"轨道中，出点与"A1"轨道中的素材出点对齐，如图 6.13 所示。

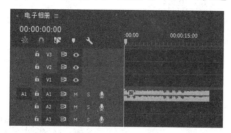 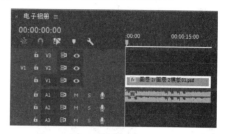

图 6.12　添加了音频素材的"电子相册"【序列】窗口　　图 6.13　"V1"轨道中的素材

步骤 03：单选"V1"轨道中的素材，在【效果控件】功能面板中设置该素材参数，具体参数设置如图 6.14 所示。设置参数后在【节目：电子相册】监视器窗口中的效果如图 6.15 所示。

 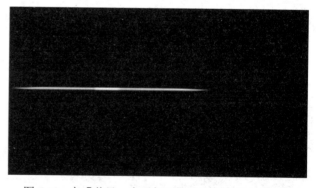

图 6.14　"V1"轨道中的素材参数设置　　图 6.15　在【节目：电子相册】监视器窗口中的效果

步骤 04：将"时间指示器"定位到第 1 秒 18 帧位置，将"拼音标题"字幕拖到"V2"轨道中，入点与"时间指示器"对齐。添加了素材的"电子相册"【序列】窗口如图 6.16 所示。

步骤 05：将"时间指示器"定位到第 6 秒 3 帧位置，将"室内作品 01"和"室内作品 02"分别拖到"V2"和"V1"轨道中，入点与"时间指示器"对齐。添加了素材的"电子相册"【序列】窗口如图 6.17 所示。

步骤 06：单选"V1"轨道中的"室内作品 02"素材，在【效果控件】功能面板中设置参数，具体参数设置如图 6.18 所示。

步骤 07：单选"V2"轨道中的"室内作品 01"素材，在【效果控件】功能面板中设置参数，具体参数设置如图 6.19 所示。

第 6 章　综合应用案例制作

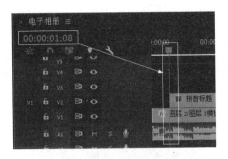
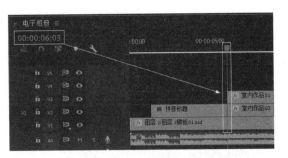

图 6.16　步骤 04 添加了素材的"电子相册"【序列】窗口　　　图 6.17　步骤 05 添加了素材的"电子相册"【序列】窗口

图 6.18　"V1"轨道中"室内作品 02"素材参数设置　　　图 6.19　"V2"轨道中"室内作品 01"素材参数设置

步骤 08：将"时间指示器"定位到第 7 秒 10 帧位置，单选"V1"轨道中的"室内作品 02"素材，在【效果控件】功能面板中将其"位置"参数设置为"466.0 444.0"，系统自动添加关键帧。

步骤 09：单选"V2"轨道中的"室内作品 01"素材，在【效果控件】功能面板中将其"位置"参数设置为"207.0 141.0"，系统自动添加关键帧。

步骤 10：设置参数后，在【节目：电子相册】监视器窗口中的效果如图 6.20 所示。

步骤 11：将"时间指示器"定位到第 9 秒 0 帧位置，使用"剃刀工具"，沿"时间指示器"位置将"V1"和"V2"轨道中的素材都分割为 2 段素材，并把第 2 段素材删除，效果如图 6.21 所示。

图 6.20　在【节目：电子相册】监视器窗口中的效果　　　图 6.21　分割和删除之后的效果

323

步骤 12：将"室内作品 03""室内作品 04""室内作品 05""室内作品 06"字幕依次拖到视频轨道中，如图 6.22 所示。

步骤 13：单选"V5"轨道中的"室内作品 06"素材，在【效果控件】功能面板中设置其参数，具体参数设置如图 6.23 所示。

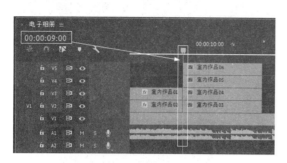
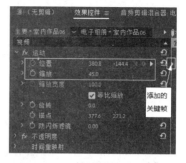

图 6.22 已拖到轨道中的素材　　　　图 6.23 "室内作品 06"素材参数设置

步骤 14：单选"V4"轨道中的"室内作品 05"素材，在【效果控件】功能面板中设置其参数，具体参数设置如图 6.24 所示。

步骤 15：单选"V3"轨道中的"室内作品 04"素材，在【效果控件】功能面板中设置其参数，具体参数设置如图 6.25 所示。

步骤 16：单选"V2"轨道中的"室内作品 03"素材，在【效果控件】功能面板中设置其参数，具体参数设置如图 6.26 所示。

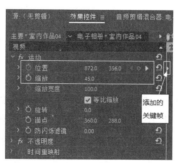

图 6.24 "室内作品 05"素材参数设置　　图 6.25 "室内作品 04"素材参数设置　　图 6.26 "室内作品 03"素材参数设置

步骤 17：将"时间指示器"定位到第 10 秒 0 帧位置，依次设置"室内作品 06""室内作品 05""室内作品 04""室内作品 03"的位置参数，具体参数设置如图 6.27 所示。设置参数后，系统自动添加关键帧。

步骤 18：设置参数后，在【节目：电子相册】监视器窗口中的效果如图 6.28 所示。

步骤 19：将"时间指示器"定位到第 10 秒 10 帧位置，使用"剃刀工具"，将"V2"至"V6"上的素材沿"时间指示器"位置都分割为 2 段素材，并删除第 2 段素材，效果如图 6.29 所示。

图 6.27 "室内作品 06""室内作品 05""室内作品 04""室内作品 03"的位置参数设置

图 6.28 设置参数后的效果

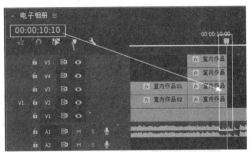

图 6.29 分割和删除素材的效果

步骤 20：分别将"图层 1/图层 2 模板 01.psd""室内作品 07""室内作品 08"分别拖到"V2""V3""V4"轨道中，如图 6.30 所示。

步骤 21：单选"V2"轨道中的"图层 1/图层 2 模板 01.psd"素材，在【效果控件】功能面板中设置其参数，具体参数设置如图 6.31 所示。

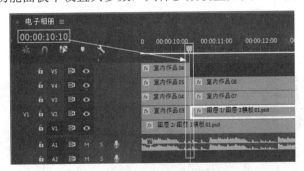

图 6.30 已拖到轨道中的素材

图 6.31 "图层 1/图层 2 模板 01.psd"素材参数设置

步骤 22：单选"V3"轨道中的"室内作品 07"素材，在【效果控件】功能面板中设置其参数，具体参数设置如图 6.32 所示。

步骤 23：单选"V4"轨道中的"室内作品 08"素材，在【效果控件】功能面板中设置其参数，具体参数设置如图 6.33 所示。

图 6.32 "室内作品 07"素材参数设置　　　　图 6.33 "室内作品 08"素材参数设置

步骤 24：将"时间指示器"定位到第 13 秒 0 帧位置，在【效果控件】功能面板中依次设置"图层 1/图层 2 模板 01.psd""室内作品 07""室内作品 08"素材的参数，具体参数设置如图 6.34 所示，系统自动添加关键帧。

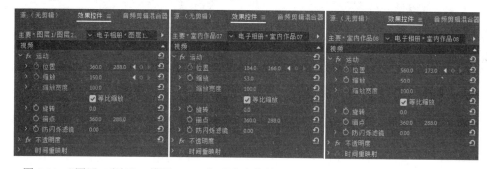

图 6.34 "图层 1/图层 2 模板 01.psd""室内作品 07""室内作品 08"素材的参数设置

步骤 25：设置参数后，在【节目：电子相册】监视器窗口中的效果如图 6.35 所示。

步骤 26：将"时间指示器"定位到第 13 秒 15 帧位置，使用"选择工具"，将素材拉长，使之与"时间指示器"对齐，如图 6.36 所示。

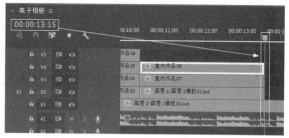

图 6.35 在【节目：电子相册】　　　　　　图 6.36 拉长后的素材
　　　　监视器窗口中的效果

步骤 27：将"V2"轨道中的"图层 1/图层 2 模板 01.psd"拉长，使之与"A1"轨道中的素材出点对齐，如图 6.37 所示。

步骤 28：依次将"图层 3/图层 2 模板 01.psd"和"中文标题"素材拖到"V3"和"V4"轨道中，并将这些素材拉长，使之与"A1"轨道中素材的出点对齐，如图 6.38 所示。

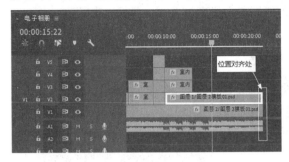

图 6.37　素材拉长并对齐后的效果　　　　图 6.38　把添加的素材拉长并对齐后的效果

步骤 29：将"时间指示器"定位到第 15 秒 19 帧位置，单选"V4"轨道中的"中文标题"素材，在【效果控件】功能面板中设置其参数，具体参数设置如图 6.39 所示。

步骤 30：单选"V3"轨道中的"图层 3/图层 2 模板 01.psd"素材，在【效果控件】功能面板中设置其参数，具体参数设置如图 6.40 所示。

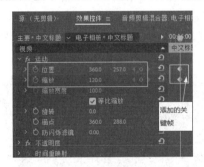

图 6.39　"中文标题"素材参数设置　　　图 6.40　"图层 3/图层 2 模板 01.psd"素材参数设置

步骤 31：设置参数之后，在【节目：电子相册】监视器窗口中的效果如图 6.41 所示。

步骤 32：将"时间指示器"定位到第 13 秒 15 帧位置，单选"V4"轨道中的"中文标题"素材，在【效果控件】功能面板中设置其参数，具体参数设置如图 6.42 所示。

图 6.41　在【节目：电子相册】监视器窗口中的效果　　　图 6.42　"中文标题"素材参数设置

步骤 33：设置参数后，在【节目：电子相册】监视器窗口中的效果如图 6.43 所示。

步骤 34：将"时间指示器"定位到第 1 秒 8 帧位置，单选"V1"轨道中的"图层 2/图层 2 模板 01.psd"素材，在【效果控件】功能面板中设置其参数，具体参数设置如图 6.44 所示。

图 6.43　在【节目：电子相册】监视器窗口中的效果　　图 6.44　"图层 2/图层 2 模板 01.psd"素材参数设置

步骤 35：将"时间指示器"定位到第 0 秒 0 帧位置，在【效果控件】功能面板中设置"V1"轨道中的"图层 2/图层 2 模板 01.psd"素材的参数，具体参数设置如图 6.45 所示。

步骤 36：将"时间指示器"定位到第 4 秒 0 帧位置，单选"V2"轨道中的"拼音标题"字幕素材，在【效果控件】功能面板中设置其参数，具体参数设置如图 6.46 所示。

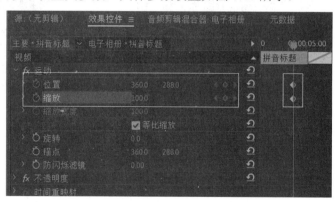

图 6.45　"图层 2/图层 2 模板 01.psd"素材参数设置　　图 6.46　"拼音标题"字幕素材参数设置

步骤 37：将"时间指示器"定位到第 1 秒 8 帧位置，在【效果控件】功能面板中设置"V2"轨道中的"拼音标题"素材的参数，具体参数设置如图 6.47 所示。

步骤 38：在视频轨道中给两段相邻素材添加视频过渡效果，具体添加的过渡效果如图 6.48 所示，每个过渡效果持续时间为 1 秒 10 帧。

视频播放：关于具体介绍，请观看配套视频"任务三：制作电子相册效果.MP4"。

第 6 章　综合应用案例制作

图 6.47　"拼音标题"素材参数设置

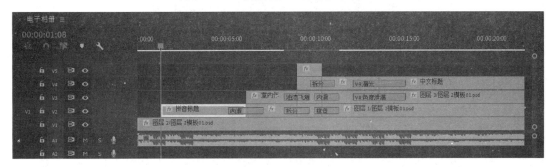

图 6.48　添加的视频过渡效果

七、拓展训练

利用本案例所学知识和本书提供的图片素材制作如下图所示的电子相册（练习效果可参考本书配套教学素材中的源文件和最终成品）。

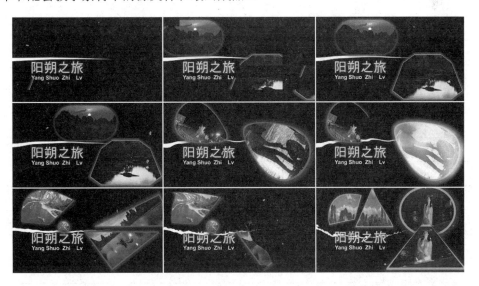

学习笔记：

案例 2　电影倒计时片头制作

一、案例内容简介

本案例介绍如何使用 Premiere Pro 2020 自带的一个程序结合 Photoshop 制作两个电影倒计时片头，该片头播放效果：在以红色和黄色为主色的绚丽背景中逐渐绽放的鲜花中显现出一个大钟，大钟正"滴答"响着，指针以通用的倒计时方式旋转着。

二、案例效果欣赏

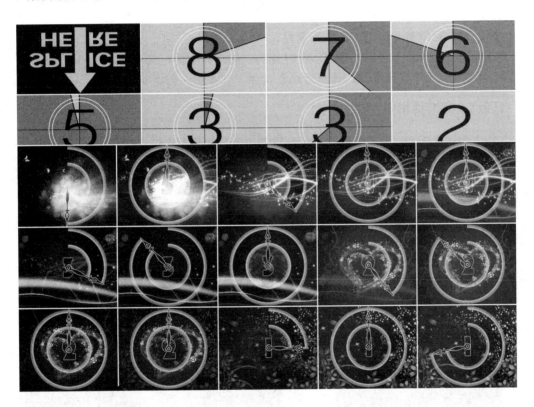

三、案例制作（步骤）流程

任务一：创建新项目和导入素材　➡　任务二：制作通用倒计时片头　➡　任务三：自制倒计时片头效果

四、制作目的

（1）了解使用 Premiere Pro 2020 自带的一个程序结合 Photoshop 制作通用倒计时片头的原理和方法。

（2）熟练掌握制作通用倒计时片头的基础知识、制作步骤。

五、制作过程中需要解决的问题

（1）如何制作"通用倒计时片头"？

（2）自制倒计时效果的原理是什么？

（3）如何与其他软件结合起来使用？

六、详细操作步骤

任务一：创建新项目和导入素材

步骤 01：启动 Premiere Pro 2020 软件，创建一个名为"电影倒计时片头制作.prproj"的项目文件。

步骤 02：利用前面所学知识导入素材。

步骤 03：新建一个名为"通用倒计时片头"的序列文件，尺寸为"720×576"。

视频播放：关于具体介绍，请观看配套视频"任务一：创建新项目和导入素材.MP4"。

任务二：制作通用倒计时片头

"通用倒计时片头"的制作比较简单，可利用 Premiere Pro 2020 自带的一个程序，根据实际要求设置相关参数。

步骤 01：在菜单栏中单击【文件（F）】→【新建（N）】→【通用倒计时片头…】命令，弹出【新建通用倒计时片头】对话框，如图 6.49 所示。

步骤 02：单击【确定】按钮，弹出【通用倒计时设置】对话框，根据项目要求，设置倒计时的参数，具体参数设置如图 6.50 所示。

图 6.49 【新建通用倒计时片头】对话框

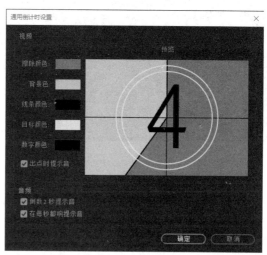

图 6.50 【通用倒计时设置】对话框参数设置

步骤 03：单击【确定】按钮，完成"通用倒计时"的制作，在【通用倒计时片头】监视器窗口中的部分截图效果如图 6.51 所示。

第 6 章 综合应用案例制作

图 6.51 在【通用倒计时片头】监视器窗口中的部分截图效果

视频播放：关于具体介绍，请观看配套视频"任务二：制作通用倒计时片头.MP4"。

任务三：自制倒计时片头效果

步骤 01：导入用 Photoshop 软件制作的 5 个素材文件，如图 6.52 所示。

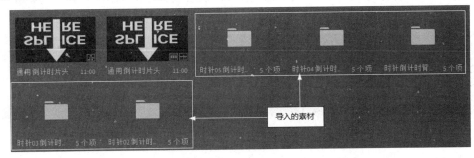

图 6.52 导入的素材

步骤 02：创建一个名为"自制倒计时"的序列，大小为"720×576"。

步骤 03：将"时针 05 倒计时背景 05"素材箱中的素材图片拖到"自制倒计时"【序列】窗口中的视频轨道上，将素材的持续时间设置为 5 秒。添加素材后的【序列】窗口如图 6.53 所示。

步骤 04：将"擦除/时钟式擦除"视频过渡效果拖到"V2"轨道中的素材入点位置，如图 6.54 所示。

步骤 05：将"时间指示器"定位到第 0 秒 0 帧位置，单选"V4"轨道中的素材，在【效果控件】功能面板中设置其参数并添加关键帧，如图 6.55 所示。

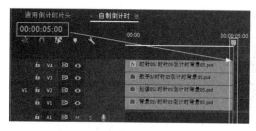

图6.53 添加素材后的【序列】窗口　　　　　图6.54 添加过渡效果

步骤06：将"时间指示器"定位到第3秒0帧位置，单选"V4"轨道中的素材，在【效果控件】功能面板中设置其参数，系统自动添加关键帧，如图6.56所示。

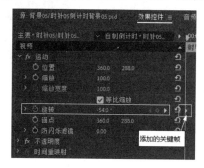 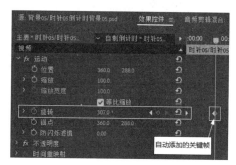

图6.55 第0秒0帧位置参数设置和添加的关键帧　图6.56 第3秒0帧位置参数设置和添加的关键帧

步骤07：设置参数后，在【节目：自制倒计时】监视器窗口中的部分截图效果如图6.57所示。

图6.57 在【节目：自制倒计时】监视器窗口中的部分截图效果

步骤08：将"时针04倒计时背景04"素材箱中的素材拖到"自制倒计时"【序列】窗口中，将素材拉长，使素材的出点拉长至第10秒0帧位置，效果如图6.58所示。

步骤09：将"擦除/时钟式擦除"视频过渡效果拖到"V2"轨道中的第2段素材入点位置，如图6.59所示。

图6.58 添加和拉长的素材效果　　　　　图6.59 添加视频过渡效果

第 6 章　综合应用案例制作

步骤 10：将"时间指示器"定位到第 5 秒 0 帧位置，单选【自制倒计时】窗口"V4"轨道中的第 2 段素材，在【效果控件】功能面板中设置其参数并添加关键帧，如图 6.60 所示。

步骤 11：将"时间指示器"定位到第 8 秒 0 帧位置，单选【自制倒计时】窗口"V4"轨道中的第 2 段素材，在【效果控件】功能面板中设置其参数，系统自动添加关键帧，如图 6.61 所示。

图 6.60　第 5 秒 0 帧位置参数设置和添加的关键帧

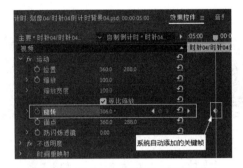

图 6.61　第 8 秒 0 帧位置参数设置和系统自动添加的关键帧

步骤 12：添加视频过渡效果和设置参数后，在【节目：自制倒计时】监视器窗口中的部分截图效果如图 6.62 所示。

图 6.62　在【节目：自制倒计时】监视器窗口中的部分截图效果

步骤 13：方法同上，将其他 3 组素材依次拖到视频轨道中，素材的持续时间设置为 5 秒。给"V2"轨道中的素材添加"时钟式擦除"视频过渡效果，过渡持续时间为 3 秒，再对"V4"轨道中素材的入点和与"时钟式擦除"视频过渡效果的出点对齐的位置添加关键帧并设置参数，最终的"自制倒计时"【序列】窗口如图 6.63 所示。

图 6.63　最终的"自制倒计时"【序列】窗口

步骤 14：给"自制倒计时"【序列】窗口"V1"轨道中的两段相邻素材之间添加视频过渡效果，添加的过渡效果如图 6.64 所示。

图 6.64 添加的过渡效果

步骤 15：在【节目：自制倒计时】监视器窗口中的部分截图效果如图 6.65 所示。

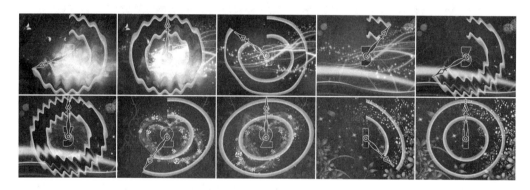

图 6.65 在【节目：自制倒计时】监视器窗口中的部分截图效果

视频播放：关于具体介绍，请观看配套视频"任务三：自制倒计时片头效果.MP4"。

七、拓展训练

利用本案例所学知识和本书配套教学资源提供的图片素材制作如下图所示的倒计时效果。

学习笔记：

第 6 章　综合应用案例制作

案例3　画面擦除效果制作

一、案例内容简介

本案例介绍如何给图片素材添加"过渡"类视频效果。

二、案例效果欣赏

三、案例制作（步骤）流程

任务一：创建新项目和导入素材 ➡ 任务二：将素材拖到【序列】窗口中并调节好

⬇

任务四：制作画面过渡效果 ⬅ 任务三：对视频画面进行变形处理

四、制作目的

（1）了解给素材添加"过渡"类视频效果的方法和参数设置。

（2）掌握制作画面擦除效果的基础知识和步骤。

五、制作过程中需要解决的问题

（1）画面擦除效果的制作原理。

（2）如何综合应用"过渡"类视频效果？

六、详细操作步骤

任务一：创建新项目和导入素材

步骤01：启动 Premiere Pro 2020 软件，创建一个名为"画面擦除效果.prproj"的项目文件。

步骤02：利用前面所学知识导入素材。

第 6 章 综合应用案例制作

步骤 03：新建一个名为"画面擦除效果"的序列文件，尺寸为"720×576"。

视频播放：关于具体介绍，请观看配套视频"任务一：创建新项目和导入素材.MP4"。

任务二：将素材拖到【序列】窗口中并调节好

步骤 01：将"背景音乐 1.MP3"素材拖到"画面擦除效果"【序列】窗口的"A1"轨道中。

步骤 02：将其他视频和图片素材也拖到"画面擦除效果"【序列】窗口中，添加素材后的"画面擦除效果"【序列】窗口如图 6.66 所示。

步骤 03：将"时间指示器"定位到第 15 秒 0 帧位置，使用"剃刀工具"，沿着"时间指示器"位置将持续时间超过 15 秒的素材分割为两段，将第 2 段素材删除，如图 6.67 所示。

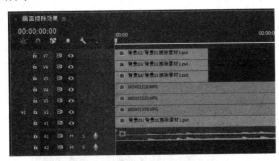 

图 6.66　添加素材后的【序列】窗口　　　图 6.67　分割和删除素材后的【序列】窗口

步骤 04：使用"选择工具"，将图片素材拉长，使其出点与第 15 秒 0 帧位置的"时间指示器"对齐，如图 6.68 所示。

视频播放：关于具体介绍，请观看配套视频"任务二：将素材拖到【序列】窗口中并调节好.MP4"。

任务三：对视频画面进行变形处理

视频画面的变形处理，主要通过给视频添加"边角定位"视频效果来完成。

步骤 01：单选"V4"轨道中的素材，在【效果】功能面板中双击"扭曲/边角定位"视频效果，完成"边角定位"视频效果的添加。

步骤 02：在【效果控件】功能面板中单选"边角定位"视频效果标签，在【节目：画面擦除效果】监视器窗口中调整画面的 4 个定位点位置，如图 6.69 所示。

步骤 03：给"V3"轨道中的素材添加"边角定位"视频效果，在【节目：画面擦除效果】监视器窗口中调整 4 个定位点的位置，如图 6.70 所示。

步骤 04：给"V2"轨道中的素材添加"边角定位"视频效果，在【节目：画面擦除效果】监视器窗口中调整 4 个定位点的位置，如图 6.71 所示。

图 6.68　拉长和对齐后的【序列】窗口　　　　图 6.69　步骤 02 定位点的位置

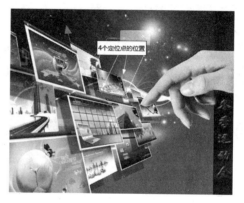

图 6.70　步骤 03 定位点的位置　　　　图 6.71　步骤 04 定位点的位置

视频播放：关于具体介绍，请观看配套视频"任务三：对视频画面进行变形处理.MP4"。

任务四：制作画面过渡效果

制作画面过渡效果主要通过视频效果中的"过渡"类视频效果来完成。

步骤 01：单选"画面擦除效果"【序列】窗口的"V7"轨道中的素材，在【效果】功能面板中双击"过渡/线性擦除"视频效果，完成"线性擦除"视频效果的添加。

步骤 02：将"时间指示器"定位到第 4 秒 0 帧位置，在【效果控件】功能面板中设置"线性擦除"视频效果参数并添加关键帧，具体参数设置如图 6.72 所示。设置参数后，在【节目：画面擦除效果】监视器窗口中的效果如图 6.73 所示。

步骤 03：将"时间指示器"定位到第 0 秒 0 帧位置，在【效果控件】功能面板中设置"线性擦除"视频效果的参数，系统自动添加关键帧。具体参数设置如图 6.74 所示。

步骤 04：单选"画面擦除效果"【序列】窗口的"V6"轨道中的素材，在【效果】功能面板中双击"过渡/渐变擦除"视频效果，完成"渐变擦除"视频效果的添加。

步骤 05：将"时间指示器"定位到第 9 秒 0 帧位置，在【效果控件】功能面板中设置"渐变擦除"视频效果参数并添加关键帧，具体参数设置如图 6.75 所示。

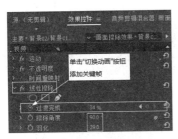

图 6.72 "线性擦除"视频效果参数
设置和添加的关键帧

图 6.73 在【节目：画面擦除效果】
监视器窗口中的效果

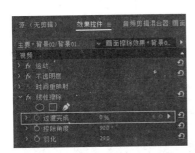

图 6.74 "线性擦除"视频效果参数设置

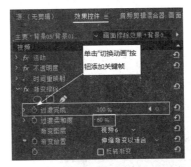

图 6.75 第 9 秒 0 帧位置的"渐变擦除"视频效果参数设置

步骤 06：设置参数后，该素材在【节目：画面擦除效果】监视器窗口中的效果如图 6.76 所示。

步骤 07：将"时间指示器"定位到第 5 秒 0 帧位置，在【效果控件】功能面板中设置"渐变擦除"视频效果的参数，系统自动添加关键帧，具体参数设置如图 6.77 所示。

图 6.76 在【节目：画面擦除效果】
监视器窗口中的效果

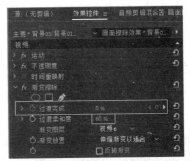

图 6.77 第 5 秒 0 帧位置的"渐变擦除"
视频效果参数设置

步骤 08：单选"画面擦除效果"【序列】窗口"V5"轨道中的素材，在【效果】功能面板中双击"过渡/径向擦除"视频效果，完成"径向擦除"视频效果的添加。

步骤 09：将"时间指示器"定位到第 14 秒 0 帧位置，在【效果控件】功能面板中设置"径向擦除"视频效果参数并添加关键帧，具体参数设置如图 6.78 所示

步骤 10：设置参数后，在【节目：画面擦除效果】监视器窗口中的效果如图 6.79 所示。

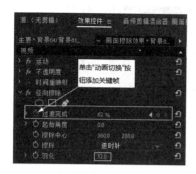

图 6.78　第 14 秒 0 帧位置的"径向擦除"视频效果参数设置

图 6.79　在【节目：画面擦除效果】监视器窗口中的效果

步骤 11：将"时间指示器"定位到第 10 秒 0 帧位置，在【效果控件】功能面板中设置"径向擦除"视频效果的参数，系统自动添加关键帧，具体参数设置如图 6.80 所示。

步骤 12：在【节目：画面擦除效果】监视器窗口中的部分截图效果如图 6.81 所示。

图 6.80　第 10 秒 0 帧位置的"径向擦除"视频效果参数设置

图 6.81　在【节目：画面擦除效果】监视器窗口中的部分截图效果

视频播放：关于具体介绍，请观看配套视频"任务四：制作画面过渡效果.MP4"。

七、拓展训练

利用本案例所学知识和本书配套教学资源提供的图片素材制作如下图所示的画面擦除效果。

第6章 综合应用案例制作

学习笔记：

案例 4　多视频画面效果

一、案例内容简介

本案例介绍如何为一张图片素材添加"边角固定"视频效果，使画面产生多视频画面（画中画）效果。

二、案例效果欣赏

三、案例制作（步骤）流程

任务一：创建新项目和导入素材 ➡ 任务二：制作多视频画面效果

四、制作目的

（1）了解"边角固定"视频效果的功能和用法。

（2）熟练掌握多视频画面（画中画）视频效果的基础知识、操作步骤。

五、制作过程中需要解决的问题

（1）掌握多视频画面效果的制作原理。

（2）"边角固定"视频效果的作用和使用方法。

六、详细操作步骤

任务一：创建新项目和导入素材

步骤 01：启动 Premiere Pro 2020 软件，创建一个名为"多视频画面效果.prproj"的项目文件。

步骤 02：利用前面所学知识导入素材。

步骤 03：新建一个名为"多视频画面效果"的序列文件，尺寸为"720×576"。

视频播放：关于具体介绍，请观看配套视频"任务一：创建新项目和导入素材.MP4"。

任务二：制作多视频画面效果

步骤 01：将素材拖到"多画面视频效果"【序列】窗口的轨道上，如图 6.82 所示。

步骤 02：删除"A1"轨道中的音频素材，单选"V1"轨道中的视频素材，在【效果控件】功能面板中设置其参数，具体参数设置如图 6.83 所示。

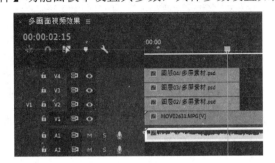

图 6.82　添加素材后的"多画面视频效果"
　　　　　【序列】窗口

图 6.83　"V1"轨道中的视频
　　　　　素材参数设置

步骤 03：设置参数后，在【节目：多画面视频效果】窗口中的画面效果如图 6.84 所示。

步骤 04：将"MOV02644.MPG"视频素材拖到"多画面视频效果"【序列】窗口中的空白处，系统自动创建一个"V5"轨道并自动将素材添加到视频轨道中，删除音频文件，如图 6.85 所示。

图 6.84　在【节目：多画面视频效果】
　　　　　窗口中的画面效果

图 6.85　添加的视频素材

步骤 05：单选"V5"轨道中的素材，在【效果】功能面板中双击"扭曲/边角定位"视频效果，给选定的素材添加"边角定位"视频效果。

步骤 06：在【效果控件】功能面板中单选"边角定位"标签，在【节目：多画面视频效果】监视器窗口中设置"边角定位"视频效果的 4 个定位点，具体设置如图 6.86 所示。

步骤 07：方法同上，将其他素材添加到"多画面视频效果"【序列】窗口中的视频轨道中，如图 6.87 所示。

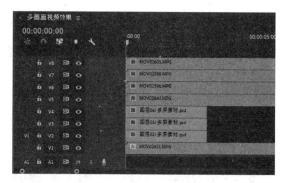

图 6.86 "边角固定"视频效果的定位点位置　　图 6.87　添加素材后"多画面视频效果"【序列】窗口

步骤 08：分别给"V6""V7""V8"视频轨道中的素材添加"边角定位"视频效果，并在【节目：多画面视频效果】监视器窗口中设置"边角固定"视频效果的定位点，最终效果如图 6.88 所示。

步骤 09：将"时间指示器"定位到第 6 秒 0 帧位置，将"V4""V3""V2"轨道中的素材都拉长至第 6 秒 0 帧位置。

步骤 10：使用"剃刀工具"，沿"时间指示器"位置将持续时间超过 6 秒的视频分割为两段素材，将第 2 段素材删除。分割和删除素材后的"多画面视频效果"【序列】窗口如图 6.89 所示。

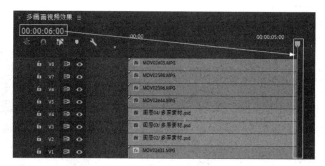

图 6.88　最终效果　　　　　图 6.89　分割和删除素材的"多画面视频效果"【序列】窗口

步骤 11：将"背景音乐.MP3"拖到【多画面视频效果】中的"A1"轨道中，使用"剃刀工具"，沿第 6 秒 0 帧位置将背景音乐素材分割为 2 段，删除第 2 段素材。

视频播放：关于具体介绍，请观看配套视频"任务二：制作多视频画面效果.MP4"。

七、拓展训练

利用本案例所学知识和本书配套教学资源提供的图片素材制作如下图所示的多视频画面效果。

第 6 章 综合应用案例制作

学习笔记：

案例 5 画中画效果

一、案例内容简介

本案例介绍如何为某校冬季运动会中的 3 段图片素材（升旗仪式、运动员入场画面、比赛瞬间和游艺场面）进行技术处理，即对文件进行嵌套，通过添加字幕、特效使画面产生画中画效果。

二、案例效果欣赏

三、案例制作（步骤）流程

任务一：创建新项目和导入素材 ➡ 任务二：制作第1段素材的画中画效果

⬇

任务四：序列嵌套 ⬅ 任务四：制作第3段素材的画中画效果 ⬅ 任务三：制作第2段素材的画中画效果

四、制作目的

（1）了解遮罩、字幕、视频过渡效果的功能和用法。
（2）熟练掌握制作画中画效果的基础知识和步骤。

五、制作过程中需要解决的问题

（1）"画中画效果"的制作原理。
（2）如何进行序列嵌套？进行序列嵌套时需要注意哪些方面问题？
（3）如何制作动态视频？
（4）综合应用视频过渡效果和视频效果时需要注意哪些方面的问题？

六、详细操作步骤

任务一：创建新项目和导入素材

步骤 01：启动 Premiere Pro 2020 软件，创建一个名为"画中画效果.prproj"的项目文件。

第 6 章　综合应用案例制作

步骤 02：利用前面所学知识导入素材。

步骤 03：新建一个名为"画中画效果"的序列文件，尺寸为"720×576"。

视频播放：关于具体介绍，请观看配套视频"任务一：创建新项目和导入素材.MP4"。

任务二：制作第 1 段素材的画中画效果

1．制作字幕

第 1 段素材的画中画效果需要通过序列嵌套和字幕合成功能来制作。

步骤 01：在菜单栏中单击【文件（F）】→【新建（N）】→【旧版标题（T）…】命令，弹出【新建字幕】对话框，具体参数设置如图 6.90 所示。单击【确定】按钮，即可创建一个"字幕 01"。

步骤 02：使用"矩形工具"■，在"字幕编辑区"绘制一个矩形，在"字幕属性区"单击"纹理"右侧的■图标，弹出【选择纹理图像】对话框，从中选择纹理图像，如图 6.91 所示。

图 6.90　【新建字幕】对话框参数设置

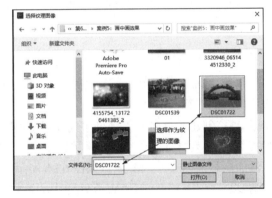

图 6.91　选择的纹理图像

步骤 03：确保添加纹理图像的矩形被选中，在"旧版标题样式"区中单击"Times New Roman Regular red glow"　■样式，给添加了纹理图像的矩形添加预制样式。

步骤 04：在"旧版标题属性"区进行参数设置，具体参数设置如图 6.92 所示。设置参数后的字幕效果如图 6.93 所示。

图 6.92　参数设置

图 6.93　设置参数后的字幕效果

步骤05：方法同上，制作"字幕02"和"字幕03"，效果如图6.94所示。

提示："字幕02"和"字幕03"的制作方法与"字幕01"的制作方法基本相同，只是微调属性参数中的"扭曲"参数和标题图片大小有所不同。"字幕02"和"字幕03"的"扭曲"参数如图6.95所示。

图6.94 "字幕02"和"字幕03"效果

图6.95 "字幕02"和"字幕03"的"扭曲"参数

2. 制作第1段素材的画中画效果

在制作第1段素材的画中画效果时，先创建一个序列，在创建的序列中制作效果，目的是方便后续的序列嵌套。

步骤01：创建一个名为"字幕序列01"的序列。

步骤02：将素材拖到"字幕序列01"【序列】窗口的视频轨道中，删除轨道中的音频素材。添加素材后的【序列】窗口如图6.96所示。

步骤03：将"V1""V2""V3"轨道中的素材拉长，使其与"V4"轨道中的素材对齐。对齐后的【序列】窗口如图6.97所示。

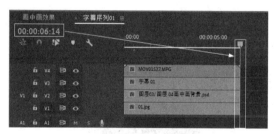

图6.96 添加素材后的【序列】窗口

图6.97 对齐后的【序列】窗口

步骤04：单选"V4"轨道中的素材，在【效果】功能面板中双击"扭曲/边角定位"视频效果，给选定的素材添加"边角定位"视频效果。

步骤05：在【效果控件】功能面板中单选"边角定位"标签，在【节目：字幕序列01】监视器窗口中，设置"边角定位"视频效果的定位点，具体位置如图6.98所示。

第 6 章 综合应用案例制作

步骤 06：将"字幕 02"和"MOV01531.MPG"视频素材拖到视频轨道中并删除音频素材，将"V5"轨道中的素材拉长至第 6 秒 14 帧位置，如图 6.99 所示。

图 6.98 "边角定位"视频效果的定位点

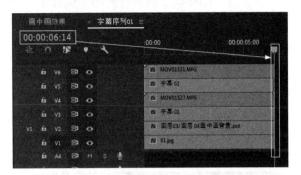

图 6.99 添加视频素材和删除音频素材后的【序列】窗口

步骤 07：单选"V6"轨道中的素材，在【效果】功能面板中双击"扭曲/边角定位"视频效果，给选定的素材添加"边角定位"视频效果。

步骤 08：在【效果控件】功能面板中单选"边角定位"标签，在【节目：字幕序列 01】监视器窗口中，设置"边角定位"的定位点，具体位置如图 6.100 所示。

步骤 09：将"字幕 03"和"MOV01519.MPG"拖到"画中画效果"【序列】窗口的轨道中，使用"剃刀工具"将"V8"轨道中的素材沿第 6 秒 14 帧位置分割为 2 段，先将第 2 段素材删除，再将音频素材删除，最终效果如图 6.101 所示。

图 6.100 "边角定位"视频效果的定位点

图 6.101 最终效果

步骤 10：单选"V8"轨道中的素材，在【效果】功能面板中双击"扭曲/边角定位"视频效果，给选定的素材添加"边角定位"视频效果。

步骤 11：在【效果控件】功能面板中单选"边角定位"标签，在【节目：字幕序列 01】监视器窗口中设置"边角定位"的定位点，具体位置如图 6.102 所示。

视频播放：关于具体介绍，请观看配套视频"任务二：制作第 1 段素材的画中画效果.MP4"。

任务三：制作第 2 段素材的画中画效果

第 2 段素材的画中画效果的制作比较简单，无须制作字幕文件，通过遮罩和视频效果即可完成制作。

步骤 01：新建一个名为"字幕序列 02"的序列文件，尺寸为"720×576"，尺寸比例为 1。

步骤 02：将"图层 01/图层 04 画中画背景.psd"图片拖到"字幕序列 01"【序列】窗口的空白处，素材入点与第 0 秒 0 帧位置对齐。松开鼠标左键，完成素材的添加和轨道的创建，并将素材拉长至与第 5 秒 0 帧位置对齐，效果如图 6.103 所示。

图 6.102 "边角定位"视频效果的定位点

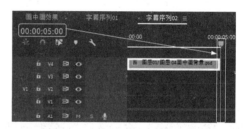

图 6.103 添加素材和创建轨道后的效果

步骤 03：在【项目：画中画效果】窗口中双击"MOV01736.MPG"素材，使其在【源：MOV01736.MPG】监视器窗口中显示。

步骤 04：将"时间指示器"定位到第 0 秒 0 帧位置，单击"标记入点（I）"按钮添加入点。将"时间指示器"定位到第 5 秒 0 帧位置，单击"标记出点（O）"按钮，添加出点。

步骤 05：将光标移到"仅拖动视频"按钮上，此时，光标变成形态。按住鼠标左键不放的同时，把选定视频素材拖到"V1"轨道的第 0 秒 0 帧位置，松开鼠标左键，将【源：MOV01736.MPG】监视器窗口中已设置入出点的视频素材添加到"V1"轨道中，如图 6.104 所示。

步骤 06：单选"V1"轨道中的视频素材，在【效果】功能面板中双击"扭曲/边角定位"视频效果，给选定视频素材添加"边角定位"视频效果。

步骤 07：在【效果控件】功能面板中单选"边角定位"标签，在【节目：字幕序列 02】监视器窗口中设置"边角定位"的定位点，具体位置如图 6.105 所示。

步骤 08：在【项目：画中画效果】窗口中双击"MOV01728.MPG"素材，使其在【源：MOV01728.MPG】监视器窗口中显示。

步骤 09：将"时间指示器"定位到第 0 秒 18 帧位置，单击"标记入点（I）"按钮添加入点。将"时间指示器"定位到第 5 秒 0 帧位置，单击"标记出点（O）"按钮，添加出点。

第 6 章 综合应用案例制作

图 6.104 仅添加视频的"V1"轨道

图 6.105 定位点的位置

步骤 10：将光标移到"仅拖动视频"按钮 上，此时，光标变成 形态，按住鼠标左键不放的同时，把选定视频素材拖到"V2"轨道的第 0 秒 0 帧位置，松开鼠标左键，将【源：MOV01728.MPG】监视器窗口中已设置入出点的视频素材添加到"V2"轨道中，效果如图 6.106 所示。

步骤 11：单选"V2"轨道中的视频素材，在【效果】功能面板中双击"扭曲/边角定位"视频效果，给选定视频素材添加"边角定位"视频效果。

步骤 12：在【效果控件】功能面板中单选"边角定位"标签，在【节目：字幕序列 02】监视器窗口中设置"边角定位"的定位点，具体设置如图 6.107 所示。

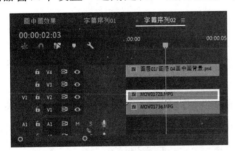

图 6.106 添加素材后的效果

图 6.107 定位点的位置

步骤 13：在【项目：画中画效果】窗口中双击"MOV01725.MPG"素材，使其在【源：MOV01725.MPG】监视器窗口中显示。

步骤 14：将"时间指示器"定位到第 6 秒 11 帧位置，单击"标记入点（I）"按钮 添加入点。将"时间指示器"定位到第 11 秒 11 帧位置，单击"标记出点（O）"按钮，添加出点。

步骤 15：将光标移到"仅拖动视频"按钮 上，此时，光标变成 形态。按住鼠标左键不放的同时，把选定视频素材拖到"V3"轨道的第 0 秒 0 帧位置，松开鼠标左键，将【源：MOV01725.MPG】监视器窗口中已设置入出点的视频素材添加到"V3"轨道中，效果如图 6.108 所示。

步骤 16：单选"V3"轨道中的素材，在【效果】功能面板中双击"扭曲/边角定位"视频效果，给选定素材添加"边角定位"视频效果。

步骤 17：在【效果控件】功能面板中单选"边角定位"标签，在【节目：字幕序列 02】监视器窗口中设置"边角定位"的定位点，具体位置如图 6.109 所示。

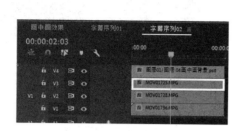

图 6.108 添加素材后的效果

图 6.109 定位点的位置

视频播放：关于具体介绍，请观看配套视频"任务三：制作第 2 段素材的画中画效果.MP4"。

任务四：制作第 3 段素材的画中画效果

第 3 段素材的画中画效果制作原理与第 1 段素材的画中画效果制作原理基本相同，也是通过创建序列文件和字幕制作。

1. 制作字幕

步骤 01：在菜单栏中单击【文件（F）】→【新建（N）】→【旧版标题（T）…】命令，弹出【新建字幕】对话框。该对话框的具体参数设置如图 6.110 所示，设置完毕，单击【确定】按钮，即可创建一个"字幕 04"。

步骤 02：使用"矩形工具"，在"字幕编辑区"绘制一个矩形，在"字幕属性区"单击"纹理"右侧的图标，弹出【选择纹理图像】对话框。在该对话框中选中纹理图像，如图 6.111 所示，单击【打开（O）】按钮，将图像导入字幕编辑区。

图 6.110 【新建字幕】对话框

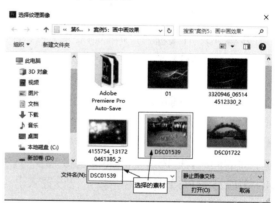

图 6.111 在【选择纹理图像】对话框选择素材

步骤 03：在"旧版标题样式"区单击"Times New Roman Regular red glow" 样式，在"旧版标题属性"区中设置图形属性，具体参数设置如图 6.112 所示。

图 6.112　图形属性参数设置

图 6.113　设置属性参数后的效果

步骤 04：制作"字幕 05"的方法与"字幕 04"的方法相同，只是图形的"位置"参数和"扭曲"参数有所变动。"扭曲"参数和"位置"参数的具体设置如图 6.114 所示，设置参数后的效果如图 6.115 所示。

图 6.114　"扭曲"参数和"位置"参数设置

图 6.115　设置参数后的效果

2. 制作第 3 段素材的画中画效果

步骤 01：新建一个名为"字幕序列 03"的序列文件，尺寸为"720×576"，尺寸比例为 1。

步骤 02：将素材拖到【字幕序列 03】轨道中，并将其拉长至第 6 秒 0 帧位置，效果如图 6.116 所示。

步骤 03：在【节目：字幕序列 03】监视器窗口中的效果如图 6.117 所示。

步骤 04：使用前面所学知识，给"MOV01943.MPG"素材设置入点和出点，并且入点至出点的素材时长为 6 秒。将其入点和出点之间的视频素材拖到"V3"轨道中，松开鼠标键，效果如图 6.118 所示。

步骤 05：单选"V3"轨道中的素材，在【效果】功能面板中双击"扭曲/边角定位"视频效果，给选定素材添加"边角定位"视频效果。

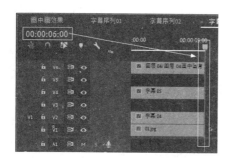

图6.116 添加素材后的效果

图6.117 在【节目：字幕序列03】监视器窗口中的效果

步骤06：在【效果控件】功能面板中单选"边角定位"标签，在【节目：字幕序列03】监视器窗口中设置"边角定位"的定位点，具体位置如图6.119所示。

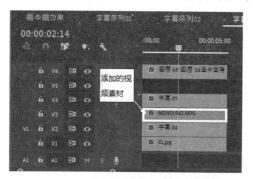

图6.118 添加素材后的效果

图6.119 定位点的位置

步骤07：使用前面所学知识，对"MOV01946.MPG"素材设置入点和出点，并且入点至出点的素材时长为6秒，将其入点与出点之间的视频素材拖到"V5"轨道中，松开鼠标键，效果如图6.120所示。

步骤08：单选"V5"轨道中的素材，在【效果】功能面板中双击"扭曲/边角定位"视频效果，给选定素材添加"边角定位"视频效果。

步骤09：在【效果控件】功能面板中单选"边角定位"标签，在【节目：字幕序列03】监视器窗口中设置"边角定位"的定位点，具体位置如图6.121所示。

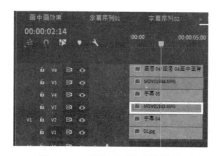

图6.120 添加素材后的效果

图6.121 定位点的位置

视频播放：关于具体介绍，请观看配套视频"任务四：制作第 3 段素材的画中画效果.MP4"。

任务五：序列嵌套

将前面制作好的 3 个序列文件进行嵌套并添加视频过渡效果，以实现画中画效果。

步骤 01：将前面制作好的 3 个序列文件依次拖到"V1"轨道中，将其音频文件删除并将背景音乐拖到"A1"轨道中。

步骤 02：使用"剃刀工具"将音频素材沿第 6 秒 0 帧位置分割为 2 段，并删除第 2 段素材，"画中画效果"的【序列】窗口如图 6.122 所示。

步骤 03：将"沉浸式视频"类过渡效果中的"VR 光线"和"VR 色度泄漏"两个视频过渡效果添加到两段素材的连接处，如图 6.123 所示。

图 6.122 "画中画效果"的【序列】窗口

图 6.123 添加视频过渡效果

步骤 04：最终效果的部分截图如图 6.124 所示。

图 6.124 最终效果的部分截图

视频播放：关于具体介绍，请观看配套视频"任务五：序列嵌套.MP4"。

七、拓展训练

利用本案例所学知识和本书配套教学资源提供的图片素材制作如下图所示的画中画效果。

学习笔记：

案例 6 透视画面效果

一、案例内容简介

本案例以某校校园文化周期间拍摄的一批图片素材为例,介绍如何通过添加素材、应用视频效果、调节文字字幕的缩放、设置素材的位置和参数等手段,制作透视画面效果。

二、案例效果欣赏

三、案例制作(步骤)流程

任务一:创建新项目和导入素材 ➡ 任务二:制作字幕文件 ➡ 任务三:制作透视画面效果

任务五:添加字幕和给字幕制作动画 ⬅ 任务四:制作透视画面的运动效果

四、制作目的

(1)了解本案例中制作字幕文件的方法和步骤。
(2)了解"边角定位"效果的作用和使用方法。
(3)掌握制作透视画面效果的基础知识和操作流程。

五、制作过程中需要解决的问题

(1)"透视画面效果"的制作原理。
(2)如何快速掌握视频效果参数的设置?
(3)如何更合理安排视频素材在视频轨道中的顺序?
(4)透视的定义和原理。

六、详细操作步骤

任务一：创建新项目和导入素材

步骤01：启动 Premiere Pro 2020 软件，创建一个名为"透视画面效果.prproj"的项目文件。

步骤02：利用前面所学知识导入素材。

步骤03：新建一个名为"透视画面效果"的序列文件，尺寸为"640×480"。

视频播放：关于具体介绍，请观看配套视频"任务一：创建新项目和导入素材.MP4"。

任务二：制作字幕文件

1. 制作透视框架图

透视框架图的制作主要使用"圆角矩形工具"和"直线工具"，通过设置所绘制图形的参数达到需要的效果。

步骤01：在菜单栏中单击【文件（F）】→【新建（N）】→【旧版标题（T）…】命令，弹出【新建字幕】对话框。该对话框的具体参数设置如图 6.125 所示，设置完毕，单击【确定】按钮，即可创建一个"透视框架"。

步骤02：使用"矩形工具"■，在"字幕编辑区"绘制一个矩形，在"旧版标题属性"区设置参数，具体参数设置如图 6.126 所示。设置参数后的效果如图 6.127 所示。

图 6.125　【新建字幕】对话框参数设置

图 6.126　图形参数设置

图 6.127　设置参数后的效果

步骤03：使用"直线工具"■，绘制 4 条直线，直线的属性参数设置如图 6.128 所示，设置参数后的直线效果如图 6.129 所示。

2. 创建文字字幕

步骤01：在菜单栏中单击【文件（F）】→【新建（N）】→【旧版标题（T）…】命令，弹出【新建字幕】对话框。该对话框的具体参数设置如图 6.130 所示。

步骤02：单击【确定】按钮，即可创建一个"校园文化周"字幕文件。

第 6 章 综合应用案例制作

 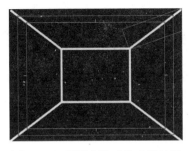 

图 6.128　直线的属性　　　图 6.129　设置参数后的直线效果　　图 6.130　【新建字幕】对话框
　　　　　参数设置　　　　　　　　　　　　　　　　　　　　　　　　　　　　参数设置

步骤 03：使用"文字工具" ，在"字幕编辑区"输入"校园文化周"5 个文字，在"旧版标题样式"区中单击"Arial Bold Italic blue depth"样式 ，在"旧版标题属性"区中设置文字属性参数，具体参数设置如图 6.131 所示。

步骤 04：设置属性参数后的文字字幕效果如图 6.132 所示。

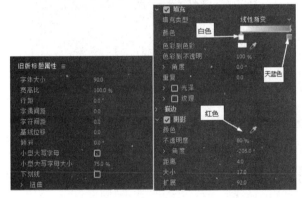 

图 6.131　文字属性参数设置　　　　　　　图 6.132　设置属性参数后的文字字幕效果

步骤 05：方法同上，制作如图 6.133 所示的 5 个文字字幕。

图 6.133　制作好的 5 个文字字幕

视频播放：关于具体介绍，请观看配套视频"任务二：制作字幕文件.MP4"。

任务三：制作透视画面效果

透视画面效果的制作原理：使用"扭曲"类视频效果中的"边角定位"视频效果，改变素材画面的 4 个定位点实现需要的效果。

1. 给序列文件添加素材

步骤 01：在【项目：透视画面效果】窗口中双击"MOV01680.MPG"文件，在【源：MOV01680.MPG】监视器窗口中显示该素材。

步骤 02：在【源：MOV01680.MPG】监视器窗口中将"时间指示器"定位到第 3 秒 0 帧位置，单击"标记入点（I）"按钮，设置素材的入点。

步骤 03：将"时间指示器"移到第 11 秒 0 帧位置，单击"标记出点（O）"按钮，设置素材的出点。

步骤 04：将光标移到【源：MOV01680.MPG】监视器窗口中的"仅拖动视频"按钮上，光标变成形态，按住鼠标左键不放的同时将素材拖到"V1"轨道中的第 0 秒 0 帧位置，松开鼠标左键，将已设置入点和出点之间的素材拖到"V1"轨道中，如图 6.134 所示。

步骤 05：方法同上，将其他素材分别拖到其他轨道中，添加素材后的最终效果如图 6.135 所示。

图 6.134　添加到轨道中的素材

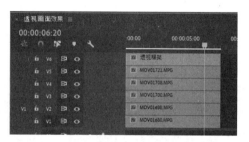
图 6.135　添加素材后的最终效果

2. 给"透视画面效果"【序列】窗口中的素材添加视频效果并设置参数

步骤 01：单选"V6"轨道中的素材，在【效果】功能面板中双击"透视/斜面 Alpha"视频效果，给选定素材添加"斜面 Alpha"视频效果。

步骤 02：在【效果控件】功能面板中设置"斜面 Alpha"参数，具体参数设置如图 6.136 所示。设置参数后，在【节目：透视画面效果】监视器窗口中的效果如图 6.137 所示。

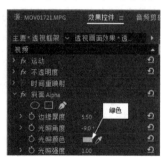
图 6.136　"斜面 Alpha"参数位置

图 6.137　在【节目：透视画面效果】监视器窗口中的效果

步骤 03：单选"V5"轨道中的素材，在【效果】功能面板中双击"扭曲/边角定位"视频效果，给选定素材添加"边角定位"视频效果。

步骤 04：在【效果控件】功能面板中单选"边角定位"视频效果标签，在【节目：透视画面效果】监视器窗口中设置"边角定位"视频效果的定位点，具体位置如图 6.138 所示。

步骤 05：方法同上，给"V4"轨道中的素材添加"边角定位"视频效果，"定位点"在【节目：透视画面效果】监视器窗口中的位置如图 6.139 所示。

图 6.138　步骤 04 定位点的位置　　　　图 6.139　步骤 05 定位点的位置

步骤 06：方法同上，给"V3"轨道中的素材添加"边角定位"视频效果，"定位点"在【节目：透视画面效果】监视器窗口中的位置如图 6.140 所示。

步骤 07：方法同上，给"V2"轨道中的素材添加"边角定位"视频效果，"定位点"在【节目：透视画面效果】监视器窗口中的位置如图 6.141 所示。

图 6.140　步骤 06 定位点的位置　　　　图 6.141　步骤 07 定位点的位置

步骤 08：方法同上，给"V1"轨道中的素材添加"边角定位"视频效果，"定位点"在【节目：透视画面效果】监视器窗口中的位置如图 6.142 所示。

视频播放：关于具体介绍，请观看配套视频"任务三：制作透视画面效果.MP4"。

任务四：制作透视画面的运动效果

透视画面的运动效果制作原理：主要通过设置"边角定位"视频效果的参数和添加关键帧，控制透视画面的运动方式。

步骤 01：将"时间指示器"定位到第 0 秒 12 帧位置，单选"V5"轨道中的素材，在【效果控件】功能面板中给"边角定位"视频效果中的每个参数添加关键帧，参数采用默认值。

步骤 02：将"时间指示器"定位到第 0 秒 0 帧位置，在【效果控件】功能面板中单选"边角定位"视频效果标签，在【节目：透视画面效果】监视器窗口中设置定位点的位置，系统自动添加关键帧，具体位置如图 6.143 所示。

图 6.142　步骤 08 定位点的位置

图 6.143　步骤 02 定位点的位置

步骤 03：将"时间指示器"定位到第 0 秒 24 帧位置，单选"V4"轨道中的素材，在【效果控件】功能面板中给"边角定位"视频效果中的每个参数添加关键帧，参数采用默认值。

步骤 04：将"时间指示器"定位到第 0 秒 12 帧位置，在【效果控件】功能面板中单选"边角定位"视频效果标签，在【节目：透视画面效果】监视器窗口中设置定位点的位置，系统自动添加关键帧，具体位置如图 6.144 所示。

步骤 05：将"时间指示器"定位到第 1 秒 06 帧位置，单选"V3"轨道中的素材，在【效果控件】功能面板中给"边角定位"视频效果中的每个参数添加关键帧，参数采用默认值。

步骤 06：将"时间指示器"定位到第 0 秒 24 帧位置，在【效果控件】功能面板中单选"边角定位"视频效果标签，在【节目：透视画面效果】监视器窗口中设置定位点的位置，系统自动添加关键帧，具体位置如图 6.145 所示。

图 6.144　步骤 04 定位点的位置

图 6.145　步骤 06 定位点的位置

步骤 07：将"时间指示器"定位到第 2 秒 00 帧位置，单选"V2"轨道中的素材，在【效果控件】功能面板中给"边角定位"视频效果中的每个参数添加关键帧，参数采用默认值。

步骤 08：将"时间指示器"定位到第 1 秒 06 帧位置，在【效果控件】功能面板中单选"边角定位"视频效果标签，在【节目：透视画面效果】监视器窗口中设置定位点的位置，系统自动添加关键帧，具体位置如图 6.146 所示。

步骤 09：将"时间指示器"定位到第 2 秒 12 帧位置，单选"V1"轨道中的素材，在【效果控件】功能面板中给"边角定位"视频效果中的每个参数添加关键帧，参数采用默认值。

步骤 10：将"时间指示器"定位到第 2 秒 00 帧位置，在【效果控件】功能面板中单选"边角定位"视频效果标签，在【节目：透视画面效果】监视器窗口中设置定位点的位置，系统自动添加关键帧，具体位置如图 6.147 所示。

图 6.146　步骤 08 定位点的位置　　　　　图 6.147　步骤 10 定位点的位置

步骤 11：单选"V5"轨道中的素材，在【效果】功能面板中双击"扭曲/球面化"视频效果，给选定素材添加"球面化"视频效果。

步骤 12：将"时间指示器"定位到第 0 秒 12 帧位置，在【效果控件】功能面板中设置"球面化"视频效果参数并添加关键帧，具体参数设置和添加的关键帧如图 6.148 所示，在【节目：透视画面效果】监视器窗口中的效果如图 6.149 所示。

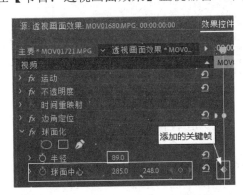

图 6.148　设置"球面化"视频效果　　　　图 6.149　在【节目：透视画面效果】
　　　　　参数并添加关键帧　　　　　　　　　　　　　监视器窗口中的效果

步骤 13：将"时间指示器"定位到第 2 秒 12 帧位置，在【效果控件】功能面板中设置"球面化"视频效果参数，系统自动添加关键帧，具体参数设置和添加的关键帧如图 6.150 所示，在【节目：透视画面效果】监视器窗口中的效果如图 6.150 所示。

视频播放：关于具体介绍，请观看配套视频"任务四：制作透视画面的运动效果.MP4"。

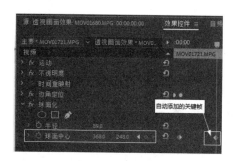

图 6.150 "球面化"视频效果参数调节

图 6.151 在【节目：透视画面效果】监视器窗口中的效果

任务五：添加字幕和给字幕制作动画

给字幕制作动画的原理：主要通过设置文字字幕的缩放和位置两个参数来实现。

步骤 01：将"时间指示器"定位到第 3 秒 12 帧位置，将"校园文化周"字幕拖到"透视画面效果"【序列】窗口中的空白处，使之与"时间指示器"对齐，松开鼠标左键，完成素材的添加和视频轨道的添加，如图 6.152 所示。

步骤 02：将"V7"轨道中的字幕拉长，使之与其他素材的出点对齐，如图 6.153 所示。

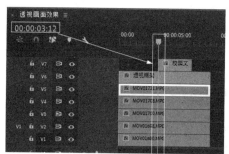

图 6.152 添加的素材和轨道

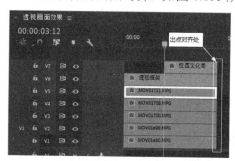

图 6.153 出点对齐处

步骤 03：在【效果控件】功能面板中设置"V7"轨道中素材的参数并添加关键帧，具体参数设置如图 6.154 所示。

步骤 04：将"时间指示器"定位到第 4 秒 14 帧位置，设置参数，系统自动添加关键帧，具体参数设置如图 6.155 所示。

步骤 05：将"时间指示器"定位到第 4 秒 14 帧位置，将"校"字幕拖到"透视画面效果"【序列】窗口中的空白处并使之与"时间指示器"对齐，松开鼠标左键，完成素材的添加和轨道的添加，将添加的字幕拉长至与其他素材的出点对齐。添加了文字字幕的【序列】窗口如图 6.156 所示。

步骤 06：在【效果控件】功能面板中设置"V8"轨道中字幕素材的参数并添加关键帧，具体参数设置如图 6.157 所示，设置参数后，在【节目：透视画面效果】监视器窗口中的效果如图 6.158 所示。

第 6 章 综合应用案例制作

图 6.154 "V7"轨道中素材的参数设置和添加的关键帧

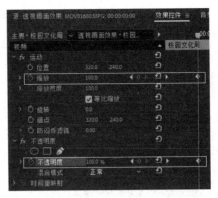
图 6.155 定位后"V7"轨道中素材的参数设置

图 6.156 添加了文字字幕的【序列】窗口

图 6.157 具体参数设置

步骤 07:将"时间指示器"定位到第 4 秒 24 帧位置,在【效果控件】功能面板中设置参数,具体参数设置如图 6.159 所示。

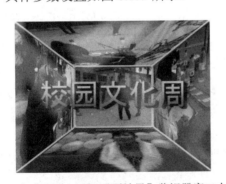
图 6.158 在【节目:透视画面效果】监视器窗口中的效果

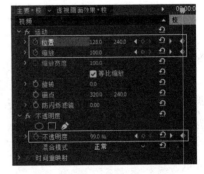
图 6.159 具体参数设置

步骤 08:将"园"字幕拖到"透视画面效果"【序列】窗口中,入点与第 4 秒 24 帧的位置对齐,出点与其他轨道素材的出点对齐,如图 6.160 所示。

步骤 09:将"时间指示器"定位到第 4 秒 24 帧位置,在【效果控件】功能面板中设置"V9"轨道中的素材参数,具体参数设置如图 6.161 所示。

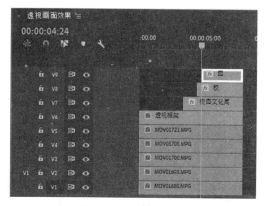 

图 6.160　添加素材后的"透视画面效果"【序列】窗口　　　图 6.161　具体参数设置

步骤 10：参数设置后，在【节目：透视画面效果】监视器窗口中的效果如图 6.162 所示。

步骤 11：将"时间指示器"定位到第 5 秒 04 帧位置，在【效果控件】功能面板中设置"V9"轨道中素材的参数，系统自动添加关键帧，具体参数设置如图 6.163 所示。

图 6.162　在【节目：透视画面效果】监视器窗口中的效果　　　图 6.163　具体参数设置

步骤 12：将"文"字幕拖到"透视画面效果"【序列】窗口中，入点与第 5 秒 04 帧位置对齐，出点与其他轨道素材的出点对齐，如图 6.164 所示。

步骤 13：将"时间指示器"定位到第 5 秒 04 帧的位置，在【效果控件】功能面板中调节"V10"轨道中素材的参数并添加关键帧，具体参数设置和添加的关键帧如图 6.165 所示。

步骤 14：设置参数后，在【节目：透视画面效果】监视器窗口中的效果如图 6.166 所示。

步骤 15：将"时间指示器"定位到第 5 秒 14 帧位置，在【效果控件】功能面板中设置"V10"轨道中素材的参数，系统自动添加关键帧，具体参数设置和自动添加的关键帧如图 6.167 所示。

第 6 章 综合应用案例制作

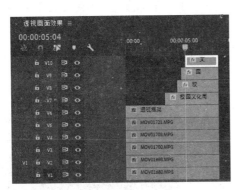

图 6.164　添加素材后的"透视画面效果"【序列】窗口

图 6.165　具体参数设置和添加的关键帧

图 6.166　在【节目：透视画面效果】监视器窗口中的效果

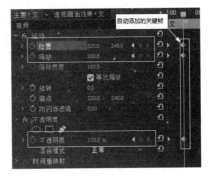

图 6.167　具体参数设置和自动添加的关键帧

步骤 16：将"化"字幕拖到"透视画面效果"【序列】窗口中，入点与第 5 秒 14 帧位置对齐，出点与其他轨道素材的出点对齐，如图 6.168 所示。

步骤 17：将"时间指示器"定位到第 5 秒 14 帧位置，在【效果控件】功能面板中设置"V11"轨道中素材的参数并添加关键帧，具体参数设置和添加的关键帧如图 6.169 所示。

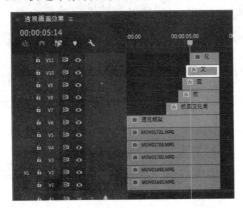

图 6.168　添加素材后的"透视画面效果"【序列】窗口

图 6.169　具体参数设置和添加的关键帧

步骤 18：设置参数后，在【节目：透视画面效果】监视器窗口中的效果如图 6.170 所示。

步骤 19：将"时间指示器"定位到第 5 秒 24 帧的位置，在【效果控件】功能面板中调节"V11"轨道中素材的参数，系统自动添加关键帧，具体参数设置和系统自动添加的关键帧如图 6.171 所示。

图 6.170　在【节目：透视画面效果】
监视器窗口中的效果

图 6.171　具体参数设置和系统自动
添加的关键帧

步骤 20：将"周"字幕拖到"透视画面效果"【序列】窗口中，入点与第 5 秒 24 帧位置对齐，出点与其他轨道素材的出点对齐，如图 6.172 所示。

步骤 21：将"时间指示器"定位到第 5 秒 24 帧位置，在【效果控件】功能面板中设置"V12"轨道中素材的参数并添加关键帧，具体参数设置和添加的关键帧如图 6.173 所示。

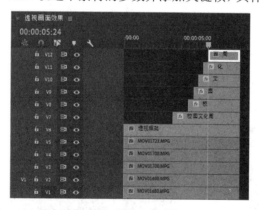

图 6.172　添加素材后的"透视画面效果"【序列】窗口

图 6.173　具体参数设置和添加的关键帧

步骤 22：设置参数后，在【节目：透视画面效果】监视器窗口中的效果如图 6.174 所示。

步骤 23：将"时间指示器"定位到第 6 秒 04 帧位置，在【效果控件】功能面板中设置"V12"轨道中素材的参数，系统自动添加关键帧，具体参数设置和系统自动添加的关键帧如图 6.175 所示。

第6章 综合应用案例制作

图6.174 在【节目：透视画面效果】监视器窗口中的效果

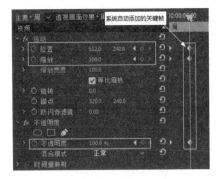

图6.175 具体参数设置和系统自动添加的关键帧

视频播放：关于具体介绍，请观看配套视频"任务五：添加字幕和给字幕制作动画.MP4"。

七、拓展训练

利用本案例所学知识和本书配套教学资源提供的图片素材制作如下图所示的透视画面效果。

学习笔记：

第7章 专题片《美在桂林》

知识点：

实训一 专题片《美在桂林》制作前的准备

实训二 专题片《美在桂林》制作

说明：

本章主要通过专题片《美在桂林》案例的讲解，全面介绍使用 Premiere Pro 2020 制作 MTV 和专题片的创作思路、流程、制作技巧和节目的最终输出等知识。

教学建议课时数：

一般情况下需要 12 课时，其中理论 2 课时，实际操作 10 课时（特殊情况下，可做相应调整）。

通过本章的学习，读者要解决以下问题：专题片主要制作流程分为几步？如何使用标记进行声画对位？如何合理使用视频过渡效果和调节视频与音频的节奏？各段素材和景别之间的组接需要注意哪些问题？这些问题都涉及制作专题片需要掌握的基本知识和技能。

实训一　专题片《美在桂林》制作前的准备

专题片《美在桂林》主要介绍桂林著名景点特点，展现桂林的人文、地理、文人墨客和地方特色等相关内容，以歌曲《桂林是我家》为背景音乐。

一、专题片制作的基本原则与要求

（1）平时多积累相关的素材并进行归类保存。

（2）根据自己的创意撰写专题片脚本，专题片脚本相对于电影脚本要求不算严格。如果是初次制作专题片，最好先写一个大致的脚本便于制作，有利于培养好的制作习惯。也可以不写脚本，直接制作或从积累的素材中挑选合适的素材。

（3）对收集的素材进行分类整理并进行第二次创意。

（4）对素材进行后期编辑制作。

（5）将制作好的节目输出为专题片。

二、专题片《美在桂林》背景音乐的歌词

《桂林是我家》

（1）人言桂林甲天下，我说桂林是我家。

（2）窗前一弯漓江月，屋后几束马樱花。

（3）人道桂林甲天下，我说桂林是我家。

（4）鱼鹰衔来竹筏影，露捧珍珠雾笼纱。

（5）走遍了天涯，走遍了天涯。

（6）你不到那桂林，那就空负了大好年华。

（7）叫我怎能不爱她，叫我怎么能够不爱她。

（8）人言桂林甲天下，我说桂林是我家。

（9）迎宾请客歌先唱，待客喜品玉茗茶。

（10）走遍了天涯，走遍了天涯。

（11）你不到那桂林，那就空负了大好年华。

（12）叫我怎能不爱她，叫我怎么能够不爱她。

（13）走遍了天涯，走遍了天涯。

（14）你不到那桂林，那就空负了大好年华。

（15）叫我怎能不爱她，叫我怎么能够不爱她。

第 7 章 专题片《美在桂林》

实训二 专题片《美在桂林》制作

一、专题片效果欣赏

二、专题片制作（步骤）流程

任务一：创建新项目和导入素材 ➡ 任务二：添加音频文件并给音频文件添加标记

⬇

任务四：添加歌词字幕 ⬅ 任务三：添加视频轨道并为视频轨道重命名

⬇

任务五：根据歌曲和歌词添加视频素材 ➡ 任务六：添加视频过渡效果、字幕遮罩和添加标志文字

⬇

任务九：输出专题片 ⬅ 任务八：片尾制作 ⬅ 任务七：片头制作

三、制作目的

（1）了解专题片制作的基本流程。
（2）掌握使用第三方软件制作素材的方法和技巧。
（3）掌握给音频文件设置标记的方法。

(4)掌握根据歌词添加视频素材及视频过渡效果的方法。

(5)熟练掌握视频效果的添加和参数设置。

(6)熟练掌握输出专题片的相关设置。

四、制作过程中需要解决的问题

(1)专题片制作的主要流程是什么?

(2)如何使用标记进行声画对位?

(3)如何合理使用视频过渡效果?

(4)如何合理调节视频与音频的节奏?

(5)各段素材和景别之间的组接涉及哪些问题?

五、详细操作步骤

任务一:创建新项目和导入素材

步骤01:启动 Premiere Pro 2020 软件,创建一个名为"美在桂林.prproj"的项目文件。

步骤02:利用前面所学知识导入素材。

步骤03:新建一个名为"美在桂林"的序列文件,尺寸为"720×480"。

视频播放:关于具体介绍,请观看配套视频"任务一:创建新项目和导入素材.MP4"。

任务二:添加音频文件并给音频文件添加标记

给音频素材添加标记方便后续添加字幕,视频画面和声画对位,有利于视频与音频的节奏调节。

步骤01:将"美在桂林背景音乐01.MP3"拖到"A1"轨道中。

步骤02:在"A1"音频标签右侧的空白处双击,展开"A1"音频轨道,将光标移到"A1"轨道与"A2"轨道之间。此时,光标变成形态,按住鼠标左键不放,上下移动光标,即可调节"A1"轨道的宽度。调节轨道宽度后的效果如图7.1所示。

图7.1 调节轨道宽度后的效果

步骤03:将光标移到"A1"轨道标签的"音频1"上,单击鼠标右键,弹出快捷菜单。在弹出的快捷菜单中单击【重命名】命令,此时,"音频1"轨道标签呈蓝色(参考本书配套视频),输入文字"背景音乐",即可给"A1"轨道重命名,如图7.2所示。

步骤 04：给音频添加标记，激活"美在桂林"【序列】窗口，使之成为当前活动窗口。按键盘上的"空格键"播放"A1"轨道中的音频，边播放边监听，同时观看音频波形图。当播放到需要添加标记的位置时，按键盘上的"空格键"停止播放，确定添加标记的位置。

步骤 05：将光标移到"美在桂林"【序列】窗口中的时间标尺上，单击鼠标右键，弹出快捷菜单。在弹出的快捷菜单中单击【添加标记】命令，即可在"时间指示器"位置添加一个标记。添加标记后的【序列】窗口如图 7.3 所示。

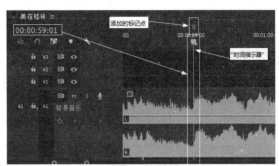

图 7.2　重命名的"A1"轨道　　　　　图 7.3　添加标记后的【序列】窗口

步骤 06：方法同步骤 04 和步骤 05，继续添加标记。添加标记后的"美在桂林"【序列】窗口如图 7.4 所示。

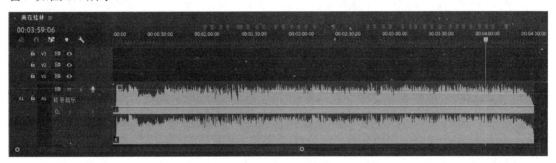

图 7.4　添加标记后的"美在桂林"【序列】窗口

视频播放：关于具体介绍，请观看配套视频"任务二：添加音频文件并给音频文件添加标记.MP4"。

任务三：添加视频轨道并为视频轨道重命名

添加视频轨道的目的是满足视频素材的分配和调节，给视频轨道重命名的目的是方便团队合作和视频编辑。

1. 添加视频轨道

在 Premiere Pro 2020 中，提供 3 种添加视频轨道的方法。

（1）通过菜单栏添加视频轨道。

（2）通过拖动素材添加视频轨道。

（3）通过单击鼠标右键添加视频轨道。

1）通过菜单栏添加视频轨道

步骤 01：在菜单栏中单击【序列（S）】→【添加轨道（T）…】命令，弹出【添加轨道】对话框。

步骤 02：根据要求在该对话框设置参数，具体参数设置如图7.5所示。单击【确定】按钮，完成轨道的添加，添加了视频轨道和音频轨道后的效果如图7.6所示。

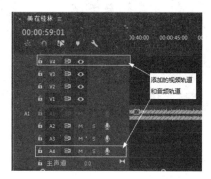

图7.5 【添加轨道】对话框参数设置　　　图7.6 添加了视频轨道和音频轨道后的效果

2）通过拖动素材添加视频轨道

将【项目】窗口中的视频素材拖到【序列】窗口中视频轨道的空白处，松开鼠标左键，即可创建一个视频轨道，选定的素材也添加到视频轨道中。

3）通过单击鼠标右键添加视频轨道

步骤 01：将光标移到轨道标签空白处，单击鼠标右键，弹出快捷菜单，如图7.7所示。

步骤 02：在弹出的快捷菜单中单击【添加单个轨道】命令，即可添加一个视频轨道，如图7.8所示。

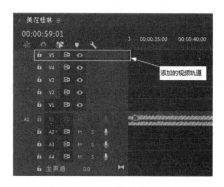

图7.7 弹出的快捷菜单　　　　　　　　图7.8 添加的视频轨道

提示：若在图 7.7 所示的快捷菜单中单击【添加轨道…】命令，则弹出【添加轨道】对话框，具体操作同方法一。

2. 给视频轨道重命名

步骤 01：将光标移到"V1"轨道标签的右侧空白处双击，将"V1"轨道展开。

步骤 02：将光标移到"视频 1"上单击鼠标右键，弹出快捷菜单。在弹出的快捷菜单中单击【重命名】命令，此时，"视频 1"背景呈蓝色，如图 7.9 所示。

步骤 03：输入重命名的文字。在这里输入"视频素材"4 个字，按"Enter"键，完成重命名。重命名的轨道如图 7.10 所示。

步骤 04：方法同上。将其他视频轨道进行重命名，最终命名效果如图 7.11 所示。

图 7.9 "视频 1"背景呈蓝色

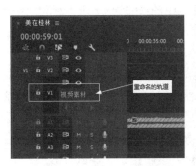
图 7.10 重命名的轨道

图 7.11 最终命名效果

视频播放：关于具体介绍，请观看配套视频"任务三：添加视频轨道并为视频轨道重命名.MP4"。

任务四：添加歌词字幕

利用 Photoshop 软件制作歌词字幕，直接把制作好的歌词添加到视频轨道中。具体操作步骤如下。

步骤 01：将导入的歌词素材进行重命名。例如，"歌词 01 上"表示为歌词的第 1 行，颜色为黄色；"歌词 01 下"表示该行歌词的第 1 句，颜色为红色（参考本书配套视频）。

步骤 02：方法同上，依次对其他歌词进行重命名，重命名后的歌词名称如图 7.12 所示。

步骤 03：将"歌词 01 上"拖到"V5"轨道中，入点与第 1 个标记点对齐，出点与第 3 个标记点对齐。

步骤 04：将"歌词 01 下"拖到"V4"轨道中，入点与第 1 个标记点对齐，出点与第 3 个标记点对齐，效果如图 7.13 所示。

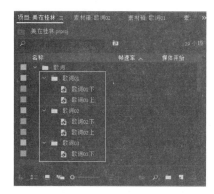

图 7.12 重命名后的歌词名称

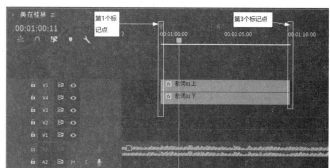

图 7.13 歌词与标记点对齐后的效果

步骤 05：单选"V5"轨道中的"歌词 01 上"素材，在【效果控件】功能面板中将"位置"参数设置为"360 220"，如图 7.14 所示。

步骤 06：单选"V4"轨道中的"歌词 01 下"素材，在【效果控件】功能面板中将"位置"参数设置为"360 220"。

步骤 07：单选"V5"轨道中的"歌词 01 上"素材，在【效果】功能面板中双击"变换/裁剪"视频效果，为选定的素材添加"裁剪"视频效果。

步骤 08：将"时间指示器"定位到第 1 个标记点，在【效果控件】功能面板中单选"裁剪"视频效果标签。在【节目：美在桂林】监视器窗口中调节裁剪框的大小，如图 7.15 所示，此时歌词显示黄色（参考本书配套视频）。

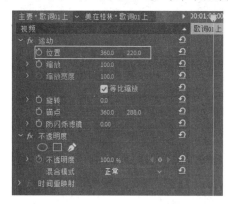

图 7.14 "歌词 01 上"素材"位置"参数设置

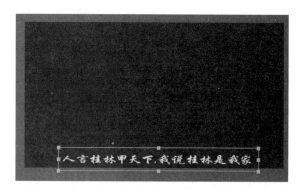

图 7.15 调节裁剪框的大小

步骤 09：在【效果控件】功能面板中给"裁剪"视频效果参数添加关键帧，如图 7.16 所示。

步骤 10：将"时间指示器"定位到第 3 个标记点，在【节目：美在桂林】监视器窗口中调节"裁剪"视频效果的裁剪框，效果如图 7.17 所示。系统自动给"裁剪"视频效果参数添加关键帧。此时，显示"歌词 01 下"的字幕效果，文字为红色（参考本书配套视频）。

第7章 专题片《美在桂林》

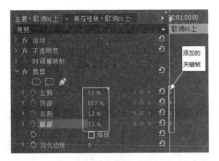

图 7.16 给"裁剪"视频效果参数添加关键帧

图 7.17 调节裁剪框的效果

步骤 11：方法同步骤 03～步骤 10，将其他 14 行歌词添加到"V5"和"V4"轨道中。歌词添加完后的"美在桂林"【序列】窗口效果如图 7.18 所示。

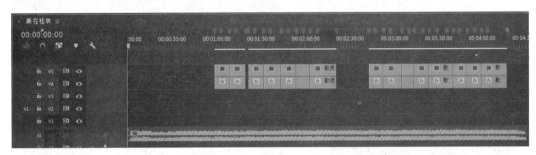

图 7.18 歌词添加完后的"美在桂林"【序列】窗口效果

视频播放：关于具体介绍，请观看配套视频"任务四：添加歌词字幕.MP4"。

任务五：根据歌曲和歌词添加视频素材

1. 给第 1 句歌词"人言桂林甲天下，我说桂林是我家"配视频

1）给"人言桂林甲天下"歌词配视频

步骤 01：在【项目：美在桂林】监视器窗口中双击"桂林视频素材 01.MP4"，对该视频进行预览，了解大致效果。

步骤 02：设置该视频素材的入点，根据预览时了解到的视频画面大致效果，在【源：桂林视频素材 01.MP4】监视器窗口中，将"时间指示器"定位到第 19 秒 16 帧位置，单击"标记入点（I）"按钮，设置素材的入点；将"时间指示器"定位到第 24 秒 17 帧位置，单击"标记出点（O）"按钮，设置素材出点。素材的出点和入点位置如图 7.19 所示。

步骤 03：将光标移到【源：桂林视频素材 01.MP4】监视器窗口中的"仅拖动视频"按钮上，此时，光标变成形态。按住鼠标左键不放的同时把选定的素材拖到"V1"轨道中，入点与第 1 个标记点对齐，出点与第 2 个标记点对齐。素材与标记点的对齐效果如图 7.20 所示。

步骤 04：单选"V1"轨道中已添加的素材，在【效果控件】功能面板中设置素材的参

381

数，具体参数设置如图 7.21 所示。

图 7.19　素材的出点和入点位置

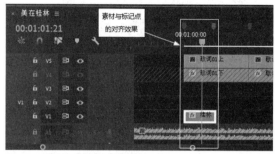

图 7.20　素材与标记点的对齐效果

步骤 05：设置参数后，在【节目：美在桂林】监视器窗口中的截图效果如图 7.22 所示。

图 7.21　素材参数设置

图 7.22　在【节目：美在桂林】监视器窗口中的截图效果

2）给歌词"我说桂林市我家"配视频

步骤 01：将"时间指示器"定位到第 47 秒 2 帧位置，单击"标记入点（I）"按钮，设置素材的入点；将"时间指示器"定位到第 52 秒 0 帧位置，单击"标记出点（O）"按钮，设置素材出点。已设置的素材入点和出点如图 7.23 所示。

步骤 02：将光标移到【源：桂林视频素材 02.MP4】监视器窗口中的"仅拖动视频"按钮上，此时，光标变成形态。按住鼠标左键不放的同时把选定的素材拖到"V1"轨道中，入点与第 2 个标记点对齐，出点与第 3 个标记点对齐，效果如图 7.24 所示。

步骤 04：单选"V1"轨道中添加的第 2 段素材，在【效果控件】功能面板中调节素材的参数，具体调节如图 7.25 所示。

步骤 05：调节参数之后，在【节目：美在桂林】监视器窗口中的截图效果如图 7.26 所示。

第 7 章 专题片《美在桂林》

图 7.23　已设置的素材入点和出点

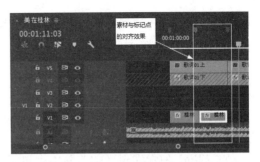

图 7.24　素材与标记点的对齐效果

图 7.25　素材参数调节

图 7.26　在【节目：美在桂林】监视器窗口中的
部分截图效果

2. 给其他歌词添加视频并进行剪辑

给其他歌词添加视频并进行剪辑的方法同上，根据歌词大意，预览素材，找到适合歌词含义的素材画面，设置素材的入点和出点，将其拖到"V1"轨道中与标记点对齐，然后在【效果控件】功能面板中设置参数。添加视频素材后的"美在桂林"【序列】窗口如图 7.27 所示。

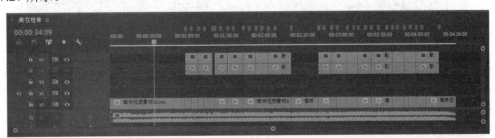

图 7.27　添加视频素材后的"美在桂林"【序列】窗口

提示：读者在学习过程中，可以打开本书配套素材中的源文件，了解序列中的素材剪辑效果，也可以根据自己的创意进行剪辑。

视频播放：关于具体介绍，请观看配套视频"任务五：根据歌曲和歌词添加视频素材.MP4"。

任务六：添加视频过渡效果、字幕遮罩和添加标志文字

1. 添加视频过渡效果

视频过渡效果的添加比较简单，这里以给"V1"轨道中第1个标记点两段相邻素材添加视频过渡效果为例。至于其他相邻素材的视频过渡效果，读者可以根据自己的审美要求添加，在本任务中添加的视频过渡效果只作为参考。

步骤01：将光标移到【效果】功能面板中的"溶解/交叉溶解"视频过渡效果上，按住鼠标左键不放，把它拖到"V1"轨道中第1个标记点两段相邻素材之间。此时，光标右下角出现一个图标，松开鼠标左键，完成"交叉溶解"视频过渡效果的添加，如图 7.28 所示。

步骤02：在"V1"轨道中单选已添加的"交叉溶解"视频过渡效果，在【效果控件】功能面板中设置"交叉溶解"视频过渡效果的参数，具体参数设置如图 7.29 所示。

图 7.28 添加的"交叉溶解"视频过渡效果

图 7.29 "交叉溶解"视频过渡效果参数设置

步骤03：方法同上，给需要添加视频过渡效果的两段相邻素材添加视频过渡效果并调节视频过渡效果的"持续时间"和"对齐"方式，如图 7.30 所示。

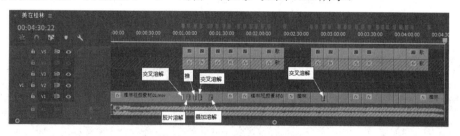
图 7.30 添加视频过渡效果

2. 字幕遮罩

主要通过【旧版标题（T）…】命令制作字幕遮罩。

步骤01：在菜单栏中单击【文件（F）】→【新建（N）】→【旧版标题（T）…】命令，弹出【新建字幕】对话框。

步骤 02：根据要求设置该对话框参数，具体参数设置如图 7.31 所示。设置完毕，单击【确定】按钮，创建一个名称为"字幕 01"的文件。

步骤 03：使用"矩形工具"绘制两个矩形，作为字幕遮罩，其填充颜色为黑色，外描边颜色为黄色，如图 7.32 所示。

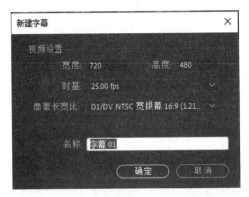

图 7.31 【新建字幕】对话框

图 7.32 绘制的两个字幕遮罩

步骤 03：将制作的"字幕 01"拖到"V2"轨道中，将其拉长，使之与"A1"轨道中的音频素材对齐。添加了"字幕 01"的【序列】窗口如图 7.33 所示，在【节目：美在桂林】监视器窗口中的效果如图 7.34 所示。

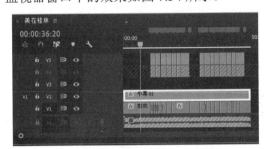

图 7.33 添加了"字幕 01"的
【序列】窗口

图 7.34 在【节目：美在桂林】
监视器窗口中的效果

3. 添加标志文字

步骤 01：将"3D 数字游戏艺术工作室/美在桂林.psd"图片素材拖到"美在桂林"【序列】窗口中的空白处，系统自动添加一个视频轨道，使添加的图片入点与第 1 个标记点对齐，出点与"A1"轨道中音频素材的出点对齐。添加素材并对齐后的"美在桂林"【序列】窗口如图 7.35 所示。

步骤 02：单选"V6"轨道中的素材，在【效果控件】功能面板中设置选定素材的参数，具体参数设置如图 7.36 所示。

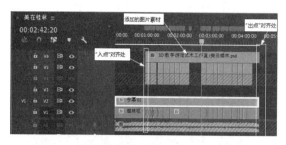

图 7.35 添加素材并对齐后的"美在桂林"【序列】窗口

图 7.36 选定素材的参数设置

步骤 03：设置参数后，在【节目：美在桂林】监视器窗口中的部分截图效果如图 7.37 所示。

图 7.37 在【节目：美在桂林】监视器窗口中的部分截图效果

视频播放：关于具体介绍，请观看配套视频"任务六：添加视频过渡效果、字幕遮罩和添加标志文字.MP4"。

任务七：片头制作

主要使用由第三方软件制作好的遮罩文件和添加视频过渡效果进行片头制作。

步骤 01：将图片素材分别拖到"V3""V4""V5"视频轨道中，图片素材的出点与第 0 秒 0 帧位置对齐，将图片素材拉长至第 14 秒 0 帧位置对齐，如图 7.38 所示。

步骤 02：将"时间指示器"定位到第 0 秒 0 帧位置，单选"V4"轨道中的"美在桂林/美在桂林.psd"素材，在【效果控件】功能面板中将"缩放"参数设置为 0 并添加关键帧，如图 7.39 所示。

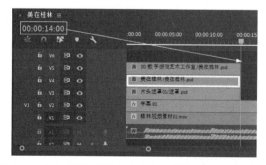

图 7.38 添加图片素材后的"美在桂林"【序列】窗口

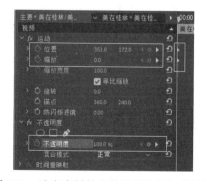

图 7.39 选定素材的参数设置和添加关键帧

第 7 章 专题片《美在桂林》

步骤 03：将"时间指示器"定位到第 10 秒 0 帧位置，设置选定图片的参数，具体参数设置如图 7.40 所示。

步骤 04：再将"时间指示器"定位到第 13 秒 19 帧的位置，将"不透明度"参数调节为"0%"。在【节目：美在桂林】监视器窗口中的部分截图如图 7.41 所示。

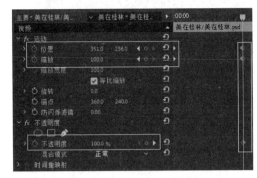

图 7.40　第 10 秒 0 帧位置的参数设置　　　　图 7.41　在【节目：美在桂林】监视器窗口中的部分截图效果

视频播放：关于具体介绍，请观看配套视频"任务七：片头制作.MP4"。

任务八：片尾制作

以一个标题字幕动画作为。

步骤 01：在菜单栏中单击【文件（F）】→【新建（N）】→【旧版标题（T）…】命令，弹出【新建字幕】对话框。

步骤 02：根据要求设置该对话框参数，具体参数设置如图 7.42 所示。参数设置完毕，单击【确定】按钮，创建一个名称为"片尾字幕"的文件。

步骤 03：输入需要的片尾文字并设置参数，具体参数设置如图 7.43 所示。设置参数后的字幕效果如图 7.44 所示。

图 7.42　【新建字幕】对话框参数设置　　　　图 7.43　字幕参数设置

步骤 04：将"时间指示器"定位到第 4 分 25 秒 04 帧位置，将"片尾字幕"素材拖到"V3"轨道中，使其入点与"时间指示器"对齐，出点与"A1"轨道中的音频素材的"出点"对齐。"V3"轨道添加字幕后的效果如图 7.45 所示。

图 7.44 设置参数后的字幕效果

图 7.45 "V3"轨道添加字幕后的效果

步骤 05：单选"V3"轨道中"片尾字幕"素材，在【效果控件】功能面板中设置该素材参数，具体参数设置如图 7.46 所示。

步骤 06：将"时间指示器"定位到第 4 分 28 秒 11 帧位置，在【效果控件】功能面板中设置该素材参数，具体参数设置如图 7.47 所示。

图 7.46 第 4 分 25 秒 04 帧位置的参数设置

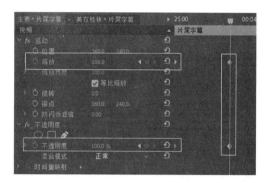
图 7.47 第 4 分 28 秒 11 帧位置的参数设置

步骤 07：参数设置完成后，在【节目：美在桂林】监视器窗口中的部分截图效果如图 7.48 所示。

图 7.48 在【节目：美在桂林】监视器窗口中的部分截图效果

视频播放：关于具体介绍，请观看配套视频"任务八：片尾制作.MP4"。

任务九：输出专题片

对专题片进行预览和检查，检查是否达到要求。如果符合要求，就将专题片以需要的媒体播放格式输出。具体步骤如下。

第 7 章 专题片《美在桂林》

步骤 01：按键盘上的"空格键"对所制作的专题片进行预览和检查，检查最终效果是否存在问题。如果有问题，可进行修改，此项工作可能需要重复好几遍。

步骤 02：确定制作好的专题片无误后，在菜单栏中单击【文件（F）】→【导出（E）】→【媒体（M）…】命令，弹出【导出设置】对话框。

步骤 03：设置【导出设置】对话框参数，具体参数设置如图 7.49 所示。

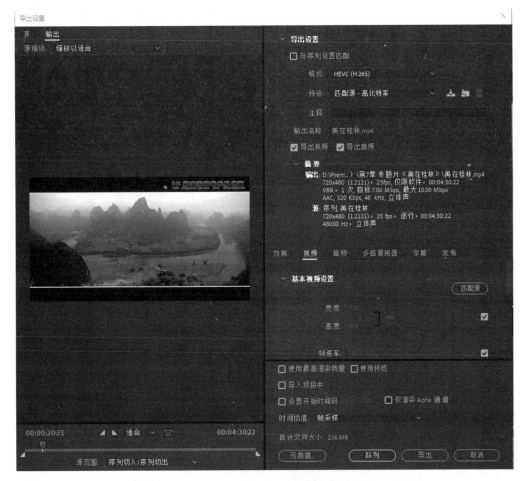

图 7.49 【导出设置】对话框参数设置

步骤 04：参数设置完毕，单击【导出】按钮，输出专题片。

视频播放：关于具体介绍，请观看配套视频"任务九：输出节目.MP4"。

六、拓展训练

根据前面所学知识，制作一个专题片，内容和形式可以根据制作者的要求而定，要求有配音、背景音乐、旁白、节奏合理、镜头组接过渡流畅。

学习笔记:

第 8 章　非线性编辑及镜头语言运用

知识点：
技巧 1　线性编辑与非线性编辑
技巧 2　非线性编辑与 DV
技巧 3　镜头技巧及组接方法
技巧 4　电影蒙太奇

说明：
　　本章主要介绍线性编辑的定义、非线性编辑的定义、非线性编辑的特点、非线性编辑的应用、非线性编辑与 DV、镜头运用、镜头的一般规律和方法、蒙太奇技巧的作用和镜头组接蒙太奇。

教学建议课时数：
　　一般情况下需要 4 课时，其中理论 2 课时，实际操作 2 课时（特殊情况下可做相应调整）。

通过本章的学习，使读者初步认识线性编辑和非线性编辑、蒙太奇的定义和蒙太奇在影视后期剪辑中的作用。

技巧 1　线性编辑与非线性编辑

影视后期剪辑已经从早期的模拟视频的线性编辑时代完全转到数字视频的非线性编辑时代，这是影视后期剪辑的革命性飞跃。

一、线性编辑

线性编辑是指录像机通过机械运动，使磁头把 25 秒/帧的模拟视频信号按顺序记录在磁带上，然后再寻找下一个镜头，接着进行记录工作，通过一对一或二对一的台式编辑机将母带上的素材剪接成第 2 版。使用这种方法编辑时，必须按顺序寻找所需要的视频画面。

使用线性编辑无法在已有的画面之间插入一个镜头，也无法删除一个镜头，除非把这之后的全部画面重新录制一遍。

线性编辑的效率非常低，该编辑方法已经被淘汰，因为这种编辑方法常常为了一个小小的细节而前功尽弃。使用这种编辑方法时，在一般情况下，常常为省去重新编辑的麻烦而以牺牲节目质量为代价。

二、非线性编辑

非线性编辑是指应用计算机图像技术，在计算机中对各种原始素材进行反复编辑而不影响和素材的质量，把最终编辑好的影片输出到存储介质（计算机硬盘、磁带、录像机或光盘）上的一系列完整的工艺过程。

非线性编辑基本上是在以计算机为载体的数字技术设备上完成的。

非线性编辑的优势主要体现在以 3 个方面：

（1）素材被数字化存储在计算机硬盘上，存储的位置是并列平行的，与原始素材输入计算机时的先后顺序无关。

（2）可以对存储在硬盘上的数字化音视频素材进行随意的排列组合。

（3）可以方便快捷地进行随意修改而不损坏图像质量。

随着科学技术的进步，非线性编辑系统的硬件高度集成化和小型化，将传统的线性编辑制作系统中的字幕机、录像机、录音机、编辑机、切换机和调音台等外部设备集成到一台计算机中。现在用户使用一台普通的计算机及配合相应的后期制作软件，在家里就可以完成影视节目的后期剪辑。

三、非线性编辑的特点

非线性编辑的特点主要有 4 个：

（1）非线性编辑是对数字视频文件的编辑和处理，与其他文件的处理方法相同，在计算机中可以随意进行编辑和重复使用而不影响图像质量。

第 8 章　非线性编辑及镜头语言运用

（2）在非线性编辑过程中只是对编辑点和特技效果的记录，因此，在剪辑过程中随意修改、复制和调动画面前后顺序而不影响图像的质量。

（3）可以对采集的素材文件进行实时编辑和预览。

（4）非线性编辑系统功能高度集成化，设备小型化，可以和其他非线性编辑系统及个人计算机实现网络资源共享。

四、非线性编辑的应用

非线性编辑其实就是制作影视节目的一个工具，是把编导人员的想法变为现实的途径。

1. 非线性编辑的种类

非线性编辑大致可以分为 3 类。

（1）娱乐类，主要用于家庭用户。

（2）准专业类，主要面对小型电视台、专业院校、广告公司和商业用户等。

（3）专业级配置，主要面对大中型电视台和广告公司等。

2. 非线性编辑的组成

随着科学技术的发展，各种硬件设备的升级和非线性软件的更新速度加快。不管怎样变化，非线性编辑系统始终由 3 部分组成，即计算机主机、广播级视频采集卡和非线性编辑软件。

技巧 2　非线性编辑与 DV

在本节中将非线性编辑与数字摄像机（DV）放在一起介绍，并非把它们归属同一个系统，而是因为 DV 是收集素材最快捷的途径，为影视后期制作带来极大的方便。DV 逐渐替代各种专业摄像机是影视行业的一个发展趋势，也是影视编辑进入普通家庭的最好途径。

影视后期编辑涉及的内容非常广泛，并不是熟练掌握某个编辑软件就能够应付的。学习后期编辑软件的目的是为了制作出更好的影视作品，要达到这一目的，除了熟练掌握后期制作软件，还必须了解与影视后期制作相关的知识。

随着科学的发展，数码技术不断成熟，DV 已进入普通家庭，这为广大影视爱好者提供了丰富的素材来源。在这里，主要针对前期拍摄和后期制作注意事项进行介绍。

我们经常看到很多 DV 爱好者拿着 DV 漫无目的地拍摄，这样不仅浪费时间、精力和资源，也会影响良好拍摄习惯的养成。在每次拿起摄像机拍摄之前，首先应该考虑这次拍摄的目的和用途，建议把精力多花在拍摄前的酝酿和准备阶段，拍摄时就会有的放矢、事半功倍，这样才能收集到高质量的素材，给后期剪辑工作带来方便。

技巧3　镜头技巧及组接方法

从拍摄的角度来说，镜头是构成影片的最小单位，镜头是连续拍摄的一段视频画面，是电影的一种表达方式。

一、镜头运用

在很大程度上，电影语言是指镜头的运用。在文学写作中，常用倒叙、顺序、插叙等方法叙事，这些方法运用到电影中就称为蒙太奇。蒙太奇的运用实际上是指镜头的运用。

1. 推镜头

1）推镜头叙述的两种方式

（1）被摄对象固定，将摄像机由远而近推向被摄对象。

（2）通过变焦距的方式，使画面的景别发生由大到小的连续变化。

使用推镜头可以模拟一个前进的角色观察事物的方式，在推镜头的过程中，被摄对象面积越来越大，逐渐占据整个画面。推镜头拍摄过程中的画面效果如图 8.1 所示。

图 8.1　推镜头拍摄过程中的画面效果

2）推镜头的主要作用

（1）用来引导观众的视线，凸显全局中的局部、整体中的细节，以此强调重点形象或突出某些重要的戏剧元素。

（2）模拟从远处走近的角色的主观视线或注意中心的变化，给观众身临其境的感受。

（3）给观众的视觉感受是表演者越来越近，表演者的动作和情绪表达也越来越清晰，使观众更容易理解表演者的内心活动。

2. 拉镜头

1）拉镜头的两种叙述方式

（1）被摄对像固定，将摄像机逐渐远离被摄对象。

（2）运用变焦距的方式，使画面的景别发生由小到大的连续变化。

使用拉镜头可以模拟一个远离的角色观察事物的方式,在拉镜头的过程中,被摄对象面积越来越小。拉镜头拍摄过程中的画面效果如图 8.2 所示。

图 8.2 拉镜头拍摄过程中的画面效果

2) 拉镜头的主要作用

(1) 表现镜头主体与环境的关系。
(2) 表现角色精神的崩溃。
(3) 用来表现主角退出现场。

3. 摇镜头

摇镜头是指摄像机位置不变,摄像机镜头围绕被摄对象做各个方向、各种形式的摇动拍摄,从而得到的运动镜头。摇镜头主要用来表现周围环境的空间展现方式,摇镜头拍摄过程中的画面效果如图 8.3 所示。

图 8.3 摇镜头拍摄过程中的画面效果

摇镜头的作用主要体现在以下 5 个方面。

（1）展示广阔空间。

（2）模拟角色主观视线。

（3）变换镜头主体。

（4）辅助角色位移，表现场面调度。

（5）表现主体运动。

4. 移镜头

移镜头是指被摄对象固定，焦距不变的情况下，摄像机做某个方向的平移拍摄。移镜头主要用来代表角色的主观视线，也可以作为导演表达创作意图的工具。

移镜头主要包括横移、竖移、斜移、弧移、前移、后移和跟移。图 8.4 所示，一组横移和弧移镜头画面效果。

图 8.4　移镜头中的横移或弧移镜头画面效果

移镜头的作用主要体现在以下 4 个方面。

（1）展现连续空间的丰富细节。

（2）使用前移和后移镜头来展现多层次空间。

（3）展现场景，引出叙事。

（4）辅助场景转换。

5. 甩镜头

甩镜头也称扫镜头，是指从一个对象飞速摇向另一个对象，甩镜头拍摄过程中的画面效果如图 8.5 所示。

甩镜头的作用主要体现以下 3 个方面。

（1）增强视觉变化的突然性和意外性。

（2）表达紧张和激烈的影片气氛。

（3）连接两个镜头，使两个镜头连接在一起而不露剪辑痕迹。

第 8 章　非线性编辑及镜头语言运用

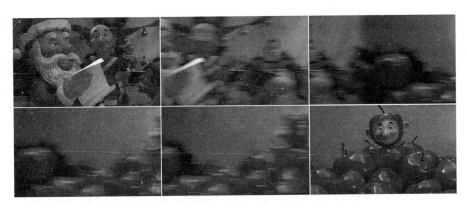

图 8.5　甩镜头过程的画面效果

6．跟镜头

跟镜头是指摄像机镜头与被摄对象的运动方向一致且保持等距离运动。跟镜头能保持对象运动过程的连续性与完整性。跟镜头拍摄过程中的画面效果如图 8.6 所示。

图 8.6　跟镜头拍摄过程中的画面效果

跟镜头的作用主要体现在以下 2 个方面。

（1）展现角色运动的同时，表现角色的形态和神态。

（2）引出新场景。

7．旋转镜头

旋转镜头是指机位不动，旋转拍摄或摄像机围绕被摄物体旋转拍摄。旋转镜头拍摄过程中的画面效果如图 8.7 所示。

旋转镜头的作用主要体现在以下 3 个方面。

（1）表现角色眼中形象的变化。

（2）表达画面后的情绪或思想。

（3）增强艺术的感染力。

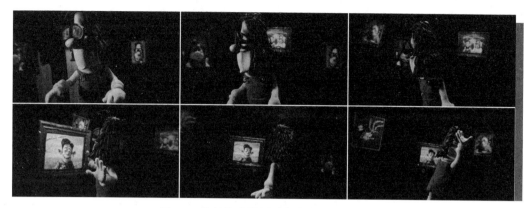

图 8.7　旋转镜头拍摄过程中的画面效果

8. 晃动镜头

晃动镜头是指摄像机做前后、左右的摇摆。晃动镜头拍摄过程中的画面效果如图 8.8 所示。

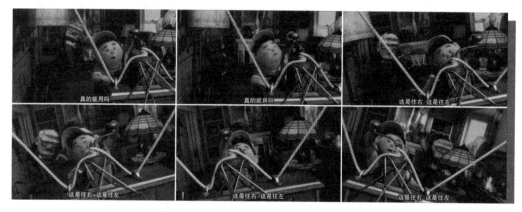

图 8.8　晃动镜头拍摄过程中的画面效果

晃动镜头的作用主要体现以下 2 个方面。

（1）模拟乘车、乘船、地震时的晃动效果。

（2）表示头晕、精神恍惚等主观感受。

二、镜头的一般规律和方法

影视后期剪辑的主要任务是将镜头按照一定的排列顺序组接起来，使镜头能够延续并使观众能够看出它们是融合的完整统一体。要达到这一目的，在影视后期剪辑中一定要遵循镜头的发展和变化的规律。

镜头的发展和变化规律主要有以下 6 个。

1. 符合人的思维方式和影视表现主题

要使观众看懂影视作品并满足观众的心理要求，镜头的组接一定要符合生活逻辑和思维逻辑，而且影视作品的主题与中心思想要明确。

2. 景别的变化要"循序渐进"

在拍摄过程中要注意，两种方式不宜用于后期组接。一是在拍摄一个场景的时候，"景别"的发展过分剧烈；二是"景别"的变化不大，而且拍摄角度变化也不大。

作为一个摄影师在拍摄过程中一定要遵循景别的发展变化规律，循序渐进地变换镜头。

在影视后期剪辑中一定要注意，同一机位、同"景别"、同一个主题的画面不能组接在一起，因为它们之间的景别变化小，角度不大，一幅幅画面看起来雷同，接在一起就像同一个镜头在不断地重复。如果画面中的景物稍有变化，就会在人的视觉中产生跳动或使人感觉一个长镜头被剪断了好多次，破坏了画面的连续性。

3. 拍摄方向和轴线规律

在影视后期剪辑中要遵循轴线规律，否则，两个画面组接在一起时主体对象会出现"撞车"现象。

一般情况下，在拍摄过程中，摄像师不能越过轴线到另一侧进行拍摄。如果为了特殊表现的需要，在越过轴线的时候，也要使用过渡镜头，这样才不会使观众产生误会。

4. "动"接"动"、"静"接"静"

"动"接"动"是指画面中同一主题或者主体的动作是连贯的，可以动作接动作，达到流畅、简洁过渡的目的。

"静"接"静"是指两个画面中的主体运动是不连贯的，或者它们中间有停顿，那么组接这两个镜头时，必须在前一个画面主体做完一个完整动作停下来后，接入另一个从静止到开始的运动镜头。

为了特殊表现的需要，也可以"静"接"动"或"动"接"静"。这需要读者自己在实践中不断摸索和总结。

5. 镜头组接的时间长度

在影视后期剪辑中，每个镜头的停滞时间长短不一定相同，要根据表达内容的难易程度、观众的接受情况和画面构图等因素来确定。例如，景别选择不同，包含在画面中的内容也不同。远景、中景等大景别画面包含的内容比较多，观众需要看清楚这些画面中的内容，所需要的时间就相对长些。而近景、特写等小景别画面包含的内容较少，观众在短时间内就可以看清楚，因此画面停滞的时间可以短一些。

在同一画面中，亮度高的部分比亮度低的部分更能引起人们的注意。因此，如果该画面要表现亮度高的部分，停滞时间应该短些；如果要表现亮度低的部分，停滞时间就应该长些。在同一画面中，动的部分比静的部分更能引起人们的注意，如果要重点表现动的部分，画面停滞时间就要短些；如果要表现静的部分，画面停滞时间就应该稍长些。

6. 影调色彩的统一

在影视后期剪辑中无论是黑白还是彩色画面的组接，都应该保持画面色调的一致性。如果把明暗或者色彩对比强烈的两个镜头组接在一起，就会使人感到生硬和不连贯，进而影响画面内容的表达。

技巧 4 电影蒙太奇

蒙太奇来自法文 Montage 的音译，意思为装配和构成。它来是建筑学的词汇，由苏联蒙太奇学派大师库里肖夫首先运用于电影艺术当中，并且沿用至今。在无声电影时代，蒙太奇表现技巧和理论的内容只局限于画面之间的组接；到了有声电影时代，影片的蒙太奇表现技巧和理论还包括声画蒙太奇和声声蒙太奇技巧和理论。

一、蒙太奇技巧的作用

一部影片成功与否的重要因素之一就是蒙太奇组接镜头和音频效果的技巧。蒙太奇的作用主要表现在以下 5 个方面。

（1）表达寓意，创造意境。
（2）选择和取舍，概括与集中。
（3）引导观众注意力，激发联想。
（4）创造银幕上的时间概念。
（5）使影片画面形成不同的节奏。

二、镜头组接蒙太奇

镜头组接蒙太奇在不考虑音频效果和其他因素时，单从其表现形式来看，蒙太奇可分为两大类：叙事蒙太奇和表现蒙太奇。

1. 叙事蒙太奇

叙事蒙太奇是以镜头、场景或者段落的连接展现影片情节的构成形式，一般以时间或故事逻辑为线索展现一个或者几个空间内的故事。叙事蒙太奇主要分为连续蒙太奇、平行蒙太奇、交叉蒙太奇、颠倒蒙太奇、复现蒙太奇和错觉蒙太奇。

（1）连续蒙太奇是指以时间的顺序维度，由始至终地组织镜头、场景或者段落。在实际运用中，它通常与平行蒙太奇、交叉蒙太奇结合使用。

（2）平行蒙太奇。在很多影片中，故事的发展要通过两条甚至更多条线索的并列表现和分头叙述展现完整的故事。

（3）交叉蒙太奇是平行蒙太奇的发展形式。交叉蒙太奇也用于几条线索的共同叙事，与平行蒙太奇相比，交叉蒙太奇所用的几条线索除了有严格的同时性，更注重线索间的影响和关联，即其中一条线索的发展必定决定或影响其他线索的发展。

（4）颠倒蒙太奇对应的是文学中的插叙或倒叙方式，它将故事发展的时间顺序打乱重组，将现在、过去、回忆、幻觉的时空有机地交织在一起，通常用于特定叙述需要。

（5）复现蒙太奇是指将具有戏剧因素的某种形象或镜头画面在剧情发展的关键时刻反复出现于影片之中，既构成影片的内在情节结构，又是情绪上的强调。

（6）错觉蒙太奇是指在影片叙事中先故意让观众猜测到情节的必然发展，然后突然揭示出与观众猜测恰好相反的结局。这样的目的是突出影片的戏剧效果。

2. 表现蒙太奇

表现蒙太奇是以连续的镜头展现影片情感或寓意的蒙太奇形态。不同于叙事蒙太奇可以在镜头、场景和段落间展现，表现蒙太奇通常只是以镜头为单位进行组接表达某种含义，有时还可以通过一个镜头内的调度来表意。表现蒙太奇包括隐喻蒙太奇、对照蒙太奇、积累蒙太奇、抒情蒙太奇、心理蒙太奇、想象蒙太奇和声画蒙太奇。

（1）隐喻蒙太奇是指通过两个或者两个以上镜头的并列，产生一种类似于文学中的象征或比喻效果，暗示影片潜在的思想情感。

（2）对照蒙太奇也称对比蒙太奇，是指通过镜头间的内容或形式上的强烈对比，表达创作者的某种寓意，或者强化影片内容、情绪。对照蒙太奇利用差异夸大矛盾，达到强烈的对比效果，令观众产生难忘的心理印象。

（3）积累蒙太奇类似于文学中的排比句，将一系列性质相同或相近的镜头组接在一起，以镜头的积累表现某种场景。

（4）抒情蒙太奇在影视制作中往往与叙事相结合，在影片叙事的框架内展现主人公的情绪或感受。

（5）心理蒙太奇是指通过镜头呈现角色内心变化的一种电影表现手法。

（6）想象蒙太奇是指运用摄影表现手法的高度自由性和方便性，通过镜头画面的自由变化与切换表现影片主题，构成这个影片的镜头无须逻辑上、情节上的关联，而只需要符合本影片的主题，表达最终的表现目的即可。

（7）声画蒙太奇是指声画结合共同达到叙事或表意功能的蒙太奇形态。在声画蒙太奇中，声音与画面一样也是构成影片内容的艺术因素之一。

课 后 练 习

一、填空题

（1）_____是指应用计算机图像技术，在计算机中对各种原始素材进行反复的编辑操作而不影响影片和素材的质量，把最终编辑好的影片输出到存储介质（计算机硬盘、磁带、录像机和光盘）上的一系列完整的工艺过程。

（2）非线性编辑其实就是制作影视节目的一个工具，是把_____的想法变为现实的途径。

（3）从拍摄的角度来说，_____是构成影片的最小单位，镜头是连续拍摄的一段视频画面，是电影的一种表达方式。

（4）在很大程度上，_____是指镜头的运用，在文学写作当中，常用倒叙、顺序、插叙等方法叙事，这些方法运用到电影当中，就称为蒙太奇。

（5）_____的主要任务是将镜头按照一定的排列次序组接起来，使镜头能够延续并使观众能够看出它们是融合的完整统一体。

（6）_____来自法文 Montage 的音译，意思为装配和构成。它本来是建筑学的词汇，由苏联蒙太奇学派大师库里肖夫首先运用于电影艺术当中，并且沿用至今。

二、选择题

（1）非线性编辑的种类大致可以分为（　　）类。
　　A．2　　　　　　B．3　　　　　　C．4　　　　　　D．5

（2）（　　）是指通过镜头呈现角色内心变化的一种电影表现手法。
　　A．心理蒙太奇　　B．对照蒙太奇　　C．抒情蒙太奇　　D．想象蒙太奇

（3）（　　）类似于文学中的排比句，将一系列性质相同或相近的镜头组接在一起，以镜头的积累表现某种场景。
　　A．心理蒙太奇　　B．对照蒙太奇　　C．积累蒙太奇　　D．想象蒙太奇

（4）（　　）在影视制作中往往与叙事相结合，在影片叙事的框架内展现主人公的情绪或者感受。
　　A．心理蒙太奇　　B．对照蒙太奇　　C．想象蒙太奇　　D．积累蒙太奇

三、简答题

（1）非线性编辑的优势主要体现在哪几个方面？
（2）非线性编辑的种类大致可以分为哪几类？
（3）镜头的发展和变化规律主要有哪几个？
（4）蒙太奇的作用主要表现在哪几个方面？

学习笔记：

第 8 章 非线性编辑及镜头语言运用

参 考 文 献

[1] 向海涛，刘雪涛，张韬. 影视制作快手：Premiere Pro 6.0 完全自学手册[M]. 北京：北京希望电子出版社，2001.
[2] 程明才，喇平，马呼和. 典藏：Premiere Pro 2.0 视频编辑剪辑制作完美风暴[M]. 北京：人民邮电出版社，2006.
[3] 陈明红，陈昌柱. 中文 Premiere Pro 影视动画非线性编辑[M]. 北京：海洋出版社，2005.
[4] 赵前，丛琳玮. 动画影片视听语言[M]. 重庆：重庆大学出版社，2007.
[5] 龙马工作室. 新编 Premiere Pro 2.0 影视制作从入门到精通[M]. 北京：人民邮电出版社，2008.
[6] 彭宗勤，刘文，等. Premiere Pro CS3 电脑美术基础与实用案例[M]. 北京：清华大学出版社，2008.
[7] 伍福军，张巧玲，邓进. Premiere Pro 2.0 影视后期制作[M]. 北京：北京大学出版社，2010.
[8] 刘国涛，雷徐冰，等. Premiere Pro CS6 从入门到精通[M]. 北京：电子工业出版社，2013.
[9] 伍福军，张巧玲，邓进，等. Premiere Pro CS6 影视后期制作（第 2 版）[M]. 北京：北京大学出版社，2015.
[10] 唯美世界，曹茂鹏. 中文版 Premiere Pro 2020 完全案例教程[M]. 北京：中国水利水电出版社，2020.